21世纪
高等学校精品规划教材

内燃机原理

黎苏 李明海 编

中国水利水电出版社
www.waterpub.com.cn

内 容 提 要

　　本书系统阐述了内燃机工作过程的基本理论及控制方法，以现代电子控制内燃机技术为主，着重讲述内燃机热功转换的基本原理、特性分析方法以及性能提高和改善排放的技术措施。全书共八章，分别讲述内燃机工作循环与性能指标，内燃机换气过程与增压技术，内燃机燃料与燃烧，汽油机的燃烧过程及排放控制，汽油机管理系统，柴油机混合气形成与燃烧，柴油机燃料喷射与雾化，内燃机特性与匹配。

　　本书可作为热能与动力机械工程专业及其相关专业的本科生、硕士研究生教材，也可供从事内燃机研究开发的工程技术人员参考。

图书在版编目（CIP）数据

内燃机原理/黎苏，李明海编 .—北京：中国水
利水电出版社，2010.2（2015.7重印）
21世纪高等学校精品规划教材
ISBN 978－7－5084－7224－9

Ⅰ.①内… Ⅱ.①黎…②李… Ⅲ.①内燃机-高等
学校-教材 Ⅳ.①TK4

中国版本图书馆 CIP 数据核字（2010）第 024213 号

书　　名	21世纪高等学校精品规划教材 **内燃机原理**
作　　者	黎苏　李明海　编
出版发行	中国水利水电出版社 （北京市海淀区玉渊潭南路1号D座　100038） 网址：www. waterpub. com. cn E - mail：sales@waterpub. com. cn 电话：（010）68367658（发行部）
经　　售	北京科水图书销售中心（零售） 电话：（010）88383994、63202643、68545874 全国各地新华书店和相关出版物销售网点
排　　版	中国水利水电出版社微机排版中心
印　　刷	北京市北中印刷厂
规　　格	184mm×260mm　16开本　13.25印张　314千字
版　　次	2010年2月第1版　2015年7月第2次印刷
印　　数	3001—5000册
定　　价	**28.00元**

前言

　　针对日益严格的排放法规和节能要求，内燃机从结构到控制技术都发生了很大的变化，使得传统的单纯机械式内燃机已变成为高度机电一体化的产品，内燃机的原理也得到进一步发展。本书编写的着眼点就是在阐明内燃机工作过程基本理论及控制方法的同时，力求反映当前内燃机领域的最新研究成果和技术水平。

　　本书根据作者多年的教学经验和科研工作体会而编著，主要以现代电子控制内燃机技术为主，着重于内燃机原理基本理论和基本概念的阐述，并注意简明扼要。其主要内容包括：内燃机工作循环与性能指标，内燃机换气过程与增压技术，内燃机燃料与燃烧，汽油机的燃烧过程及排放控制，汽油机管理系统，柴油机混合气形成与燃烧，柴油机燃料喷射与雾化，内燃机特性与匹配等。

　　本书由河北工业大学黎苏教授和大连交通大学李明海教授编著，其中黎苏教授完成了第二～第五章以及第七章的初稿，李明海教授完成了第一章、第六章、第八章的初稿。初稿完成后，由黎苏教授对全部章节进行了细致的修改和审核，最终定稿。本书在编写、图表整理和文字校对过程中得到了河北工业大学动力机械及工程专业硕士研究生杨立峰、张少杰、郎晓娇和李丽的帮助，在此谨表谢意。

　　本书由吉林大学（原吉林工业大学）黎志勤教授对全书进行了审阅并提出了宝贵的修改意见，在此深表感谢。

　　本书涉及面广，加上编者水平有限，书中的错误和疏漏在所难免，恳请院校师生和读者批评指正。

作 者
2009 年 10 月
于天津

符 号 说 明

A/F—空燃比

B—燃料消耗量   kg/h

BDC—下止点

b_e—燃料消耗率   g/（kW·h）

b_i—指示燃料消耗率   g/（kW·h）

c_p—定压比热   kJ/（kg·K）

c_v—定容比热   kJ/（kg·K）

D—气缸直径   mm

H_u—燃料低热值   kJ/kg

i—气缸数

k—绝热指数

m—质量

n—内燃机转速   r/min

n_1—压缩多变指数

n_2—膨胀多变指数

P_e—有效功率   kW

P_i—指示功率   kW

P_L—升功率   kW/L

P_m—机械损失功率   kW

p—压力   kPa，MPa

p_a—进气终了压力   kPa

p_k—增压压力   kPa

p_c—压缩终了压力   MPa

p_{max}—最高燃烧压力   MPa

p_{me}—平均有效压力   MPa

p_{mi}—平均指示压力   MPa

p_{mm}—机械损失平均压力   MPa

p_t—理论循环平均压力   kPa

S—活塞行程   mm

T, t—温度   K，℃

T_a—进气终了温度   K

T_c—压缩终了温度   K

T_z—最高燃烧温度   K

T_r—排气终了温度   K

T_{tq}—有效转矩 N・m

v_m—活塞平均速度 m/s

V_a—气缸总容积 L

V_c—压缩容积 L

V_s—气缸工作容积 L

W—功 kJ

W_i—指示功 kJ

α—过量空气系数

ε—压缩比

η_e—有效热效率

η_i—指示热效率

η_m—机械效率

η_t—理论循环热效率

θ—点火或喷油提前角 °CA

λ—压力升高比

τ—行程数（四行程 $\tau=4$，二行程 $\tau=2$）

τ_i—滞燃期 ms

φ—曲轴转角 °CA

φ_i—滞燃角 °CA

目录

第一章　内燃机工作循环与性能指标

第一节　内燃机的理论循环

内燃机的实际工作循环是由进气、压缩、燃烧-膨胀和排气四个过程所组成的，它是周期性地将燃料燃烧所产生的热能转变为机械能的往复过程。其中，工质存在着质和量的变化，全部过程在热力学上是不可逆的。内燃机通过进气过程向气缸内吸入新鲜空气或空气与燃料的混合气（下面统称为新鲜充量），通过活塞的压缩行程，将新鲜充量的温度、压力提高到一个合适的水平，然后燃料以点燃或压燃的方式开始燃烧释放出热能，气缸内气体工质被加热，温度和压力得到进一步的提升，同时膨胀推动活塞做功实现由热能到机械能的转变，最后通过排气过程排出已燃废气。在能量的转变过程中，工质的温度、压力、成分和流动状态等时刻发生着非常复杂的变化，难以进行细致的物理和化学分析，实际循环还存在着机械摩擦、换气、散热、燃烧等一系列不可避免的损失，其物理、化学过程十分复杂，为了描述在内燃机中实际进行的热力过程，需要根据内燃机工作过程的特点，将实际循环简化，即建立内燃机的理论循环，以便于分析研究影响内燃机循环效率的主要因素。

一、三种基本循环

内燃机的理论循环是将非常复杂的实际工作循环过程加以抽象简化，在不失其基本过程特征的前提下，忽略一些相对次要因素，使其既近似于实际循环，而又简化了纷繁的物理、化学过程。通过对理论循环的研究，能够清楚地确定影响内燃机热能利用完善程度的主要因素，从而找出提高内燃机性能的基本途径。最简单的理论循环是空气标准循环，其简化和假设如下。

（1）以空气作为循环工质，并视其为理想气体，在整个循环中工质的物理及化学性质保持不变，工质比热容为常数。

（2）假设循环中工质的总质量保持不变，即循环为闭口系统循环。

（3）将燃烧过程简化为等容或等压的加热过程，将排气过程简化为等容放热过程。

（4）把气缸内工质的压缩和膨胀过程看成是完全理想的等熵过程，工质与外界不进行热交换。

根据加热方式的不同，内燃机有三种形式的理论循环，分别是定容加热循环、定压加热循环和混合加热循环，其 p—V 状态图如图 1-1 所示。通常汽油机燃烧迅速，近似为定容加热循环；高增压和低速大型柴油机，由于受燃烧最高压力的限制，大部分燃料在上止点以后燃烧，燃烧时气缸压力变化不显著，所以近似为定压加热循环；高速柴油机燃烧过程可视为定容、定压加热的组合，近似为混合加热循环。评价理论循环的指标是循环热效率 η_t 和循环平均压力 p_t。

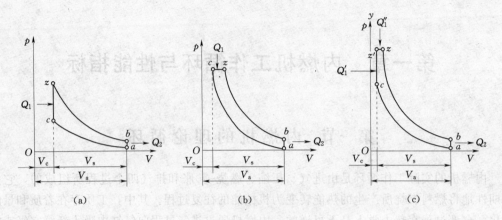

图 1-1　三种理论循环

（a）定容加热循环（或奥托循环）；（b）定压加热循环（或狄赛尔循环）；（c）混合加热循环

二、循环热效率 η_t

循环热效率 η_t 定义为工质所做循环功 W 与循环加热量 Q_1 之比，用来评价循环经济性。即

$$\eta_t = \frac{W}{Q_1} = \frac{Q_1 - Q_2}{Q_1} = 1 - \frac{Q_2}{Q_1}$$

式中　Q_2——循环中工质所放出的热量。

由工程热力学可知，混合加热循环热效率为

$$\eta_t = 1 - \frac{1}{\varepsilon^{k-1}} \frac{\lambda \rho^k - 1}{\lambda - 1 + k\lambda(\rho - 1)} \tag{1-1}$$

其中　　　　$\varepsilon = V_a / V_c = (V_s + V_c)/V_c = 1 + V_s/V_c$

式中　ε——压缩比；

V_a——气缸总容积；

V_s——气缸工作容积；

V_c——压缩容积；

k——绝热指数；

λ——压力升高比，$\lambda = p_z/p_c$；

ρ——预胀比，$\rho = V_z/V_z'$。

对于定容加热循环，预胀比 $\rho = 1$，热效率为

$$\eta_t = 1 - \frac{1}{\varepsilon^{k-1}} \tag{1-2}$$

对于定压加热循环，压力升高比 $\lambda = 1$，热效率为

$$\eta_t = 1 - \frac{1}{\varepsilon^{k-1}} \frac{\rho^k - 1}{k(\rho - 1)} \tag{1-3}$$

由式（1-1）～式（1-3）可见，影响 η_t 的因素如下所述。

1. 压缩比 ε

随着压缩比增大，三种循环的热效率 η_t 都提高。提高压缩比可以提高循环平均加热

温度，降低循环平均放热温度，扩大了循环温差，使膨胀过程延长，如图 1-2 的温—熵（T—S）状态图所示。图 1-3 给出了定容加热循环热效率随压缩比的变化情况。可见，在 ε 较低时，随着 ε 的提高，η_t 增长很快；当 ε 较大时，再增加 ε 则 η_t 增长缓慢。

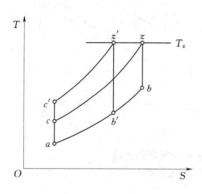

图 1-2 T_z 相同时，提高 ε 对循环的影响

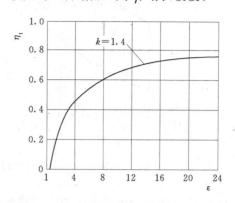

图 1-3 定容加热循环 η_t 与 ε 的关系

2. 绝热指数 k

随着 k 值增大，η_t 将提高。k 值取决于循环工质的性质，双原子气体 $k=1.4$，多原子气体 $k=1.33$。

3. 压力升高比 λ

由式（1-2）和式（1-3）可见，定容加热循环和定压加热循环的循环热效率 η_t 均与 λ 无关。对于混合加热循环，当循环总加热量 Q_1 和 ε 不变时，λ 增大则 ρ 减小，即膨胀过程增加，图 1-4 中 z—b 变为 z'—b'，相应的 Q_2 减少，η_t 提高。

但 λ、ε 增加都会造成循环最高温度 T_z 和最高压力 p_z 的急速升高，从而受到材料耐热性和强度的限制。

4. 预胀比 ρ

在定压加热循环中，ρ 值增加即为循环加热量 Q_1 加大。若 ε 保持不变，则膨胀过程变短，放出的热量 Q_2 也增加，由式（1-3）可知 η_t 下降。这是因为增加的这部分热量是在活塞下行的膨胀行程中加入的，其做功能力较低。

在混合加热循环中，当循环总加热量 Q_1 和 ε 保持不变时，ρ 值增加意味着等压加热部分增大，λ 值变小（图 1-4），同样 η_t 下降。

图 1-5 给出当加热量 Q_1 相同时，三种理论循环温—熵图的比较。图 1-5（a）为 ε 相同时，对三种循环，有 $Q_{2p}>Q_{2m}>Q_{2V}$ 则 $\eta_{tV}>\eta_{tm}>\eta_{tp}$，其中下标 p、m、V 分别代表定压、混合和定容加热循环。由此可见，欲提高混合加热循环热效率，应增加定容部分的加热量，即增大 λ。

图 1-5（b）为最高压力 p_z 相同时，对三种循环，有 $Q_{2V}>Q_{2m}>Q_{2p}$ 则 $\eta_{tp}>\eta_{tm}>\eta_{tV}$。故对于高增压内燃机，受机件强度限制，其循环最高压力不得过大的情况

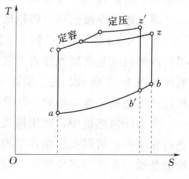

图 1-4 λ、ρ 对 η_t 的影响

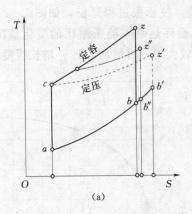 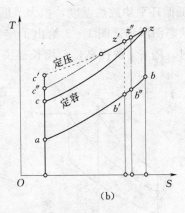

图 1-5 加热量相同时，三种理论循环的比较

(a) 压缩比相同；(b) 循环最高压力相同

下，提高 ε，同时增大定压加热部分的热量有利。

三、循环平均压力 p_t

p_t 定义为单位气缸工作容积所做的循环功，用来评价循环的做功能力，即 $p_t = W/V_s$（kPa）。其中，W 为循环所做的功，J；V_s 为气缸工作容积，L。

由工程热力学得到，混合加热循环的平均压力为

$$p_t = \frac{\varepsilon^k}{\varepsilon-1}\frac{p_a}{k-1}\left[(\lambda-1)+k\lambda(\rho-1)\right]\eta_t \qquad (1-4)$$

式中 p_a——压缩始点压力。

定容加热循环预胀比 $\rho=1$，平均压力为

$$p_t = \frac{\varepsilon^k}{\varepsilon-1}\frac{p_a}{k-1}(\lambda-1)\eta_t \qquad (1-5)$$

定压加热循环压力升高比 $\lambda=1$，平均压力为

$$p_t = \frac{\varepsilon^k}{\varepsilon-1}\frac{p_a k}{k-1}(\rho-1)\eta_t \qquad (1-6)$$

可见，循环平均压力 p_t 是随压缩始点压力 p_a、压缩比 ε、压力升高比 λ、预胀比 ρ、绝热指数 k 和热效率 η_t 的增加而增加。

在混合加热循环中，如果循环总加热量 Q_t 不变，增加 ρ 就是减少 λ，即定压加热部分增加，而定容加热部分减少，η_t 下降，因而 p_t 也降低。

四、继续膨胀循环（涡轮增压理论循环）

在图 1-1 所示的三种理论循环中，工质只膨胀到 b 点为止，然后就进行等容放热，实际内燃机就是将废气排入大气，这样就会有一部分蕴藏在排气中的能量损失。继续膨胀循环如图 1-6 所示，使工质在 b 点继续膨胀至 g 点。这种循环相比前面三种循环，它在相同的加热量下能多得到一部分能量，从而使 η_t 得到提高。

在实际内燃机中，利用排气涡轮，使工质在涡轮中继续膨胀做功实现；再通过压气机进行预压缩，可以提高循环平均压力 p_t。继续膨胀循环是废气涡轮增压内燃机热力学分析的基础。在论述涡轮增压内燃机理论循环时，假定循环的放热过程是等压的，而增压器压气机中的压缩过程仍为绝热。

从气缸排出的废气实现继续膨胀有两种方式：第一种方式为脉冲涡轮增压，即将各缸排出的废气直接引入涡轮，在涡轮喷嘴中形成脉冲气流，以充分利用废气的脉冲能量在涡轮中做功；第二种方式是定压涡轮增压，它将各缸排出的废气导入一大容积的排气总管，使涡轮前的排气压力保持恒定，在涡轮喷嘴中形成连续稳定气流。

脉冲涡轮增压内燃机的理想循环即如图 1-6 所示。涡轮中的膨胀过程 bg 看成气缸中的绝热膨胀过程 zb 的继续。整个循环由压气机中的绝热压缩过程 $a'a$，气缸中的绝热压缩过程 ac、定容的 cy 和定压的 yz 加热过程，在气缸中的绝热膨胀过程 zb 和在涡轮中的绝热膨胀过程 bg 以及定压放热过程 ga' 所组成。

定压涡轮增压内燃机的理想循环，如图 1-7 所示。整个循环由压气机中的绝热压缩过程 $a'a$，气缸中的绝热压缩过程 ac，气缸中对工质的定容 cy 和定压 yz 加热过程，气缸中的绝热膨胀过程 zb，定容放热过程 ba 及定压加热过程 af，涡轮中的绝热膨胀过程 fg 以及定压放热过程 ga' 组成。

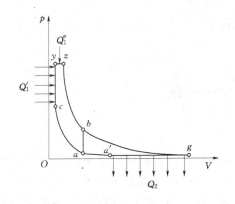

图 1-6　继续膨胀理论循环

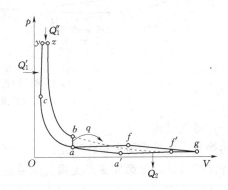

图 1-7　定压涡轮增压内燃机的理想循环

通过理论循环的热力学研究，可以达到以下目的：

（1）用简单的公式来阐明内燃机工作过程中各基本热力参数间的关系，明确提高以理论循环热效率为代表的经济性和以循环平均压力为代表的动力性的基本途径。

（2）确定循环热效率的理论极限，以判断实际内燃机工作过程的经济性和循环进行的完善程度以及改进潜力。

（3）有利于比较内燃机不同热力循环方式的经济性和动力性。

第二节　四行程内燃机的实际循环

内燃机气缸内部实际进行的工作循环非常复杂，为了获得正确反映气缸内部实际情况的试验数据，通常利用数据采集系统来记录相对于不同曲轴转角或活塞位置时的气缸内工质压力的变化，所得到的结果即为示功图，如图 1-8 所示，图 1-8（a）为 $p-V$ 图，图 1-8（b）为 $p-\varphi$ 图。实际循环通常用示功图来描述，$p-V$ 图与 $p-\varphi$ 图两者可以相互转换。示功图是研究内燃机实际工作过程的重要试验依据。

四行程内燃机的实际循环是由进气过程、压缩过程、燃烧与膨胀过程以及排气过程组成。实际循环和理论循环的差别，主要体现在实际循环的每一过程中都存在着不同形式的损失。

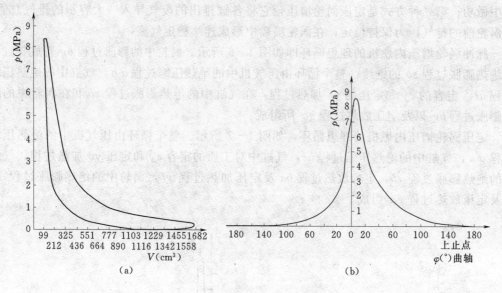

图 1-8 四行程内燃机示功图

(a) p—V 图；(b) p—φ 图

一、进气过程

内燃机进气过程的主要作用是向气缸充入新鲜充量，为缸内的热功转换作物质准备。理论循环被看做封闭循环或是无损失的可逆过程，所以循环始点压力 p_a 等于环境大气压力 p_0。但实际进气过程中，由于进气系统存在阻力，产生进气流动损失，使得进气终点压力 p_a 一般小于环境大气压力 p_0（增压内燃机则小于增压压力 p_K），压力差 $p_0 - p_a$ 用于克服进气阻力。同时，新鲜充量还受到内燃机高温零件及残余废气的加热，进气终点的温度 T_a 也总是高于环境大气温度 T_0。（增压内燃机为增压器出口温度 T_K）。

一般进气终点压力 p_a 和温度 T_a 的范围如下：

汽油机　　　 $p_a = 0.8 \sim 0.9 p_0$ 　　　 $T_a = 340 \sim 380K$

柴油机　　　 $p_a = 0.85 \sim 0.95 p_0$ 　　 $T_a = 300 \sim 340K$

增压柴油机　 $p_a = 0.9 \sim 1.0 p_K$ 　　　 $T_a = 320 \sim 380K$

增压压力　　 $p_K = 1.5 \sim 2.8 p_0$

二、压缩过程

压缩过程的作用是提高进入气缸的新鲜充量的压力和温度，为燃烧作准备，同时扩大了循环温差，延长了膨胀行程，提高了热功转换效率。工质受压缩的程度用压缩比 ε 表示，对于柴油机压缩后气体的高温是保证燃料着火的必要条件。

理论循环中假设压缩过程是绝热的，而实际内燃机的压缩过程是一个复杂的多变过程。压缩开始时新鲜工质的温度较低，受缸壁加热，多变指数大于 k；随着工质温度上升，某瞬间与缸壁温度相等，即多变指数等于 k；此后，由于工质温度超过缸壁，开始向缸壁传热，多变指数小于 k。压缩过程中气体还会从活塞环与活塞的缝隙间少量泄漏。这种多变过程偏离绝热过程的程度，通常用平均多变指数 n_1 来表示。于是，压缩终了的压力 p_c 和温度 T_c 可用下式计算

$$p_c = p_a \varepsilon^{n_1} \qquad T_c = T_a \varepsilon^{n_1-1}$$

n_1、ε、p_c 和 T_c 的大致范围为：

汽油机 $n_1 = 1.32 \sim 1.38$，$\varepsilon = 7 \sim 12$，$p_c = 0.8 \sim 2.0\text{MPa}$，$T_c = 600 \sim 750\text{K}$

柴油机 $n_1 = 1.38 \sim 1.40$，$\varepsilon = 14 \sim 22$，$p_c = 3 \sim 5\text{MPa}$，$T_c = 750 \sim 1000\text{K}$

增压柴油机 $n_1 = 1.35 \sim 1.37$，$\varepsilon = 12 \sim 15$，$p_c = 5 \sim 8\text{MPa}$，$T_c = 900 \sim 1100\text{K}$

多变指数 n_1 主要受工质与缸壁的热交换及工质泄漏情况的影响。当内燃机转速提高时，因热交换的时间缩短，向缸壁的传热及气缸漏气量减少，n_1 会增大；当负荷增加（即外界阻力矩增加而引起内燃机油门开大）时，气缸壁温度增高使传热量减少，n_1 增大。而当漏气量增加或缸壁温度降低时，n_1 减小。

三、燃烧与膨胀过程

燃烧过程的作用是将燃料的化学能转变为热能，使工质的压力、温度升高。放出的热量越多，放热时越靠近上止点，热效率越高。在理论循环中的加热量 Q_1 是按定容或定压瞬时加入的，而在实际循环中是通过混合气的燃烧来释放出热量。气缸内的实际燃烧过程是在活塞高速运动中进行，且燃烧不是瞬时完成，气缸内存在着混合气不均匀及上一循环残留下的部分废气等，造成了实际燃烧过程相对于理论循环的瞬时加热过程存在时间损失和不完全燃烧损失。因此，实际的加热量小于进入气缸的可燃混合气完全燃烧所能放出的热量。

在汽油机中，均匀的可燃混合气是在上止点前由电火花点火后燃烧，火焰迅速传播到整个燃烧室，缸内工质的压力、温度急剧升高，这时的气缸容积变化很小，整个燃烧接近于定容加热。

高速柴油机也是在上止点前就开始喷油，雾状柴油在缸内迅速蒸发与空气混合，并借助于空气的温度而自燃。开始燃烧速度很快，而气缸容积变化很小，所以工质的压力、温度剧增，接近于定容加热；随后，边喷油边燃烧，燃烧速度缓慢下来，且随着活塞向下止点运动，气缸容积增大，所以气缸压力升高不大，而温度继续上升，该过程接近于定压加热。柴油机由于压缩比高，所以燃烧最高压力较大；但其混合气中的燃料浓度较汽油机小，多余的空气对火焰具有冷却作用，因此最高燃烧温度比汽油机低。

内燃机燃烧最高压力 p_z 和最高温度 T_z 的大致范围如下：

汽油机　　　$p_z = 3.0 \sim 6.5\text{MPa}$　　　　　$T_z = 2200 \sim 2800\text{K}$

柴油机　　　$p_z = 4.5 \sim 9.0\text{MPa}$　　　　　$T_z = 1800 \sim 2200\text{K}$

增压柴油机最高爆发压力可达到 $p_z = 9 \sim 15\text{MPa}$。

燃烧过后是膨胀过程，膨胀过程除有热交换和漏气损失外，还有后燃现象（即少量燃料未及时燃烧，在膨胀行程中继续燃烧），同时工质的成分也发生了变化。因此，膨胀过程也是一个多变过程。膨胀过程初期，由于后燃，工质被加热，多变指数小于 k；某瞬时，对工质的加热量与工质向气缸壁的散热量相等，多变指数等于 k；此后，工质向缸壁的散热占主导，多变指数大于 k。如同压缩过程一样，用平均多变指数 n_2 来表述实际膨胀过程偏离绝热膨胀过程的程度。

一般情况，汽油机 $n_2=1.23\sim1.28$，柴油机 $n_2=1.15\sim1.28$；膨胀终止的压力和温度为

汽油机 $p_b=p_z/\varepsilon^{n_2}=0.3\sim0.6\text{MPa}$，$T_b=T_z/\varepsilon^{n_2-1}=1200\sim1500\text{K}$

柴油机 $p_b=p_z/\delta^{n_2}=0.2\sim0.5\text{MPa}$，$T_b=T_z/\delta^{n_2-1}=1000\sim1200\text{K}$

式中　δ——后胀比，见式（1-1）。

可见，由于柴油机膨胀比大，转化为有用功的热量多，热效率高，所以膨胀终了的压力和温度均比汽油机小。

四、排气过程

排气过程的作用是尽可能排出缸内的废气，为下一循环多进气创造条件。由于排气系统有阻力，使得排气终了压力 p_r 大于环境大气压力 p_0，压力差 p_r-p_0 用来克服排气系统的阻力。阻力越大，排气终了压力 p_r 越大，残留在气缸中的废气就越多。

排气终了的压力、温度范围如下：

自然吸气内燃机　　　　　　　　　$p_r=(1.05\sim1.2)p_0$

废气涡轮增压内燃机　　　　　　　$p_r=(0.75\sim1.0)p_k$

汽油机　　　　　　　　　　　　　$T_r=900\sim1100\text{K}$

柴油机　　　　　　　　　　　　　$T_r=700\sim900\text{K}$

由于排气温度直接与燃烧温度有关，燃烧滞后或后燃增加，排温就高，则转化为有用功的热量减少，工作过程进行得不佳。所以，常通过排气温度来判断内燃机工作状况的好坏。

五、与理论循环的对比

内燃机的实际循环由于存在着各种不可逆损失，因而不可能达到理论循环的热效率和循环平均压力。以混合加热循环自然吸气式柴油机为例的理论循环与实际循环示功图，如图1-9所示，其差别分别综述如下。

1. 工质的影响

理论循环的工质空气被认为是理想的双原子气体，其物理化学性质在整个循环过程中是不变的。在内燃机的实际循环过程中，燃烧前的工质是由新鲜空气和上一循环残留废气等组成的混合气。在燃烧过程中及燃烧后，工质的成分及质量不断地变化。二氧化碳、水蒸气等三原子气体成分增加，使工质的比热增大，且比热随着温度的升高而增大，导致实际气体温度下降。同时，燃烧产物有发生高温分解及在膨胀过程中的复合放热现象，会降低最高燃烧温度。以上因素中，以工质比热容的影响为最大，其他各项的影响相对较小。

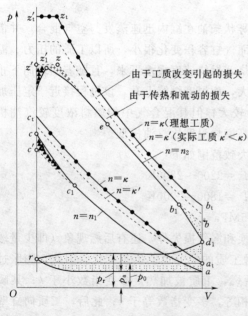

图1-9　自然吸气式发动机理论循环与
实际循环 p—V 示功图

由于比热随温度升高而上升，对于相同的加热量（燃料燃烧的放热量），实际循环所能够达到的最高燃烧温度和气缸压力均小于理论循环，其结果是使循环的有用功减少，热效率下降。图1-9中虚线指示出工质对理论循环的影响。

2. 传热损失

实际循环与理论循环的主要差别之一是其在工作过程中时刻存在着缸内气体与燃烧室壁面之间的传热，而且这种传热在燃烧过程进行时其影响最大。它直接降低有效加热量，从而降低了气缸工质的输出功和效率。理论循环假设，与工质相接触的燃烧室壁面是绝热的，两者间不存在热量的交换，因而没有传热损失。传热损失造成循环的热效率和循环功下降的同时，还增加了内燃机受热零部件的热负荷。在图1-9中，传热与气体流动损失的存在，使示功图形状如图1-9中实线所示。

3. 换气损失

理论循环是闭式循环，没有工质的更换，也就没有气体流动的阻力损失。而实际循环中，每个循环都必须更换工质，而且更换过程中工质有一定的流动速度，从而造成各种损失，主要有膨胀损失、活塞推出排气功损失和吸气功损失等，从而减少了示功图上的有用功面积（图1-9中的阴影区）。上述损失被称为实际循环的换气损失。

4. 燃烧损失

理论循环对燃烧过程的处理，燃烧是外界热源向工质在等容和等压条件下的加热过程，理论示功图的上方呈现方角形。实际的燃烧过程不可能是瞬时的，它需要一定的时间才能完成。实际燃烧速度受到多种因素的影响，与理论循环有较大的差异，这种差异所造成的燃烧损失主要体现在以下两个方面。

（1）燃烧速度的有限性。由于实际的燃料燃烧速度是有限的，燃烧的完成需要足够的时间，这就造成了内燃机实际循环中一个由燃烧速度有限性所造成的损失，它给循环带来了以下不利影响：

1）压缩负功增加（图1-9中面积$c_1c'c$）。为了使燃烧能够在上止点附近完成，燃料的燃烧在上止点前就已经开始了，因此在压缩行程终了前，活塞在压缩行程末期要承受较大的压缩功。

2）最高压力下降。由于燃烧速度的有限性，等容加热部分达不到瞬时完成加热的要求，上止点后燃烧继续进行，再加上活塞在上止点后的下行运动使工质体积膨胀，使得实际循环的最高压力有所下降；后燃热量的做功能力降低，使压力线与膨胀线圆滑相接，初期膨胀比减小，循环的平均压力下降。

（2）不完全燃烧损失。实际循环中由于局部空气不足会导致不完全燃烧及燃料热分解也会导致放热量减少；除此之外，部分燃油由于附着到燃烧室壁面等原因，会产生不完全燃烧或不燃烧，以未燃HC、CO和碳烟颗粒等形式排出机外。以上原因造成了燃料的不完全燃烧损失。

5. 工质泄漏损失

在理论循环中，工质的数量是完全不变的。在实际循环中，活塞环与气缸壁之间常有微量工质漏出，一般约为总量的0.2%。

第三节 指 示 性 能 指 标

评价内燃机性能的指标有两大类：一类是以工质在气缸内对活塞做功为基础，评价气缸内热功转换完善程度的指示指标，用来评定工作循环进行的好坏；另一类是以曲轴飞轮端对外输出的有效功为基础，从实用角度评价内燃机整机对外做功能力的有效指标。

指示指标用平均指示压力及指示功率来评价实际循环的动力性，即工质对活塞的做功能力；用指示热效率及指示燃料消耗率来评价循环的经济性。

一、平均指示压力 p_{mi}

一个实际工作循环工质对活塞所做的有用功称为指示功 W_i，其值的大小即是 p—V 示功图中闭合曲线所占有的面积的大小。图 1-10 示出了四行程非增压和增压发动机以及二行程发动机的 p-V 示功图。图 1-10（a）中四行程非增压发动机的指示功所表示的面积 F_i 是由在压缩、燃烧和膨胀行程中所得到的有用功面积 F_1 和在进、排气行程中消耗功的面积 F_2 相减而得，即 $F_i = F_1 - F_2$。在四行程增压发动机中，如图 1-10（b）所示，由于进气压力高于排气压力，在换气过程中工质是对活塞做有用功的，因此换气功的面积 F_2 应与面积 F_1 叠加起来，即 $F_i = F_1 + F_2$。在二行程发动机中，如图 1-10（c）所示，只有一块示功图面积 F_i，它表示了指示功的大小。

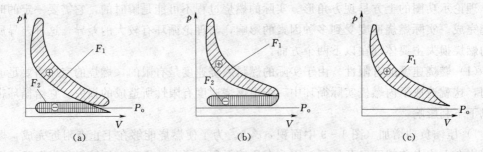

图 1-10 四行程非增压、增压发动机和二行程发动机的示功图

F_i 可根据实测示功图通过计算方法求得，则指示功 W_i 的真实值可由下式计算

$$W_i = abF_i \quad (kJ)$$

式中 a——示功图纵坐标比例尺；

      b——示功图横坐标比例尺。

为了便于比较不同排量气缸的做功能力，需要排除气缸尺寸的影响，从而引入平均指示压力的概念。平均指示压力 p_{mi} 是内燃机单位气缸工作容积的指示功。即

$$p_{mi} = W_i / V_s \quad (MPa)$$

式中 W_i——指示功，kJ；

      V_s——气缸工作容积，L。

于是，循环指示功 W_i 可以写成

$$W_i = p_{mi} V_s = p_{mi} \frac{\pi D^2}{4} S \times 10^{-6} \quad (kJ) \tag{1-7}$$

式中 D、S——气缸直径、行程，mm。

因此，可以将平均指示压力 p_{mi} 假想为一个大小不变的压力作用在活塞顶上，它推动活塞移动一个行程所做的功即为循环的指示功。

平均指示压力 p_{mi} 是从实际循环的角度来评价内燃机气缸工作容积利用率高低的一个参数。p_{mi} 值越高，表明同样大小的气缸工作容积所发出的指示功越多，气缸工作容积的利用程度也越好。因此，p_{mi} 是衡量实际循环动力性能的一个重要指标。

一般四行程内燃机在标定工况下的 p_{mi} 值在下列范围：

汽油机   0.8~1.5MPa

非增压柴油机   0.7~1.1MPa

增压柴油机   1~2.6MPa

二、指示功率 P_i

内燃机在单位时间所做的指示功，称为指示功率 P_i。若已知内燃机的气缸数为 i，则内燃机的指示功率为

$$P_i = W_i \frac{n}{60} \frac{2}{\tau} i = \frac{p_{mi} V_s n i}{30\tau} \quad (kW) \tag{1-8}$$

$$W_i = p_{mi} V_s \quad (kJ)$$

式中 τ——行程数，四行程 $\tau = 4$，二行程 $\tau = 2$；

    V_s——每缸工作容积，L；

    n——曲轴转速，r/min；

    p_{mi}——平均指示压力，MPa；

    W_i——每缸一个循环工质所做的指示功，kJ。

三、指示热效率 η_i 和指示燃料消耗率 b_i

指示热效率 η_i 和指示燃油消耗率 b_i 是用以评价实际工作循环经济性能的重要指标，它们表示了实际循环所消耗燃料热量的利用品质。

指示热效率 η_i 是发动机实际循环的指示功与所消耗的燃料热量之比值，即

$$\eta_i = W_i / Q_1$$

式中 Q_1——得到指示功 W_i 所消耗的热量。

一台内燃机，当测得其指示功率 P_i 和每小时耗油量 B 时，根据 η_i 的定义，可得

$$\eta_i = \frac{3.6 \times 10^3 P_i}{B H_u} \tag{1-9}$$

式中 H_u——燃料的低热值，kJ/kg；

    P_i——指示功率，kW；

    B——每小时耗油量，kg/h。

指示燃油消耗率 b_i（简称指示比油耗）是指单位指示功的耗油量，通常以单位千瓦小时指示功消耗的燃料克数 [g/（kW·h）] 来表示，即

$$b_i = 10^3 \times B / P_i \quad [g/(kW \cdot h)] \tag{1-10}$$

将式 (1-10) 代入式 (1-9)，得到

$$\eta_i = \frac{3.6}{b_i H_u} \times 10^6 \qquad (1-11)$$

通常，四行程内燃机的 η_i 和 b_i 大致范围如下：

汽油机 $\eta_i = 0.3 \sim 0.4$，$b_i = 205 \sim 320$ [g/ (kW·h)]

柴油机 $\eta_i = 0.4 \sim 0.5$，$b_i = 170 \sim 205$ [g/ (kW·h)]

第四节 有效性能指标

指示指标只反映了内燃机气缸内部热功转换工作循环进行的好坏，而作为动力机械的内燃机，其价值主要体现在对外输出的效果。通常用有效性能指标来衡量内燃机热功转换对外界的影响，以曲轴对外输出的功率为基础，评价其动力性和经济性；以通过排气管排出的废气成分及其浓度为基础，评价热功转换过程对环境的污染程度。

一、动力性指标

动力性指标用来评价内燃机对外做功的能力，主要有平均有效压力、有效功率和升功率等。

1. 有效功率 P_e

由于内燃机内部运动件的摩擦损失、驱动附属机构的损失等原因，内燃机气缸内发出的指示功率 P_i，并不能完全变为曲轴的有效输出。这部分消耗于内燃机内部的功率称为机械损失功率 P_m，它用来克服内燃机内部的各项阻力。指示功率减去机械损失功率所得到的才是曲轴上所能输出的功率，称为有效功率 P_e。

即

$$P_e = P_i - P_m \quad (kW) \qquad (1-12)$$

有效功率与指示功率之比称为机械效率 η_m，则

$$\eta_m = P_e / P_i = 1 - P_m / P_i \qquad (1-13)$$

机械效率 η_m 表示内燃机的热功转换在内部传递过程中能量损失的大小。

内燃机工作时，由功率输出轴输出的扭矩称为有效扭矩 T_{tq}。可以用测功器测出有效转矩 T_{tq}，用转速表测出曲轴转速 n，于是可由下列公式计算出有效功率的数值。即

$$P_e = \frac{2\pi n T_{tq}}{60 \times 1000} = \frac{T_{tq} n}{9550} \quad (kW) \qquad (1-14)$$

式中　T_{tq}——有效转矩，N·m；

　　　n——曲轴转速，r/min。

2. 平均有效压力

内燃机工作循环中单位气缸工作容积所发出的有效功，称为平均有效压力 p_{me}。它是从内燃机实际输出功的角度来评定气缸工作容积的利用程度。与平均指示压力相似，它也可视作是一个假想的、平均不变的压力作用在活塞顶上，推动活塞移动一个行程所做的功等于每循环所作的有效功。在其他条件相同时，p_{me} 值越高，表明单位气缸工作容积对外输出的功越多，发动机的动力性越好。

按照上述定义，可以如表示 P_i 和 p_{mi} 之间的关系式 (1-8) 那样，列出 P_e 和 p_{me} 的关

系式

$$P_e = \frac{p_{me} V_s i n}{30\tau} \quad (kW) \tag{1-15}$$

根据式（1-14）和式（1-15），有

$$p_{me} = \frac{\pi T_{tq} \tau}{i V_s} \times 10^{-3} \quad (MPa) \tag{1-16}$$

由式（1-16）可知，对于总排量 iV_s 一定的内燃机来说，p_{me} 值反映了内燃机输出扭矩 T_{tq} 的大小，即 $p_{me} \propto T_{tq}$。

平均有效压力 p_{me} 是衡量发动机动力性能的一个重要参数。一般内燃机的 p_{me} 在如下范围：

柴油机　　　　　　0.6～1.0MPa
增压柴油机　　　　0.9～2.6MPa
汽油机　　　　　　0.7～1.3MPa

3. 升功率 P_L

升功率 P_L 是指在标定工况下，内燃机每升气缸工作容积所发出的有效功率。它是评定内燃机整机动力性能和强化程度的重要指标。即

$$P_L = \frac{P_{eb}}{iV_s} = \frac{p_{meb} i V_s n_b}{30\tau V_s i} = \frac{p_{meb} n_b}{30\tau} \quad (kW/L) \tag{1-17}$$

式中　P_{eb}——内燃机的标定功率，kW；

p_{meb}——在标定工况下的平均有效压力，MPa；

n_b——标定转速，r/min。

升功率 P_L 是从内燃机有效功率的角度，来衡量气缸工作容积的利用程度。P_L 值越大，则内燃机强化程度越高，输出一定有效功率的内燃机气缸尺寸越小。P_L 与标定工况下的平均有效压力和转速的乘积 $p_{meb} n_b$ 成正比，所以也将 $p_{meb} n_b$ 称为内燃机强化程度的评价指标。一直以来人们不断提高 p_{meb} 和 n_b 的水平，以获得更强化、更轻巧和更紧凑的内燃机。但转速的提高受到活塞平均速度 c_m 的限制。设活塞行程为 $S(m)$，则活塞平均速度为 $c_m = Sn/30 (m/s)$。

转速 n 增加，c_m 也增大，则活塞的热负荷和曲柄连杆机构的惯性力均增大，磨损加剧，寿命下降。一般 c_m 值汽油机不超过 18m/s，柴油机不超过 15m/s。为了限制 c_m，可适当减小活塞行程 S，即对于高速内燃机，在结构上采用较小的行程缸径比（S/D）值，当 $S/D < 1$ 时被称为短行程。但如果 S/D 过小会造成燃烧室高度减小，其表面积与容积的比值增大，混合气形成条件变差，不利于燃烧。

P_L、n、c_m 和 S/D 值的大致范围是：

汽油机 $P_L = 30 \sim 70 kW/L$，$n = 3600 \sim 8000 r/min$，$c_m = 10 \sim 18 m/s$，$S/D = 0.7 \sim 1.2$
柴油机 $P_L = 9 \sim 40 kW/L$，$n = 1500 \sim 5000 r/min$，$c_m = 8 \sim 15 m/s$，$S/D = 0.75 \sim 1.3$

二、经济性指标

经济性指标是从对外做功的角度，衡量内燃机输出一定的有用功所消耗能源的多少。通常用有效热效率和有效燃料消耗率来评价内燃机的经济性。

有效热效率 η_e 是内燃机实际循环发出的有效功 W_e 与所消耗的燃料热量 Q_1 之比值。根据定义及式 (1-13)，有

$$\eta_e = \frac{W_e}{Q_1} = \frac{W_i \eta_m}{Q_1} = \eta_i \eta_m \qquad (1-18)$$

当测得内燃机的有效功率 P_e 和每小时燃料消耗量 B 时，有效热效率 η_e 可表示为

$$\eta_e = \frac{3.6 P_e}{B H_u} \times 10^3 \qquad (1-19)$$

有效燃料消耗率 b_e （简称比油耗）是指单位有效功的耗油量，通常用每千瓦小时有效功所消耗的燃料克数来表示，即

$$b_e = \frac{B}{P_e} \times 10^3 \quad [\text{g}/(\text{kW} \cdot \text{h})] \qquad (1-20)$$

由式 (1-19) 和式 (1-20) 可得

$$\eta_e = \frac{3.6}{b_e H_u} \times 10^6 \qquad (1-21)$$

b_e 与 η_e 都是表征发动机经济性能的重要指标。由上式可知，b_e 与 η_e 成反比，b_e 值越小，内燃机的经济性越好。随着节能技术的不断发展，内燃机的比油耗有进一步降低的趋势。

内燃机 b_e 与 η_e 的大致上范围为

柴油机　　　$b_e = 190 \sim 285$ [g/ (kW·h)]　　　$\eta_e = 0.30 \sim 0.45$

汽油机　　　$b_e = 270 \sim 325$ [g/ (kW·h)]　　　$\eta_e = 0.25 \sim 0.30$

三、环境指标

内燃机的环境指标主要指排气品质和噪声。由于它们关系到人类生存的环境与健康，因此世界各国都制定了相应的法规，进行严格的控制。排放和噪声已成为内燃机的重要性能指标。

1. 排放性能

内燃机的排放物中含有对人类有害的物质，对大气环境造成污染。其排出的有害物质可分为以下两类。

(1) 有害气体。目前主要限制一氧化碳 CO、各种碳氢化合物 HC 以及氮氧化物 NO_x 三种危害最大的气体排放量。

(2) 微粒 PM。PM 是指排气中除水以外的，单个颗粒直径大于 $0.002 \mu m$ 的任何液体和固体微粒。其中，以碳为主要成分的固体颗粒形成的碳烟，是柴油机排气最主要的微粒成分。目前，我国只针对柴油机规定了 PM 限值。

由于各国条件不同，排放限制法规各不相同。对内燃机的排放限值都是对某种特定的试验方法而言的，因此排放试验方法是各种排放法规的一个重要组成部分。目前，世界各国采用的汽车发动机排放试验方法可分为两大类：一类是车辆试验法；另一类是发动机台架试验法。车辆试验法包括怠速法和工况法两种，它们通过模拟汽车的各种实际行驶工况来测定其有害排放量。除怠速法之外，车辆试验法都要求在底盘测功器上进行。

内燃机尾气排放物的评价指标，是根据排放试验方法和测试规范规定的要求测试并

进行换算而得。如轻型车用内燃机，因其实际运行工况变化频繁，且整车质量较轻，所以将整车安装在底盘测功器（也称转鼓试验台）上，按法规要求的运行工况测量排放，这样的测试结果比较符合实际使用中的排放水平。图 1-11 给出了我国和欧洲国家目前采用的轻型车试验规范，对不同车型可以统一比较，将排放测量结果以 g/km 单位计。重型车用内燃机功率较大，工况变化比较平稳，且大型车辆不易整车进行试验，所以在内燃机台架上按法规要求的工况测量排放，测量结果以 g/（kW·h）单位计。有时为研究某项技术措施对排放的影响，根据测量方法也可采用体积分数法表示，即以 10^{-6} 单位计。

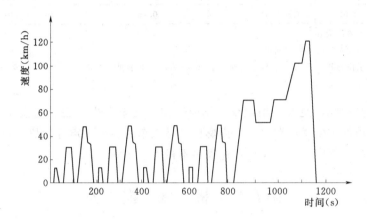

图 1-11　我国和欧洲目前采用的轻型车试验规范（长度 11km，持续时间 1180s，
最高车速 120km/h，平均车速 34km/h）

我国对汽车内燃机的排放控制始于 20 世纪 80 年代，排放控制标准移植和借鉴采用了欧洲国家排放标准体系。表 1-1 给出了欧洲国家和我国不同阶段实施的轻型车排放标准的限值。法规中规定无论内燃机排量和汽车大小如何，只要在轻型车范畴内，就都用统一的排放限值。

表 1-1　　　　　　　　　　欧洲和我国的轻型车排放限值　　　　　　　　　　单位：g/km

排放标准	实施年份		汽油车			柴油车			
	欧洲	中国	CO	HC	NOₓ	CO	HC	NOₓ	PM
欧Ⅰ/国Ⅰ	1992	2000	2.72	0.97		2.72	0.97		0.14
欧Ⅱ/国Ⅱ	1995	2003	2.2	0.5		2.2[①]/1.0[②]	0.5[①]/0.9[②]		0.08[①]/0.1[②]
欧Ⅲ/国Ⅲ	2000	2007	2.3[③]	0.2	0.15	0.64	0.56	0.5	0.05
欧Ⅳ/国Ⅳ	2005	2013	1.0	0.10	0.08	0.5	0.3	0.25	0.025
欧Ⅴ/国Ⅴ	2009	2018	1.0	0.1	0.06	0.5	—	0.18	0.0045[④]
欧Ⅵ/国Ⅵ	2014	2020 以后	1.0	0.1	0.06	0.5	—	0.08	0.0045[④]

① 非直喷式柴油机。

② 直喷式柴油机。

③ 实施欧Ⅲ标准后，冷起动后即开始测排放，而欧Ⅱ在起动后有 40s 滞后，所以欧Ⅲ的 CO 限值虽然高于欧Ⅱ，但实际上更严格了。

④ 欧Ⅴ、欧Ⅵ对 PM 不仅限制了质量而且还限制了数量（6×10^{11} ♯/km）。

表 1-2 给出了欧洲和我国在重型车用柴油机上实施的不同阶段排放限值。

表 1-2　　　　　　　　欧洲和我国重型车用柴油机的排放限值　　　单位：$[g/(kW \cdot h)]$

排放标准	实施年份		排放限值				
	欧洲	中国	CO	HC	NO_x	PM	烟度[1]
欧 Ⅰ/国 Ⅰ	1992	2000	4.5	1.1	8.0	0.36/0.61[2]	
欧 Ⅱ/国 Ⅱ	1996	2004	4.0	1.1	7.0	0.25/0.51[2]	
欧 Ⅲ/国 Ⅲ	2000	2008	2.1	0.66	5.0	0.1/0.13[3]	0.8
欧 Ⅳ/国 Ⅳ	2005	2014	1.5	0.46	3.5	0.02/0.21	0.5
欧 Ⅴ/国 Ⅴ	2008	预计 2018	1.5	0.46	2.0	0.02	0.5

[1]　动态消光烟度单位为 m^{-1}。
[2]　适用于功率不大于 85kW 的柴油机。
[3]　适用于单缸工作容积小于 0.7L、标定转速大于 3000r/min 的柴油机。

2. 噪声

噪声会刺激神经，使人心情烦躁、反应迟钝，甚至产生耳聋、高血压和神经系统疾病。汽车是城市的主要噪声源之一，内燃机又是汽车的主要噪声源，故必须给予控制。如我国的噪声标准中规定，轿车车外加速噪声不得大于 82dB。

第五节　机　械　损　失

内燃机的机械损失消耗了一部分指示功率，使得对外输出的有效功率减少。不同类型内燃机各部分机械损失所占百分比差别很大，表 1-3 给出了内燃机机械损失分配的大致情况。由表可见，机械损失所消耗的功率约占指示功率的 10%～30%，故降低机械损失，特别是摩擦损失，使实际循环的指示功尽可能转变成对外输出的有效功，是提高内燃机性能的重要环节之一。

表 1-3　　　　　　　　内燃机机械损失的分配情况

机械损失名称	占 P_m 的比例（%）	占 P_i 的比例（%）
摩擦损失	62～75	
其中：活塞及活塞环	45～60	
连杆、曲轴轴承	15～20	8～20
配气机构	2～3	
驱动附件损失	10～20	
其中：水泵	2～3	
风扇	6～8	
机油泵	1～2	1～5
电器设备	1～2	
泵气损失	10～20	2～4
驱动机械增压器损失	6～10	
总的机械损失功率	100	10～30

一、机械效率 η_{m}

可以用机械损失功率 P_{m} 和平均机械损失压力 p_{mm} 来说明机械损失的大小。平均机械损失压力 p_{mm}（MPa）定义为单位气缸工作容积的机械损失功，它与机械损失功率 P_{m} 之间的关系为

$$P_{\mathrm{m}} = \frac{p_{\mathrm{mm}} V_{\mathrm{s}} in}{30\tau} \quad (\mathrm{kW}) \tag{1-22}$$

因 $$P_{\mathrm{m}} = P_{\mathrm{i}} - P_{\mathrm{e}}$$

于是，有 $$p_{\mathrm{mm}} = p_{\mathrm{mi}} - p_{\mathrm{me}}$$

如前所述，机械效率的定义为 $\eta_{\mathrm{m}} = P_{\mathrm{e}}/P_{\mathrm{i}} = 1 - P_{\mathrm{m}}/P_{\mathrm{i}} = 1 - p_{\mathrm{mm}}/p_{\mathrm{mi}}$

定义机械效率的目的在于定量评价缸内指示功对外传递过程中的内部损失程度。η_{m} 值越接近于 1，即 P_{e} 更接近于 P_{i}，说明用于机械损失功的比例小，内燃机性能好。内燃机机械效率 η_{m} 的大致范围是：

柴油机　　　　0.7～0.85

汽油机　　　　0.7～0.9

二、机械损失的测定

要精确测量内燃机的机械损失是比较困难的，迄今为止常用的机械损失测定方法有以下几种。

1. 倒拖法

用倒拖法测量机械损失时，需要配备电力测功器的发动机试验台。让内燃机按给定工况稳定运转，待冷却水温度和机油温度达到正常后，切断内燃机的供油，同时用电力测功器以同样转速倒拖内燃机，并尽可能维持冷却水温度和机油温度保持不变。则认为此时测功器测得的倒拖功率即等于该工况下内燃机的机械损失功率。

倒拖法的主要误差来自于缸内压力和温度与实际工况不相符。倒拖时缸内没有燃烧过程，缸内压力偏低，使活塞、连杆、曲轴的摩擦损失减小。而且由于倒拖时膨胀过程中缸内充量向气缸壁的传热损失，造成 p—V 示功图上压缩线和膨胀线不重合而出现负功面积。因此，倒拖时所消耗的功率大于内燃机在相同工况下运转时的实际机械损失功率。对于压缩比较低的汽油机，倒拖法的误差大约为 5%，而对于高压缩比的柴油机，误差可达 15%～20%。

2. 示功图法

该方法是利用燃烧分析仪或数据采集系统等专门仪器，在试验台上直接测量示功图及该工况下内燃机输出的有效功率 P_{e} 和转速 n。通过示功图可以计算出指示功率 P_{i}，从而计算出机械损失功率和机械效率。这种方法测量机械损失的误差大小主要取决于示功图的测试精度。

3. 灭缸法

灭缸法只能用于多缸机。当内燃机在设定工况稳定运转后，先通过测功器测出其有效功率 P_{e}。然后，停止某一缸（如 1 缸）的供油或点火，并迅速调整测功器使内燃机转速恢复到原来的设定转速，测量熄灭一缸后的有效功率 $P_{\mathrm{e(1)}}$。由于有一个气缸不工作，所以 $P_{\mathrm{e(1)}} < P_{\mathrm{e}}$，两者之差即为被停止气缸的指示功率 P_{i1}。同法，依次使各缸熄火，即可测得对应的有效功率 $P_{\mathrm{e(2)}}$、$P_{\mathrm{e(3)}}$、…于是可得各缸的指示功率为

$$P_{i1}=P_e-P_{e(1)}, P_{i2}=P_e-P_{e(1)}, \cdots$$

将以上各式相加即得的整机指示功率为

$$P_i = \sum_{j=1}^{i} P_{ij} = iP_e - \sum_{j=1}^{i} P_{e(j)}$$

式中　i——气缸数。

由此，整机的机械损失功率为

$$P_m = P_i - P_e = (i-1)P_e - \sum_{j=1}^{i} P_{e(j)}$$

用此法测量柴油机机械损失误差可控制在 5％ 左右；但对于废气涡轮增压发动机，由于灭掉一缸后排气条件变化明显，所以误差较大；而汽油机在灭掉一缸后，要维持转速不变节气门开度必需改变，从而导致进气条件变化，误差也较大。

4. 油耗线法

油耗线法又称负荷特性法，它是根据负荷特性曲线上每小时燃料消耗量 B 随负荷变化的特性来推算机械损失的，其误差主要来自于 B 随负荷变化关系的线性度如何。通常柴油机的负荷特性曲线每小时燃料消耗量 B 随有效功率 P_e（或平均有效压力）的变化规律较好地满足线性关系。根据式（1-9），得

$$BH_u\eta_i=3.6\times10^3 P_i=3.6\times10^3(P_e+P_m) \tag{1-23}$$

假设内燃机的指示热效率 η_i 不随负荷变化（柴油机接近该假设），则当内燃机怠速（无负荷空转 $P_e=0$）时，有

$$B_0 H_u \eta_i=3.6\times10^3 P_i$$

将上式和式（1-23）相除，得

$$\frac{B}{B_0}=\frac{P_e+P_m}{P_m}=\frac{p_{me}+p_{mm}}{p_{mm}}$$

由此，可求出机械损失功率 P_m（或平均机械损失压力 p_{mm}）。于是，机械效率为

$$\eta_m=\frac{P_e}{P_e+P_m}=1-\frac{P_m}{P_e+P_m}=1-\frac{B_0}{B} \tag{1-24}$$

式中　B_0——怠速时内燃机的小时耗油量。

三、影响机械效率的因素

1. 转速 n

当内燃机转速提高时，各摩擦副相对运动速度增大，摩擦损失增加。同时，转速 n 增大，运动件的惯性力增大，使活塞对缸壁的侧压力加大，轴承负荷增加，从而增加了机械损失。另外，转速增加还会使泵气损失增大，驱动附件损耗增大。所以转速 n 提高，机械损失功率 P_m 增加，机械效率 η_m 下降。如图 1-12 所示，一般平均机械损失压力 p_{mm} 大致与转速 n 呈直线关系，而机械效率 η_m 与转速 n 近似呈二次方关系。

随着转速升高，摩擦损失所占比例明显加大，且在转速相同的情况下，柴油机的摩擦损失大于汽油机，这是因为柴油机压缩比高、气缸压力高、运动件质量大所致。若要通过提高转速来强化内燃机的动力性，则 η_m 的不断下降将成为主要障碍之一。

2. 负荷

当内燃机转速 n 一定，负荷减少时（柴油机是减小循环供油量，汽油机是减少混合气

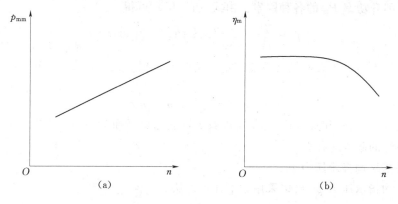

图 1-12　p_{mm} 和 η_m 随转速 n 的变化关系

量），平均指示压力 p_{mi} 下降，而平均机械损失压力 p_{mm} 基本保持不变，因为 p_{mm} 的大小主要取决于摩擦副的相对运动速度和惯性力大小。由机械效率定义 $\eta_m = 1 - p_{mm}/p_{mi}$ 可知，随着负荷减小，机械效率 η_m 下降。

当内燃机怠速运转时，有效功率 $P_e = 0$，指示功率 P_i 全部用来克服机械损失功率 P_m。即 $P_i = P_m$，因此，$\eta_m = 0$。

3. 机油品质和冷却水温度

在机械损失中，摩擦损失占的比例最大，达 70% 左右，而机油的黏度对摩擦损失的大小有重要影响。

黏度即稠稀程度，它表示了流动分子之间内摩擦力的大小。机油黏度大，其内摩擦力大，流动性差，会使摩擦损失增加；但它的承载能力强，易于保持液体润滑状态。机油黏度主要受油的品种和温度影响，温度升高，机油黏度变小。不同牌号的机油，黏度随温度变化的程度不同。从使用要求来说，希望机油黏度随温度的变化小，以保证内燃机在各种工况下都能工作良好。

内燃机机油黏度选用的基本原则是：在保证内燃机正常工作时有可靠润滑条件的前提下，尽量选用黏度较小的机油，以减少摩擦损失，改善起动性能。一般说来，当内燃机强化程度高，轴承负荷大时，应选用黏度较大的机油；当转速高，配合间隙小时，需要机油的流动性好，宜选用黏度较小的机油。

内燃机冷却水的温度直接影响到机油温度，也就影响到机油黏度和摩擦损失的大小；同时冷却水温度还直接影响燃烧过程和传热损失。因此，内燃机使用中应严格保持一定的冷却水温度和机油温度，即保持在正常的热力状态下工作。提高水温，对性能有益，但受水的沸点限制，一般水冷式内燃机，水温多在 85~95℃ 范围。

内燃机摩擦副之间间隙较小，机油中任何杂质都可能使零件表面损坏而增加摩擦损失，故在使用中要特别注意机油滤清器的保养，按时更换机油，以保证内燃机良好的工作状态。一般机油换油期在 5000~10000km 之间。

第六节　提高内燃机动力性和经济性的途径

为了分析提高内燃机动力性和经济性的各项措施，可先分析影响单位气缸工作容积的

输出功率，即升功率 P_L 的各种因素。由式（1-17）可得

$$P_L = \frac{P_e}{iV_s} = \frac{p_{me}n}{30\tau} = \frac{p_{mi}\eta_m n}{30\tau} \quad (\text{kW/L}) \tag{1-25}$$

另外，作为衡量内燃机经济性能的重要指标 b_e，根据式（1-21），得

$$b_e = \frac{3.6}{\eta_e H_u} \times 10^6 = \frac{K}{\eta_e} = \frac{K}{\eta_i \eta_m} \tag{1-26}$$

通过式（1-25）和式（1-26）可以看出，它已概括而又明确地指出了提高内燃机动力性和经济性的基本途径。

一、提高平均指示压力 p_{mi}

提高平均指示压力 p_{mi} 可以采用如下几种方法。

1. 采用增压技术

增压就是使空气进入气缸前进行预压缩，增加吸入气缸空气的密度，可以使发动机的功率按比例增长。同时，它还是降低比质量、节约原材料、降低排气污染最有效的一项技术措施，尤其是废气涡轮增压更可改善经济性，这一措施已在柴油机上获得了广泛的采用。目前，汽油机也开始采用增压技术，多作为高原恢复功率和乘用车减少排量的手段。但汽油机增压将提高压缩终了的温度和压力，因而易发生爆燃。

2. 合理组织燃烧过程，提高循环指示效率 η_i

提高指示热效率 η_i 不仅改善了内燃机的动力性能，而且也改善经济性能。通过实际循环和理论循环的比较，可以归纳出使 η_i 趋近于 η_t 需要在以下三方面开展工作。

（1）减少循环中的传热与漏气损失。

（2）合理组织燃烧，充分提高燃料的利用率。

（3）提高热量利用率，使放热在上止点附近完成，减少后燃，为此需要提高燃烧速度。

实际上，提高 η_i 所涉及问题是多方面的，其中最重要的一方面就是对内燃机燃烧过程的改进。燃烧问题一直以来是内燃机研究的核心，随着柴油机的不断强化和增压程度的不断提高、汽油机向高压缩比和高转速方向的发展以及改善发动机的排气品质、控制噪声和提高经济性的要求，都对内燃机的燃烧提出了许多新的课题，有待进行深入的研究。

3. 改善换气过程

使得在同样大小的气缸容积和相同的进气状态下，能够吸入更多的新鲜空气，从而允许加入更多的燃料，则在同样的燃烧条件下便可获得更多的有用功。改善换气过程，不但能提高循环充气量以获得更多的有用功，而且还可以减少换气损失。为此，必须对换气过程进行深入研究，分析其产生损失的原因，然后从改进配气机构、凸轮廓线及管道流动阻力等方面论证。

4. 提高空气利用率

提高空气的利用率可有效提高内燃机的动力性，尤其对于柴油机这一问题更为突出。

二、提高内燃机的转速

提高转速即等于增加单位时间内每个气缸做功的次数，因而可以提高内燃机的功率输

出。同时，内燃机单位功率的质量亦随之降低。

但是，转速的提高在不同程度上受燃烧恶化、循环充气量和机械效率急剧下降、使用可靠性变差、工作寿命减短以及内燃机的振动和噪声等原因的限制，因此在设法提高转速的同时，需要开展多方面的研究。

三、提高机械效率

提高机械效率可以提高内燃机的动力性和经济性。在这方面，主要是靠合理选定各种热力和结构参数，靠在结构、工艺上采取措施减少其摩擦损失、泵气损失和风扇、水泵、润滑油泵等附属机构所消耗的功率，靠改善内燃机的润滑、冷却等方法来实现。

四、采用二行程来提高升功率

理论上，采用二行程相对于四行程可以提高升功率一倍。但是，由于二行程发动机在组织热力过程和结构设计上的特殊问题，实际上在相同工作容积和转速下，p_{me} 往往达不到四行程的水平，升功率只能较之提高 $50\%\sim60\%$。对于二行程机，在结构上不得不予以特殊的考虑，若仍用简单的结构，其升功率不易超过四行程，而且燃油消耗率却显著上升。

目前，在大型低速船用柴油机和小型风冷汽油机（2.0kW 以下）中二行程占有绝对优势。

第七节 内燃机的热平衡

燃料在内燃机中燃烧时所放出的热量，只有一部分转变为有效功，其余的热量随冷却水、排气等从内燃机中排出。所谓内燃机的热平衡，就是给出燃料的总发热量转换为有效功和其他各项热损失的分配比例。从这些热量分配中，可以了解热损失的情况，以作为判断内燃机零件的热负荷和设计冷却系统的依据，并为改善内燃机的性能指明方向。

一、热平衡方程式

内燃机的热平衡方程式为

$$Q_T = Q_E + Q_S + Q_R + Q_B + Q_L \tag{1-27}$$

式中　Q_T——燃料在气缸中完全燃烧所发出的总热量，kJ/h；

$\quad\quad Q_E$——转化为有效功的热量，kJ/h；

$\quad\quad Q_S$——被冷却介质带走的热量，kJ/h；

$\quad\quad Q_R$——排气带走的热量，kJ/h；

$\quad\quad Q_B$——燃料不完全燃烧损失的热量，kJ/h；

$\quad\quad Q_L$——其他损失的热量，kJ/h。

热平衡方程式可以用各组成部分占总发热量的百分比来表示，即

$$q_E = Q_E/Q_T \times 100\%, q_S = Q_S/Q_T \times 100\%, q_R = Q_R/Q_T \times 100\%$$

$$q_B = Q_B/Q_T \times 100\%, q_L = Q_L/Q_T \times 100\%$$

于是 $q_E+q_S+q_R+q_B+q_L=100\%$，其中 $q_E=\eta_e$。

二、热平衡方程式中各项热量的确定

热平衡一般由内燃机试验测定，试验通常在标定工况稳定运转的条件下进行。用试验确定了各项热量的相关参数值以后，即可按下列有关公式分别进行计算。

1. 燃料的发热量 Q_T

燃料在气缸中的发热量，即

$$Q_T=H_u B \quad (kJ/h)$$

式中　H_u——燃料的低热值，kJ/kg；

B——单位时间的燃料消耗量，kg/h。

2. 转化为有效功的热量 Q_E

因为 $1kW\cdot h=3600kJ$，所以当内燃机输出的有效功率为 P_e 时，转变为有效功的热量为

$$Q_E=3600P_e \quad (kJ/h)$$

3. 冷却介质带走的热量 Q_S

冷却介质包括冷却水、冷却空气和润滑油等。测出流经内燃机的冷却介质流量 m_s（kg/h）及其进、出口的温度 t_1、t_2，就可计算出 Q_S，即

$$Q_S=m_s c_s(t_2-t_1) \quad (kJ/h)$$

式中　c_s——冷却介质的比热容，kJ/（kg·℃）。

4. 排气带走的热量 Q_R

排气带走的热量和冷却损失相同，属于内燃机的主要热损失之一。它可由实测的单位时间的进气流量 G_K、燃料消耗量 B 和进、排气温度 t_1、t_2，按下式近似地求得

$$Q_R=(G_K+B)(c_{pr}t_2-c_{pK}t_1) \quad (kJ/h)$$

式中　c_{pr}——排气的定压比热，kJ/（kg·℃）；

c_{pK}——空气的定压比热，kJ/（kg·℃）；

G_K——单位时间的进气流量，kg/h；

B——燃料消耗量，kg/h。

5. 燃料不完全燃烧损失的热量 Q_B

内燃机工作时因部分燃料燃烧不完全，因此常常会损失一部分热量。例如，汽油机为获得较大的功率，常在空气不足的浓混合气工作，于是有一部分燃料不能完全燃烧；柴油机由于燃料与空气混合不均匀，即便是总的空气量有富余，也会产生部分燃料不完全燃烧。由于不完全燃烧而损失的热量可由下式计算求得

$$Q_B=Q_T(1-\eta_r) \quad (kJ/h)$$

式中　η_r——燃烧效率。

6. 其他热量损失 Q_L

其他热量损失又称余项损失，它包括驱动内燃机附件的能量消耗、未被冷却介质吸收的摩擦热、内燃机向大气的辐射传热以及其他未计入的热损失等。这一部分热量损失难以准确地测定，一般用下式计算

$$Q_L=Q_T-(Q_E+Q_S+Q_R+Q_B) \quad (kJ/h)$$

三、热平衡图

图 1-13 表示出内燃机的热平衡图。由图可见，燃料在气缸中燃烧所发出的热量 Q_T 主要有三个流向：转化为指示功的热量、排气带走的热量和冷却损失的热量。指示功的热量又可划分为转变为有效功的热量、机械摩擦损失的热量、驱动附件的热当量和因辐射而散失到大气中的热量等。

内燃机热平衡的大致数值范围如表 1-4 所示。可见，在燃料的总热量中，仅有 25%～40% 的热量转变为有效功。在损失掉的热量中，主要是由排气带走，其次是传给冷却水，在某些汽油机中不完全燃烧损失的热量所占比例也不小。

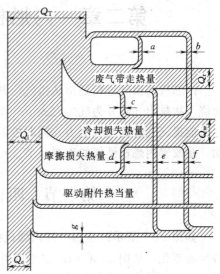

图 1-13 内燃机的热平衡图
a—从排气中回收的热量；b—由气缸壁传给进气的热量；c—排气传给冷却水的热量；d—在摩擦热中传给冷却水的部分；e—从排气系统辐射的热量；f—从冷却系和水套壁辐射的热量；g—从曲轴箱壁和其他无冷却部分辐射的热量

排气带走的热量占总热量的 25%～50%，回收这部分热量一直是人们极为关注的，曾开展过大量研究工作，其中最为成功的是废气涡轮增压内燃机的应用。由于排气中的部分能量得到回收利用，不仅提高了内燃机的功率，而且使燃料经济性也有一定的改善，由表 1-4 可见，其有效热效率最高。

冷却水带走的热量占总热量的 10%～35%，其中一部分是排气道中废气传给冷却水的热；另一部分是由摩擦产生的热，真正由燃烧、膨胀过程散出的热约占冷却损失的 15%，若能将这部分损失回收，指示功率可提高 3%～5%。

表 1-4   内燃机热平衡中各项的数值范围

型式	q_E	q_S	q_R	q_B	q_L
汽油机	25～30	12～27	30～50	0～25	3～10
柴油机	30～40	15～35	25～45	0～5	2～5
增压柴油机	35～45	10～25	25～40	0～5	2～5

第二章　内燃机换气过程与增压技术

内燃机的换气过程是指从排气门开启到进气门关闭的过程，其基本任务是将本循环的燃烧产物排出气缸并为气缸充入下一循环的新鲜充量。减少换气过程中的气体流动损失，尽可能提高气缸的充气能力，同时控制气缸内的混合气成分，组织适合燃烧过程的缸内流动，是改善内燃机性能的重要环节。

第一节　四行程内燃机的换气过程

如图 2-1 所示的是四行程内燃机换气过程中气缸压力 p、排气管压力 p_r 及进排气门升程的变化，从图 2-1（a）中可以看出，排气过程自下止点前的点 b' 排气门开启时起，至上止点后的点 r' 排气门关闭时止，进气过程自上止点前的点 r 进气门开启，至下止点后的点 g 进气门关闭时止。在上止点附近点 r 至点 r'，进排气门同时开启，新鲜充量从进气管流入气缸，把废气赶向排气管，实现燃烧室扫气。根据换气过程的特征，常将四行程内燃机的换气过程分为如下的四个阶段。

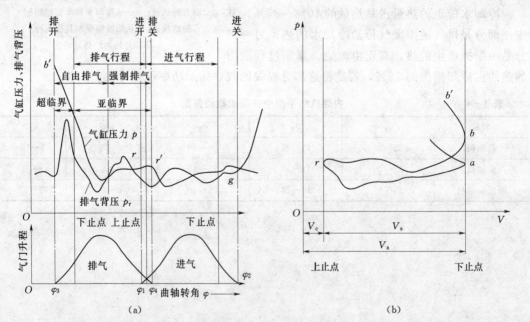

图 2-1　换气过程中气缸压力的变化

一、自由排气阶段

该阶段自排气门在点 b' 开启时起至缸内压力 p 和排气管内压力 p_r 大体相等时止，其特点是利用缸内和排气管内的压差排气。由图 2-1 (a) 可知，气门不能瞬间达到最大升程，如果排气门在下止点开始开启，则受开启速度的限制，气门开启的时间截面积不够，导致排气不能充分进行，增大排气损失。因而排气门一般都在下止点前的点 b' 处提前开启，相应的曲轴转角称为排气提前角 φ_3，一般 $\varphi_3 = 30 \sim 80℃A$。

在排气门刚开启时，缸内燃气压力约为排气管内压力的两倍以上，p_r/p 往往等于或小于临界值 $\left[\left(\frac{2}{K+1}\right)^{\frac{K}{K-1}}\right]$，燃气出现超临界流功状况，以当地音速流过排气门开启截面。排气流量此时只取决于缸内的气体状态和排气门有效开启截面积的大小，与排气管内的气体状态无关，因而转速越高的内燃机，排气门就越应提前打开，增大排气时间截面值。随着排气门流通截面积的不断增大，缸内压力迅速下降，排气流动逐渐转入亚临界流动状态，到 $p \approx p_r$ 的某一时刻（一般希望在下止点后 $10 \sim 30℃A$），自由排气阶段结束。

二、强制排气阶段

该阶段自缸内气体压力 p 和排气管内燃气压力 p_r 基本相等时起至排气门关闭的点 r' 止，特点是依靠活塞强制推挤将燃气排出缸内。在此阶段，缸内气体状态由活塞速度、排气门有效流通面积、排气管内的气体状态共同决定。

活塞接近上止点时，流出的燃气还有一定的速度，如果此时排气门流通面积太小，则流动阻力将增加，缸内气体压力会重新回升，这既增加了排气损失，也增加了缸内残余燃气量。因此，排气门一般在上止点后的点 r' 关闭，相应的曲轴转角称为排气迟闭角 φ_4，一般 $\varphi_4 = 10 \sim 80℃A$。排气迟闭期间，排气系统内的气流惯性将从气缸中抽吸燃气，同时上止点后活塞已下行，气缸容积不断增加，因此要防止燃气倒流入气缸。燃气从气缸向排气管的流动刚停止，倒流还没有发生的时刻，是排气门关闭的理想时刻。

三、进气阶段

该阶段自进气门在点 r 开启时起至点 g 关闭时止，在进气阶段，下行的活塞把充量吸入气缸。缸内的气体状态取决于活塞速度、进气门开启规律、进气管内气体状态。在进、排气门重叠期（图 2-2），进气也受排气门开启面积和排气管内气体状态的影响。为了减少进气阻力，增加进入气缸的充量，进气门一般应在上止点前某一角度的点 r 提前开启，相应的曲轴转角称为进气提前角 φ_1，一般 $\varphi_1 = 10 \sim 70℃A$。

活塞从上止点下行时，气缸容积不断增加，气缸压力开始有一定程度的降低。随着进气门流通面积的加大，进入气缸的充量不断增加，新鲜充量被残余燃气、高温零件（气门、活塞顶、缸盖等）加热，缸内压力逐渐升高。直到下止点，由于进入缸内的充量有一定的流动惯性可以向气缸补充进气，故进气门一般在下止点后的点 g 关闭，这样进气过程终了时，缸内压力等于或略高于进气管压力，增大了进气量。相应于进气门关闭的曲轴转角称为进气迟闭角 φ_2，一般 $\varphi_2 = 30 \sim 60℃A$。

补充进气可有效增加气缸充量，补充进气量与转速和进气延迟角有关。对于某一确定转速，只有一个最佳进气迟闭角；转速越高，这个最佳的进气迟闭角也越大。对于使用转速范围较宽的内燃机，选择进气迟闭角时不仅要考虑高速时的缸内充量，也要兼顾低速时缸内充量不会倒流回进气管，而且要考虑起动时有足够的压缩终点温度，便于起动。

四、气门重叠和燃烧室扫气阶段

活塞在上止点附近时进、排气门同时开启，称为"气门重叠"。进气提前角与排气迟闭角之和称为气门重叠角 φ_{1-4}，如图 2-1（a）所示。在气门重叠期间，进气管与排气管之间的压力差可使新鲜充量进入气缸把缸内的燃气驱除出去。由于这时缸内形成的空间也就是活塞在上止点附近形成的燃烧室空间，所以这一阶段也称为燃烧室扫气。

气门重叠期间，进气管、气缸和排气管连通在一起，对于汽油机，当在节气门小开度运转时，由于进气管压力低，进气门早开会使缸内残余燃气倒流入进气管，从而减少进气量，有时甚至会引起回火现象，故汽油机的气门重叠角一般应设计得小些。对于柴油机，如果进气管压力大于排气管压力，则新鲜充量将借压力差流入气缸，驱赶残余燃气并与之混合后部分流入排气管，既有利于清扫残余燃气，增加气缸充量，又可以降低燃烧室周围

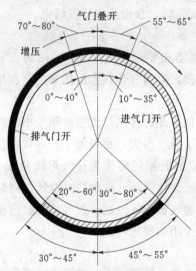

图 2-2　四行程内燃机的配气定时图
注：内圈数字为非增压内燃机，
外圈数字为增压内燃机

气缸盖、排气门、活塞顶、缸套的温度。对涡轮增压内燃机来说，部分新鲜充量流入排气管，可降低排气温度，从而可以改善排气涡轮叶片的工作条件。非增压高速内燃机，进、排气管压力差比较小，在选择进气提前和排气迟闭角时，主要应考虑清除残余燃气，减少换气损失，防止燃气倒流，气门重叠角应取较小值。一般非增压内燃机的气门重叠角 $\varphi_{1-4}=20\sim70$℃A，有扫气的增压内燃机的气门重叠角一般为 $\varphi_{1-4}=80\sim150$℃A。气门重叠角较大时，应注意避免气门和活塞发生相撞。

如图 2-2 所示为四冲程内燃机配气定时图，图中数字表示配气定时的大致范围。确定一台内燃机的配气定时是比较复杂的，一般参考相似机型的参数，拟定几种方案，用计算机进行分析计算，在单缸试验机上做对比试验，最终根据实机性能考核情况再加以确定。

通常用扫气系数 φ_s 来衡量扫气过程中新鲜空气的利用程度，它定义为每循环流经气缸总的空气质量 m_k 与进气过程结束时实际进入气缸的新鲜空气质量 m_L 之比，即

$$\varphi_s=m_k/m_L$$

内燃机扫气所消耗的空气质量

$$m_p=m_k-m_L$$

故

$$\varphi_s=1+m_p/m_L$$

第二节　换气损失与泵损失

非增压内燃机的理想换气过程如图 2-3（a）所示，排气沿 $a_t r_t$ 线进行，进气沿 $r_t a_t$ 线进行，进、排气压力相等，泵气功为零。增压内燃机的理想换气过程如图 2-3（c）所示，由于进气压力 p_b 大于排气压力 p_T，所以泵气功为正功。在实际循环中，由于进、排

气门不可能瞬时启闭，需提前开启和滞后关闭以及进、排气系统存在着流动阻力，故非增压和增压内燃机的实际换气过程分别如图2-3（b）和图2-3（d）所示，图中阴影线面积表示换气过程的损失。

一、换气损失

换气过程的损失为进气损失和排气损失之和，其大小主要取决于进、排气系统流动阻力的大小和气门定时。对于增压内燃机，还与排气涡轮增压器的匹配有关。

1. 排气损失

如图2-3（b）和图2-3（d）所示，排气门提前开启时，排气压力线从点b开始偏

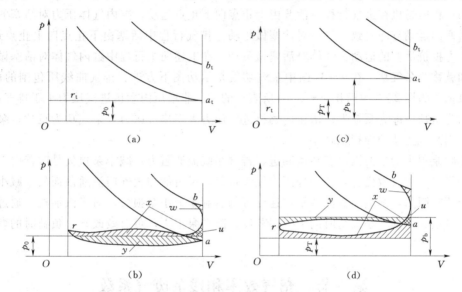

图2-3 四行程内燃机的换气损失

（a）非增压内燃机理想换气过程；（b）非增压内燃机实际换气过程；

（c）增压内燃机理想换气过程；（d）增压内燃机实际换气过程

w—膨胀损失功；x—排气损失功；y—进气损失功；$x+y-u$—泵损失

离膨胀线。与理想循环相比，损失的功相当于w所表示的面积，称为自由排气损失。在活塞将燃气推出气缸时，由于沿途有流动阻力，所以气缸内的气体压力高于排气管内燃气压力。损失的功相当于x所表示的面积，称为强制排气损失。自由排气损失与强制排气损失之和，即为排气损失。

排气提前角的选择与排气过程中缸内压力曲线的形状有关，这会影响自由排气损失和强制排气损失的分配。如图2-4所示，排气提前角越大（曲线b），排气门开启越早，自由排气损失就越大，但此时缸内压力在下止点前已降得足够低，所以强制排气损失减少。反之，排气提前角减小（曲线c），强制排气损失会增加，而自由排气损失则会减少。因此，从减少排

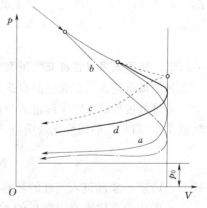

图2-4 排气提前角对排气损失的影响

a—最合适；b—过早；c—过晚；

d—排气门面积过小

气损失的角度看，最佳排气提前角应使两者之和为最小（曲线 a）。

排气损失除受排气提前角 φ_3 大小的影响外，还与转速密闭相关。在气门定时不可变的内燃机中，排气提前角的选择除考虑标定工况外，还要考虑低速性能。为了使各转速下均有最佳气门定时，在现代内燃机中，采用电控气门机构来实现全可变气门定时。

2. 进气损失

由于进气道、进气门存在流动阻力，故进气过程中缸内气体压力会低于进气管内气体的压力。损失的功相当于图 2-3 中 y 所表示的面积，称为进气损失。

二、泵损失

四行程内燃机在进气行程时活塞由上止点向下止点运动，缸内气体压力对活塞的作用力与活塞的运动方向一致，气体对活塞做正功。排气行程中活塞由下止点向上止点运动，气体压力抵抗活塞的运动，气体对活塞做负功。在上述两个行程中缸内气体对活塞做功的代数和就称为泵气功。在 $p—V$ 图中泵气功就是示功图下方进、排气曲线所包围的面积。定义泵损失为图 2-3 中面积 $x+y-u$ 所表示的功。非增压内燃机进气压力小于排气压力，泵气功为负功，即为泵损失；增压内燃机进气压力大于排气压力，泵气功为正功；泵损失越大，则泵气正功的面积就越小。

影响泵损失的主要因素有转速和进、排气系统流通阻力。减小泵损失是改善内燃机动力性和经济性的有效措施，如合理匹配配气定时，尽可能加大气门流通截面积，减小进排气系统流动阻力，适当降低活塞平均速度等都有利于减小泵损失。对于汽油机，通过采用排量可变技术，提高小负荷时的节气门开度，降低泵损失，可有效改善小负荷时的燃油经济性。

第三节　充气效率和残余废气系数

一、残余废气系数 Φ_r

在进气过程结束时，气缸内一般不可能完全是新鲜充量，还有上一工作循环留下来的部分燃气（称为残余废气）。残余废气系数 Φ_r 定义为进气过程结束时，气缸内的残余燃气质量 m_r 与气缸内的新鲜充量质量 m_L 之比，即

$$\Phi_r = m_r / m_L \tag{2-1}$$

二、充气效率（也称充气系数）

为了衡量进入气缸充量的多少和换气过程的完善程度，引入充气效率 η_v 的概念。η_v 定义为进气过程结束时实际进入气缸的新鲜充量质量 m_L 与在进气状态 p_s、T_s 下能充满气缸工作容积 V_s 的新鲜充量质量 m_s 之比，即

$$\eta_v = \frac{m_L}{m_s} = m_L \frac{RT_s}{p_s V_s} = \frac{V_L}{V_s} \tag{2-2}$$

式中　V_L——实际进入气缸的新鲜充量在 p_s、T_s 下的体积。

η_v 的大小直接影响内燃机的动力性。对于非增压内燃机，进气状态取大气状态；增压内燃机的进气状态取增压器或中冷器后的进气管状态。

根据式（2-2），在台架试验中通过流量计测量出内燃机实际进气的体积流量 q_{VL}

（m³/h），而气缸的理论充气体积流量 q_V（m³/h）由下式求得，即

$$q_V = \frac{V_s}{1000} \frac{in}{2} \times 60 = 0.03 in V_s$$

式中　i——气缸数；

　　　n——内燃机转速，r/min；

　　　q_V——气缸的理论充气体积流量，m³/h。

由 q_{VL} 和 q_V，根据 η_V 定义式就可求出该条件下的充气效率。对于汽油机，在节气门全开运转时，$\eta_V = 0.75 \sim 0.80$；对于低速柴油机，$\eta_V = 0.80 \sim 0.90$，高速柴油机 $\eta_V = 0.75 \sim 0.85$，增压柴油机 $\eta_V = 0.90 \sim 1.05$。

理论上在进气状态（p_s，T_s）下，每循环充满气缸工作容积 V_s 的新鲜充量为

$$m_s = \frac{p_s V_s}{R T_s} = \rho_s V_s$$

在进气门关闭时气缸内气体的总质量为

$$m_a = \frac{p_a V_a}{R T_a} = \rho_a V_a$$

气缸内气体的总质量包括充入气缸的新鲜充量与残余废气量之和，即 $m_a = m_L + m_r$。由残余废气系数 Φ_r 的定义，可将充气效率式改写为

$$\eta_V = \frac{m_L}{m_s} = \frac{\rho_a V_a}{\rho_s V_s} \frac{1}{1 + \Phi_r} \qquad (2-3)$$

若设气缸总容积（活塞在下止点时活塞顶部的气缸容积）为 V_0，并令 $\xi = V_a/V_0$，根据压缩比定义 $\varepsilon = V_0/V_c = 1/(1 - V_s/V_0)$，则式（2-3）整理为

$$\eta_V = \xi \frac{\varepsilon}{\varepsilon - 1} \frac{\rho_a}{\rho_s} \frac{1}{1 + \Phi_r} \qquad (2-4)$$

式（2-4）表示充气效率主要与内燃机的结构参数（ε 及 ξ）、进气状态的密度（ρ_a、ρ_s）及残余废气系数 Φ_r 等有关。

三、影响充气效率的因素

1. 进气终了的工质密度 ρ_a

工质密度与其压力和温度相关，一般提高进气终了压力 p_a 和降低进气终了温度 T_a 的措施都有利于提高充气效率。

进气终了温度 T_a 高于进气温度 T_s，引起温升的原因是：新鲜工质进入内燃机与高温零件接触而被加热；新鲜工质与缸内高温废气混合而被加热。T_a 值越高，工质密度 ρ_a 越小，η_V 降低。因此，应力求降低 T_a 值。例如，内燃机为避免工质受热，设计上经常力图将高温的排气管与进气管分置于气缸两侧。

内燃机当负荷不变而转速增加时，由于新鲜工质与缸壁接触时间缩短，壁面传给工质的热量减少，所以 T_a 稍有下降。当转速不变而增加负荷时，缸壁温度被提高，使 T_a 有所上升。

由于柴油机和汽油机负荷调节的方法不同，从而使得进气终了压力 p_a 随负荷的变化也不同。对于柴油机，当转速不变调节负荷时，改变了进入气缸的燃料量，因进气系统无节流装置，故流动阻力基本不变，进气终了压力 p_a 也基本不变或随负荷减小而稍有上升，

这是因为缸壁和零件温度有所下降造成。

对于汽油机，进入气缸的是空气与燃料的可燃混合气，调节负荷是改变节气门开度来调节进入气缸混合气量的多少。当汽油机转速不变而减小负荷时，进气节流损失增加，引起 p_a 下降。

2. 残余废气系数 Φ_r 和压缩比 ε

在进气过程初期，由于气缸内残余废气压力大于进气压力而阻碍进气。随着活塞下行，气缸容积增加，残余废气膨胀，当其压力降低到进气压力时气缸才开始进入新鲜气体。因此，残余废气系数 Φ_r 直接影响气缸工作容积的利用效率。Φ_r 值越大，残余废气对进气阻碍及加热影响越严重，η_v 就越低。Φ_r 主要与气缸压缩容积有关，压缩容积越小，Φ_r 值也越低。当内燃机的压缩比确定以后压缩容积也就确定了，提高压缩比 ε 可以降低 Φ_r，有利于提高 η_v。增压内燃机可以通过合理设计气门叠开角，利用扫气作用来降低气缸内的残余废气量。

汽油机的压缩比较低，进气有节流损失，气门叠开角小，所以 Φ_r 值偏高，通常范围在 0.05～0.16。柴油机由于压缩比高，进气无节流损失，气门叠开角大，所以 Φ_r 值较小，一般范围在 0.03～0.06。增压柴油机 Φ_r 值更小，大概范围在 0～0.03。

3. 配气定时

充气效率分析式（2-4）中的参数 ξ 取决于配气定时，当进气迟闭角一定时，V_a 随之确定，则 $\xi=V_a/V_0$ 为常数。由于进气过程是动态的，进气迟闭角对充气效率的影响主要体现在进气门关闭时刻气流惯性的利用情况，即与 $\xi\rho_a$ 有关。对一定的内燃机转速，气流速度一定，对应该气流惯性的最佳进气迟闭角也一定。若进气迟闭角小于该最佳迟闭角，则气流惯性没有充分得到利用，进气量减小，ρ_a 变小，导致 $\xi\rho_a$ 也减小；反之若进气迟闭角过大，ξ 减小，则已经进入气缸的新鲜充量会出现倒流现象，所以 $\xi\rho_a$ 也减小。为了利用气流惯性多进气，内燃机需要合理选择配气定时。气流惯性的大小除了受内燃机转速影响外，还与进气管长度有关，进气管越长容积越大，所容纳的气体量就越多，则所产生的气流惯性也越大。因此，内燃机配气定时的选择还需要兼顾进气系统的设计。

4. 进气状态

进气状态下的气体密度 ρ_s 取决于进气压力和温度，对自然吸气内燃机就是指大气压力和温度。当大气温度高而压力低时，气体密度 ρ_s 也低，由式（2-4）虽然 η_v 有所提高，但内燃机输出转矩反而下降，特别在高原地区由于空气稀薄，内燃机的动力性下降明显。即充气效率 η_v 只是反应进入气缸充量多少的相对量，并不代表绝对量。

第四节　提高充气效率的措施

由式（2-4）可知，ε 为内燃机的几何压缩比，已为结构设计所决定，对于确定的内燃机，ε 为常数，不能作为提高 η_v 的参数；ρ_s 为进气状态参数，对于特定环境的内燃机，其变化很小，因而 ρ_s 对 η_v 的影响很小。因此，影响 η_v 的参数主要是进气过程终了时充量的密度 ρ_a（压力 P_a 和温度 T_a）、残余废气系数 Φ_r 和 ξ 四个参数，相应地提高 η_v 的措施主要也从这四方面着手：①降低进气系统的阻力损失，以增加 p_a；②降低排气系统阻力损失,以降低 Φ_r;③减少高温零件在进气过程中对新鲜充量的加热以降低 T_a,提高 ρ_a;④合理利用换气过程的动态效应,提高 $\xi\rho_a$。涡轮增压加中冷技术,也是提高 η_v 的有效措施。

一、降低进气系统流动阻力

进气流动阻力包括管道摩擦阻力和局部阻力。摩擦阻力主要与管道长度和粗糙度有关,内燃机中由于管道不长,壁面较光滑,摩擦阻力不大;而局部阻力是流道中的主要损失,它是由一系列局部损失叠加而成,特别是气门开启截面处、空气滤清器和流动转弯处的局部阻力更为明显。摩擦阻力损失、局部阻力损失与流速平方成正比,要减少进气阻力,提高 p_a,从而提高 η_v,可以从合理设计进气系统,改进流动性能以及增加流通面积,降低气缸充量的流速着手。具体措施有如下几方面。

(一)降低进气门处的流动损失

1. 增大进气门处流通面积

在进排气系统中,气门处是流通截面最小,阻力最大的地方。当该流通截面一定时,内燃机转速提高,气体流速增加,流动阻力就增加。一般:①增大进气门直径;②增加进气门数目;③改进凸轮型线设计等措施,均可增大进气门处流通面积,降低气体流动速度,使平均进气马赫数小于0.5,达到减少流动损失,提高充气系数的目的。

采用多气门是目前高性能高速内燃机用来增大流通面积,提高充气系数、减少换气损失,改善内燃机动力性、经济性和排放特性最有效的措施之一。如图2-5所示,采用多气门时,汽油机的火花塞和柴油机的喷油器可布置在气缸中心,这有利于改善燃烧性能;还可减少气门机构的运动质量,有利于内燃机高速化。它的缺点是零件增多,机构更复杂。一般柴油机采用4气门方案,而汽油机有3、4、5气门(2进1排,2进2排,3进2排)的方案。

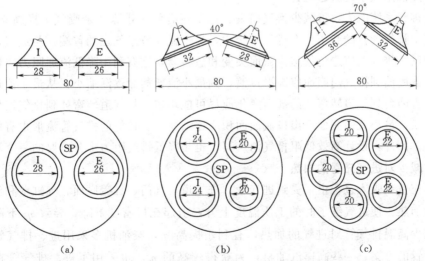

图2-5 气门数及其布置方案

(a) 两气门;(b) 四气门;(c) 五气门

I—进气门;E—排气门;SP—火花塞

2. 改善气道、气门和气门座处的气体流动特性

低流阻进气道的进口到气门座最小内径截面处的这段进气道截面应逐步缩小，不应由于气门导管座的搭子而形成气道截面的收缩，气门座上的气道要圆滑过渡，气门座和气门之间应有连续的截面变化。气门、气门座和缸盖之间的过渡锥面是最小流通截面，它至气道出口之间形成一短的扩压段。气门盘侧面与气缸壁的距离不宜过小，一般应大于 3mm。

（二）减少进气管和空气滤清器的阻力

进气总管和支管是流道中很重要的部分，应保证其有足够的流通截面，合理设计通道型线，避免急转弯和各缸进气不均匀的现象。应特别注意要保证支管出口截面与进气道进口截面处不发生错位，一般将缸盖进气道进口截面用大圆角过渡来减轻错位造成的阻力损失。

从减小进气流动损失的角度，进气管长度应越短越好。但进气管的长短往往受进气系统布置的限制，同时由于进气过程是动态的，在不同转速下为了充分利用进气管道内气流的动态效应来提高充气效率，要求进气管长度的合理设计。一般高速时应尽可能缩短长度以减小流动损失；而低速时适当延长进气管长度，有利于利用进气压力波的动态效应来提高充气效率。

空气滤清器的阻力随结构不同而不同。油浴式滤清器的原始阻力对于小功率内燃机小于 0.981kPa，对于中等以上功率内燃机则大于 0.981kPa。随着使用时间的增加，阻力可能增至 2.943kPa。微孔纸质滤芯的原始阻力不大于 0.294kPa，但积尘后阻力增至 0.294～5.886kPa。应力求在保证滤清效率的前提下，尽可能减小阻力，如研制高效低阻空气滤清器，使用中经常清理滤清器，并及时更换滤芯等。

对于增压带中冷的内燃机，应注意设计流阻低，冷却效果好的中冷器。

二、降低排气系统流通阻力

降低排气系统阻力，可减少换气损失。这不仅有利于排除残余废气，提高充气效率，而且有利于排气能量的利用。在排气系统中，最小截面位于气道的首端，与进气道相比流动过程相反。排气道应避免气道内截面突变和急转弯，这有利于降低流通阻力。低流阻排气道从缸盖底面到排气门座面应圆滑过渡，到最小流通截面逐渐缩小，从最小流通截面经排气门导管凸台到气道转弯处的截面变化应尽可能均匀。从气道转弯处到排气道出口截面形成扩压段，最小流通截面至出口截面面积应逐渐变大。良好的排气管流形也有助于降低流通阻力。此外，设计高效低阻排气消声器，也是降低排气阻力十分重要的一个环节。

三、减少对进气充量的加热

新鲜充量在吸入过程中，受到进气管、进气道、气门、缸盖底面、气缸壁和活塞等高温零件的加热。使进气终了时的工质温度上升，引起充量密度下降，导致 η_v 下降。为了避免或减少高温排气管对进气的加热，有利于提高 η_v，柴油机多采用进、排气管在气缸盖两侧布置的方案。一些高速汽油机，为获得较高的 η_v，也采用了进、排气管在气缸盖两侧布置的方案。增压及中冷可有效提高 η_v，这是因增压中冷后，进气管气体压力比变大，这有利于排气，降低受热零件壁面温度和残余废气系数，从而可提高 η_v。因此，增压机的充气效率高于非增压机。

四、合理选择配气定时

配气定时的选择主要是指进、排气提前角和迟闭角的确定。如图 2-6 所示为不同进气迟闭角对内燃机充气效率及功率影响的试验结果。当进气迟闭角较小时，充气效率的峰值出现在低速段某一转速 n_1，即在该转速下进气门关闭时刻恰好能充分利用气流惯性实现过后充气。当低于该转速（$n<n_1$）时，因气流惯性降低，使已进入气缸的气体出现倒流，转速越低倒流现象越严重，所以充气效率降低。而当转速 $n>n_1$ 时，虽然气流惯性增加，但进气门却提前关闭不能利用这一部分惯性充气，而且随着转速的增加进气系统流动损失增加，所以充气效率明显下降。如图 2-6 中虚线所示，当加大进气迟闭角后，虽然充气效率峰值因高速流动损失增加而相对降低，但其峰值出现的转速较高，而且高速区段的充气效率得到明显的提高，从而改善了发动机高速区的动力性，标定功率也明显得到提高。对于车用发动机在不同转速控制最佳进气迟闭角尤为重要。传统内燃机当凸轮轴确定后配气相位随之确定，不能随转速而变化。随着内燃机电控技术的发展，为了在整个转速范围内都能改善充气效率，以适应日益严格的节能与排放要求，在现代车用发动机上逐渐采用可变配气相位技术，即 VVT（Variable Valve Timing）技术。

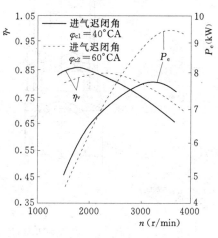

图 2-6　不同进气迟闭角对内燃机充气效率与功率的影响情况

第五节　二行程内燃机的换气过程

一、换气型式

根据新鲜充量在气缸中流动的性质，二行程内燃机的换气方案可以分为横流扫气、回流扫气和直流扫气三种，如图 2-7 所示。

1. 横流扫气

如图 2-7（a）所示，扫、排气口在气缸下部为对向设置，在扫气口与排气口之间易产生扫气短路，使气缸顶部区域易于残留废气，换气效果差。为了使扫气进行得完善，扫气口在纵横方向均有倾斜角，以控制气流流入气缸的方向。因扫、排气时间对称，扫气口比排气口关闭早些，会使本来进入气缸的新鲜充量外逸一部分，产生过后排气。另外，扫气口一侧被扫气冷却，排气口一侧会被排气加热，温度不匀易使缸套和活塞变形。因扫气口外侧经常受扫气压力作用，活塞被紧压在气缸的排气侧，使活塞和缸套的摩擦力增加，活塞组易产生单边磨损。它的优点是结构简单，制造方便，且可以降低内燃机的高度尺寸。

2. 回流扫气

回流扫气方案示意图，如图 2-7（b）所示，扫、排气口都在气缸的一侧，排气口在扫气口上部，扫气口关闭后也存在过后排气损失。扫气口也在纵横方向有倾斜角，使扫气气流的主流在气缸内沿活塞顶和气缸壁流动时转弯而形成回流，将废气由排气口挤出，扫气以直接短路通过的量减少，故扫气效果相比横流扫气好。这种形式的扫气口面积比横流扫气可稍大，所以适用于高速内燃机，在大功率低速柴油机上也有应用。由于活塞的失效行程较大，扫气口面积不能取较大值，这是它的缺点。

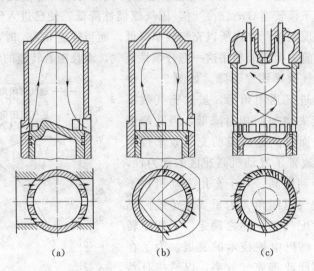

图 2-7 二行程内燃机的换气方案
(a) 横流扫气；(b) 回流扫气；(c) 直流扫气

摩托车用单缸风冷二行程汽油机广泛采用曲轴箱式扫气方案，如图 2-8 所示。从扫气形式上说是回流扫气，只是它用曲轴箱来代替了扫气泵。当活塞上行进行压缩时，曲轴箱容积增大，产生真空度，混合气通过簧片式止回阀，如图 2-8 (a) 所示或在活塞底边开启进气口后，如图 2-8 (b) 所示，进入曲轴箱。当膨胀行程结束进行换气时，先打开排气口，然后曲轴箱中受活塞下行压缩的混合气通过扫气口进入气缸进行扫气，完成扫气过程。该换气方案不需要附加的扫气泵，结构简单。

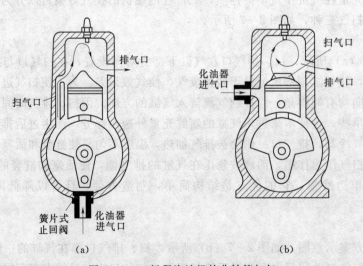

图 2-8 二行程汽油机的曲轴箱扫气

3. 直流扫气

直流扫气方案的主要特点是扫气气流沿气缸轴线运动，换气品质最好，在低速、中速、高速内燃机上均有采用。由于扫气效果好，气缸新鲜充量多，便于增压。直流换气方案中的一种，如图 2-7 (c) 所示，即气门—气孔换气方案。在该方案中，排气门是由凸轮机构驱动，因此可以方便地实现不对称换气，将排气门较早关闭，以达到过后充气的目的。为了使新鲜充量不与废气掺混，扫气口沿切线方向排列，使进入气缸的扫气充量旋转，形成一个"空气活塞"，可以较好地避免新鲜充量与废气的互相混合，并将废气经燃烧室顶部的排气门推出气缸。活塞由于受到扫气空气的冷却作用，工作条件较好。同时，由于扫气口沿整个气缸圆周分布，气孔的孔高可以缩短，以减少行程损失。但由于它保留了气门机构，结构较为复杂，排气门的尺寸也比四行程内燃机大，不利于向高速化发展。

二、换气过程

二行程内燃机与四行程内燃机同样具有进气、压缩、燃烧、膨胀和排气过程，不同的是这些过程只用两个活塞行程来完成，其中差别最大的是换气过程。如图 2-9 所示，该过程的工作顺序是：在膨胀行程的末期，活塞下行，首先打开排气口（A 点），开始排气；而后扫气口开启（B 点），具有一定压力的新鲜充量由扫气口流入气缸，并强迫废气由排气口流出，进行充量更换；然后，活塞到达下止点后又上行，依次将扫气口和排气口关闭（C 点和 D 点），换气过程结束。新鲜充量由扫气泵提供，扫气泵的作用是对新鲜充量进行压缩，使其压力提高后，再进入气缸。通常将二行程内燃机的换气过程分为三个阶段，即自由排气阶段（AB 段）、扫气与强制排气阶段（BC 段）以及过后排气或过后充气阶段（CD 段）。

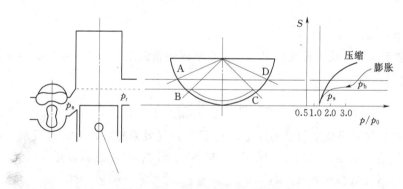

图 2-9　二行程内燃机换气过程示意图

1. 自由排气阶段

从排气口（或排气门）开启到进气口开启为止，称为自由排气阶段。排气口一般在下止点前 $60\sim75°$CA 开启，排气口刚开启时，气缸内压力较高，约为 $300\sim600$kPa，压力比 p_b/p_r 超过临界值，气缸内的废气以当地声速流出。在该阶段，排气流量与排气管内的气体状态无关，只取决于缸内气体的状态和排气口流通截面面积的大小。在自由排气阶段，缸内燃气可以流出大约 $70\%\sim80\%$，它是二行程内燃机换气过程的一个重要阶段。

2. 扫气与强制排气阶段

当气缸压力下降到稍低于扫气压力 p_s 时，扫气口开启，新鲜充量进入气缸，直到活塞下行到下止点后再上行将扫气口关闭为止，即是所谓的扫气与强制排气阶段。在这一阶段，除利用扫气气体强制将废气排出气缸外，还要充入新鲜充量。在这一阶段初期，扫气口开度很小，而排气口已开大，主要的流动阻力在扫气口。随着活塞的下行及废气的迅速外流，缸内气体压力骤降，有可能形成相当高的真空度，此时由于扫气口开度也已经加大，可以使新鲜充量急速流入气缸中。随后，扫气口与排气口开度均较大，扫气气流经过扫气口进入气缸，将缸内废气从排气口压向排气管，实现气缸扫气。在此阶段中，废气主要靠扫气压力与缸内压力和排气管内压力的压力差排出，活塞推挤燃气的排出作用较小。

3. 过后排气或过后充气阶段

从扫气口关闭到排气口关闭期间，称为过后排气阶段。一般二行程发动机扫气口的关闭时刻早于排气口，这时由于活塞上行的排挤和排气气流的惯性作用，一部分废气或新鲜充量与废气的混合气可以继续被排出，直到排气口关闭为止。对于扫气口关闭时刻晚于排气口的发动机而言，由于可以获得新鲜充量的额外加入，故这一阶段被称为过后充气阶段。

一般情况下在过后充气阶段充入气缸的扫气空气量是有限的。过后充气时间很短，此时活塞已上行压缩缸内气体，使缸内压力很快达到扫气压力 p_k，只有提高扫气压力才能在这一阶段向气缸充入较多的空气，但相应地增加了扫气泵消耗的机械功。

三、二行程内燃机换气质量的评价指标

最理想的换气过程，应该是废气和新鲜充量毫不相混，扫气气流将废气全部挤出。事实上，废气与新鲜充量的混合是不可避免的。为提高换气质量，必须对各种扫气方案进行评价，分析优劣，以便根据需要选用。有关二行程内燃机换气过程的评价参数主要有如下几个。

1. 扫气系数 Φ_s

扫气系数定义为：换气过程结束后，留在缸内的新鲜空气质量 m_L 与缸内全部混合气质量 m_g 的比值，即

$$\Phi_s = m_L/m_g = \frac{m_L}{m_L + m_r} = \frac{1}{1 + \Phi_r}$$

Φ_s 是衡量扫气效果优劣的重要标志，Φ_s 越大扫气效果越好。上式也表示了扫气系数 Φ_s 与残余燃气系数 Φ_r 的关系，极限情况下 $\Phi_s = 1$，则 $\Phi_r = 0$，意味着完全扫气。

2. 给气比（过量扫气系数）Φ_k

给气比 Φ_k 表示每循环流经气缸总的充量质量 m_k 与在扫气状态（p_s、T_s）下充满气缸工作容积的充量质量 m_s 之比，即表示扫气总量占进气量的比值。即

$$\Phi_k = m_k/m_s$$

通常二行程扫气是过量的，Φ_k 值一般为 1.2~1.5。

对于理想换气系统的要求，应该是在尽可能小的给气比 Φ_k 的前提下，获得尽可能高的扫气系数 Φ_s，降低残余废气量。

二行程内燃机的换气过程与四行程相比，存在下列问题：

（1）换气时间短。二行程内燃机的换气过程持续时间为 120~150°CA，而四行程内燃机的换气时间为 400~500°CA，前者明显短于后者。由于换气时间短，换气质量较差。从

气门叠开角占整个内燃机换气时间的比例来看，非增压内燃机约为 3%～8%，增压内燃机为 20%～30%，而二行程内燃机达到了 70%～80%。这意味着在扫气期间，将有较多的新鲜充量经过排气门（排气口）直接流入排气管中，增加了空气或混合气消耗量。这正是在同等功率下，为二行程内燃机所匹配的增压器比四行程内燃机流量大的原因。

（2）进、排气过程同时进行。四行程内燃机的换气过程在两个不同的活塞行程中完成，新鲜充量与废气掺混的机会较少，换气终了时残余废气系数较小；而二行程内燃机换气时活塞在下止点附近，进、排气过程同时进行，新鲜充量与废气易于掺混，残余废气系数较大。上述原因使二行程内燃机的换气质量比四行程内燃机的差。

（3）扫气消耗功大。尽管二行程内燃机无泵气损失，但消耗的空气量大，扫气泵耗功多，使其指示热效率明显低于四行程内燃机，因此燃料消耗率较高。

（4）二行程汽油机的 HC 排放高。对于二行程汽油机，由于在扫气期间有较多新鲜充量短路而直接流入排气管，导致其未燃 HC 排放远高于四行程汽油机。

二行程内燃机的性能受换气过程的影响较大，而在变工况运行时，换气的组织更加困难，其性能明显变差。一般而言，四行程内燃机外特性上的最低燃油消耗在 50%～60% 标定工况，燃油消耗率曲线比较平坦；而二行程内燃机外特性上的最低燃油消耗在 80%～90% 标定工况，曲线变化陡峭，所以二行程内燃机变工况运行的经济性能较差。因此，二行程内燃机适合于工况稳定的大型低速船用或固定式（如发电机组）应用场合以及对升功率、比质量指标要求较高的摩托车发动机及小型汽油机。

第六节　内燃机增压技术

内燃机所能发出的最大功率受到气缸内所能燃烧的燃料量的限制，燃料量又受到每循环气缸所能吸入空气量的限制。如果空气能在进入气缸前得到压缩而使其密度增大，则同样的气缸工作容积可以容纳更多的新鲜充量，从而就可以多供给燃料，得到更大的输出功率。这便是内燃机增压的基本目的。

随着材料科学与制造技术的进步，柴油机的涡轮增压技术在 20 世纪中叶开始走向大规模商业应用，并逐步推广到汽油机。目前，大功率柴油机和车用柴油机以及相当比例的高性能汽油机均采用了增压技术。通常，增压后的功率可比原机提高 40%～60%，甚至更多，增压已成为内燃机强化的一个十分重要而有效的技术手段。

一、增压方式

内燃机的增压就是利用某种能量驱动一压气机，由此对进气进行压缩，提高进气压力，从而增加单位体积的进气量，即增加进气密度，以增加进入气缸的空气质量。根据驱动压气机方式的不同，内燃机的增压方式主要可分为机械增压、废气涡轮增压、气波增压和复合增压等。

（1）机械增压。采用机械增压时，内燃机曲轴直接或通过齿轮来驱动压气机，由此实现对进气的压缩。机械增压能有效地提高内燃机功率，与涡轮增压相比，其低速增压效果好。另外，机械增压器结构比较紧凑，与发动机容易匹配。其主要缺点是由于驱动压气机需消耗内燃机的功率，导致机械损失增加，燃料消耗率比非增压内燃机略高。

近年来，一些轿车汽油机多采用机械增压，这是因为机械增压器适应的汽油机转速范围越来越宽和轿车对加速性能要求越来越高的要求。同时，新开发的机械增压器的转速可达 10000r/min，一般汽油机的转速为 4000～6000r/min，两者传动比仅为 2 左右，这时增压器和曲轴之间可用皮带轮传动，而不需要用复杂的增速齿轮箱传动。为了克服机械增压汽油机低负荷时油耗高的缺点，可在皮带传动中加入电磁离合器，在汽油机低负荷时切断增压器与曲轴的连接，或采用增压空气旁通系统，这可以使汽油机在低负荷时如同非增压发动机一样工作。

（2）废气涡轮增压。如图 2-10（a）所示是涡轮增压内燃机简图。涡轮增压的特点是涡轮增压器和内燃机之间没有机械连接，它们之间靠气路相通。内燃机排出的废气经过涡轮膨胀做功后再排往大气，而与涡轮同轴相连接的压气机是靠涡轮发出的功率来驱动的。这种方式能有效回收利用排气能量，因此内燃机经济性比机械增压和非增压内燃机都好。在涡轮增压内燃机工作时，涡轮和压气机两者的功率必须保持平衡，以保证内燃机发出预定功率时所需要的增压压力和空气流量。但是由于涡轮机是流体机械，转速取决于排气流速，内燃机则是动力机械，要求低速时输出大转矩，而在匹配废气涡轮增压器时，内燃机低速时增压器转速低增压效果不明显，内燃机转矩增加不多；当内燃机变工况时，涡轮增压器的瞬态响应特性较差，导致内燃机加速性，特别是低速加速性恶化。

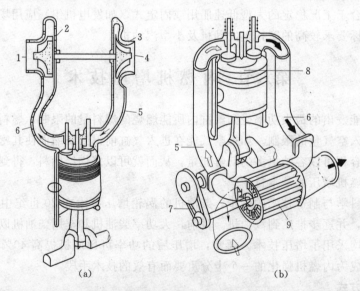

（a）　　　　　　　　　　（b）

图 2-10　废气涡轮增压与气波增压

（a）废气涡轮增压；（b）气波增压

1—排气口；2—涡轮机；3—压气机；4—进气口；5—进气管；6—排气管；7—传动带；8—活塞；9—转子

涡轮增压器的压气机部分一般采用单级离心式结构，根据排气在涡轮中流动方向的不同，可把涡轮增压器分为轴流涡轮增压器和径流涡轮增压器两种。轴流涡轮增压适用于较大流量，而径流涡轮增压器则适用于较小流量，所以大功率内燃机涡轮增压多采用轴流增压器，小功率内燃机，特别是车用内燃机多采用径流涡轮增压器，而中等功率内燃机涡轮增压则两种增压器均有采用。

（3）气波增压。气波增压是根据压力波的气动原理，利用排气压力波使空气受到压缩，以提高进气压力的方式。如图 2-10（b）所示，气波增压器主要由转子、空气定子和燃气定子所组成，转子上装有许多直叶片，形成梯形截面的通道。内燃机曲轴通过皮带驱动转子，在转子中内燃机排出的废气直接与空气接触，利用排气压力波使空气受到压缩，空气的压缩过程和排气的膨胀过程在转子叶道内分别以压缩波和膨胀波的形式完成。

气波增压器是 20 世纪 50 年代发展起来的，瑞士 BBC 公司曾制订了气波增压器系列型谱，可供 73.5～31.6kW 的柴油机使用。气波增压器具有结构较简单，适应工况变动范围较大，加速性和低速扭矩特性较好，工作温度不高等优点，但由于尺寸重量较大、噪声高、效率较低，且难于良好匹配，所以迄今应用不广。

上述三种增压方式从实际应用的情况来看，较为常见的是涡轮增压和机械增压，其中涡轮增压占了绝大部分。

（4）复合增压。是指不同增压器或两个相同增压器的组合。机械增压与废气涡轮增压可以组成串联系统也可以组成并联系统，如图 2-11 所示。两个废气涡轮增压器则可以组成双级直列增压系统和双级并列增压系统，如图 2-12 所示。这种双级复合增压系统主要用于大排量柴油机。双级直列增压系统一般由一个小型增压器和一个大型增压器组成，两个增压器根据内燃机转速通过切换阀的控制分别使用，低速时使小型增压器工作，以提高低速增压效果；中高速时让小型增压器短路，只允许大型增压器工作。双级并列增压系统是根据多缸机的工作顺序，将排气管等分为两部分，并分别采用两个完全相同的增压器。与只采用一个增压器相比，其流过废气涡轮的排气流量减少 1/2，所以可采用较小的增压器，由此达到兼顾低速转矩特性的目的。另外，多缸机应用双级并列增压系统还可避免出现各缸排气干涉现象。

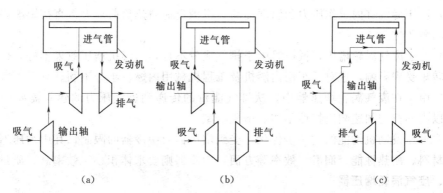

图 2-11　机械增压与废气涡轮增压组合的复合增压方案
（a）前串联；（b）后串联；（c）并联

二、内燃机增压技术的优点与问题

内燃机采用增压技术具有以下几方面的优点：

（1）增压后提高了进气密度，有效提高了内燃机的升功率，降低了比质量，从而降低了单位功率的造价，同时也改善了经济性。

（2）与非增压内燃机相比，由于排气能量得到了回收利用，不仅提高了热效率，而且降低了排气噪声。

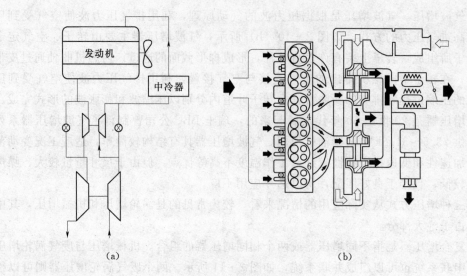

图 2-12　双级增压方式

(a) 直列式；(b) 并列式

（3）柴油机增压后，缸内压力和温度水平得到提高，使滞燃期缩短，有利于降低压力升高率和燃烧噪声。

（4）增压后由于空气充足，有利于降低 HC、CO 和碳烟排放。

（5）增压后有利于内燃机在高原空气稀薄条件下恢复功率，以达到或接近平原性能。

（6）技术适用性广，从低速到高速、二行程到四行程、大缸径到小缸径都有应用。

增压内燃机存在的主要问题是：

（1）增压后气缸内工作压力和温度提高，机械负荷与热负荷加大，直接影响内燃机的可靠性和耐久性。

（2）对于废气涡轮增压，低速时由于排气能量不足，压气机增压效果不好，使内燃机的低速转矩受到影响，这对于车用内燃机及工程机械用内燃机十分不利。

（3）由于在废气涡轮增压器中，从排气能量的传递到进气压力的建立需要一定的时间，所以内燃机的加速响应特性不如非增压机型。

（4）增压发动机性能的进一步优化，受到增压器及中冷器的限制，其中增压器的问题集中在材料、耐热性能、润滑、效率等方面，中冷器则要求体积小、效率高、质量轻。

三、废气涡轮增压器

废气涡轮增压器由离心式压气机和涡轮机两大部分构成。

（一）离心式压气机的工作原理

1. 离心式压气机的工作过程与绝热效率

离心式压气机的功用是提高气体的压力，如图 2-13 所示，它主要由进气道、工作轮、扩压器和出气蜗壳等部件组成。首先，新鲜充量沿截面收缩的轴向进气道进入工作轮，气流速度略有增加，如图 2-13（b）中所示的位置 1。之后，气流进入工作轮上叶片组成的气流通道。由于工作轮的转速很高（达到每分钟十几万转），离心力的作用使得新鲜充量受到很大的压缩，其压力、温度和气流速度均有较大的增加，如图 2-13（b）中所示的位置 2，这部分能量是驱动工作轮的机械功转化而来，而机械功又来源于与之同轴相连的涡轮。然后，压力提高了的气体沿工作轮径向流出，进入扩压器和出气蜗壳。由于两者均是截面渐扩的通道，气体所拥有动能的大部分会在其中转变为压力势能，这样压力得以进一步升高，而气流速度则相应下降，如图 2-13（b）中所示的位置 3、4。出气蜗壳还兼有收集流出的气体以便向内燃机进气管输送的目的。

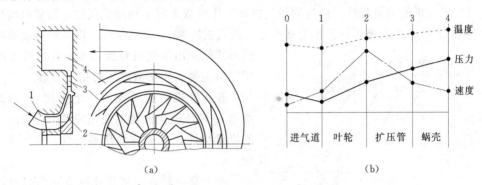

（a）　　　　　　　　　　　　　（b）

图 2-13　离心式压气机
1—进气道；2—叶轮；3—扩压管；4—蜗壳

由此可见，新鲜充量在压气机中完成了一系列的能量转换，将涡轮机传递给压气机工作轮的机械能尽可能多地转变为充量的压力能。衡量这种能量转换效率的指标是压气机的绝热效率。将上述压气机的工作过程在温-熵图上表示如图 2-14 所示。气体进入压气机的初始状态为 p_0、T_0，假设气体经过等熵、无损失的过程被压缩到出口压力 p_b，出口的状态点如图 2-14 中所示的 4_{ad}（p_b，T_{4ad}），而实际过程是伴随着各种损失的熵增过程，压气机出口温度比绝热过程要高，如图 2-14 中所示的 4（p_b，T_b）。

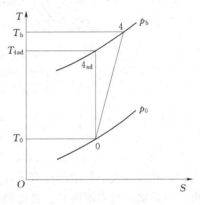

图 2-14　压气机的压缩过程

由上述分析可以看出，压缩耗功在等熵绝热的理想情况下是最少的。根据热力学关系式，压缩单位质量充量的等熵压缩功为

$$H_{kad} = c_p(T_{4ad} - T_0)$$

由绝热过程热力学关系式，有

$$T_{4ad} = T_0(p_b/p_0)^{(k-1)/k}$$

由于要克服气体流动阻力等，压气机实际消耗的压缩功 W_k 比等熵压缩功要大，其单位质量耗功为

$$W_k = c_p(T_b - T_0)$$

压气机的等熵压缩功与实际消耗的压缩功之比，即为压气机的绝热效率

$$\eta_b = \frac{W_{kad}}{W_k} = \frac{T_{4ad} - T_0}{T_b - T_0} = \frac{T_0}{T_b - T_0}\left[\left(\frac{p_b}{p_0}\right)^{\frac{k-1}{k}} - 1\right]$$

统计数据显示，离心式压气机的绝热效率一般为 0.75～0.85。除绝热效率外，压气

41

机的其他主要工作参数还有：增压比 π_b，即压气机出口压力 p_b 与进口压力 p_0 之比；通过压气机的流量（质量或体积流量）；压气机转速 n_b。

根据压气机的工作参数，可以计算出驱动压气机所需的功率 $P_b = q_{mb}W_k/1000$ （kW），其中，q_{mb} 为压气机的充气质量流量，单位为 kg/s。

2. 压气机特性曲线

（1）压气机的流量特性。前述的压气机各工作参数之间是相互关联的，通常以增压比 π_b 和绝热效率 η_b 为纵坐标，流量为横坐标，压气机转速 n_b 为变参数，以等绝热效率曲线的形式绘制出压气机特性，表示在各种工况下压气机主要工作参数之间的相互关系。

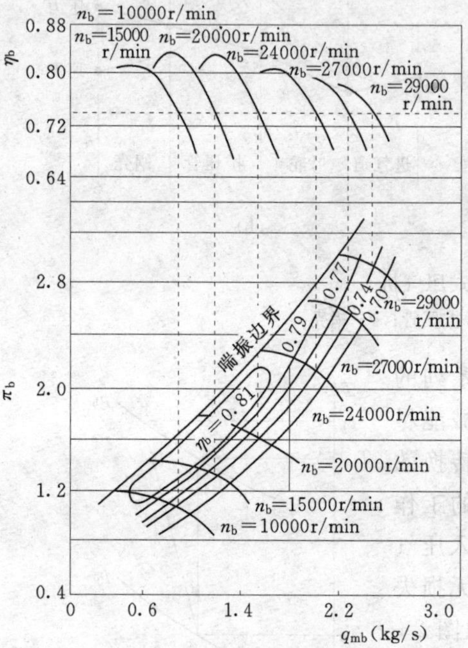

在压气机转速不变时，增压比 π_b 和绝热效率 η_b 随压气机流量的变化关系，称为压气机的流量特性，也称为增压器特性，如图 2-15 所示。

考查某一转速下增压比的变化曲线可以看出，增压器的特性曲线类似抛物线。曲线的左边有一条称为喘振边界的边界线，从喘振边界开始，随着流量的增加，增压比开始是增加的；当流量达到某一值后，增压比达到最高；进一步增加流量增压比反而逐渐降低；直到流量超过某值后，性能曲线接近垂直状，这时增压比继续降低，流量不再增加，即压气机的流量特性达到所谓的堵塞工况。

转速不变时绝热效率随流量的变化关系与增压比的变化相类似，因为根据绝热效率的定义式，其值的大小与增压比有关，即增压比随流量的变化决定了绝热效率随流量的变化趋势，只是喘振边界不明显、具体数值有差异而已。

图 2-15　压气机流量特性曲线

增压器的流量特性所呈现的变化关系，如图 2-16 所示。实际上，气流在进入压气机时，主要产生两种损失：一种是摩擦损失，它是气体流动时与工作轮叶片表面以及扩压器叶片发生摩擦而产生的，由于流量增大时气流速度增加、摩擦加剧，所以摩擦损失随流量的增大而增加；另一种是撞击损失，它是由于实际流量偏离了设计点而产生的，当压气机工作在设计流量时，气流是沿工作轮叶片以及扩压器叶片的入口角流入叶片，撞击损失较小，但当压气机在偏离设计流量（大于或小于设计值）工作时，气流不再是顺叶片入口流入，而是存在一定的夹角，于是发生了气流和叶片的撞击，形成气流漩涡，从而导致撞击损失的产生。以

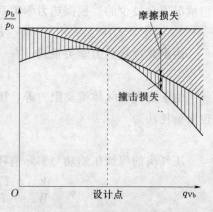

图 2-16　压气机中的损失

上两种损失的变化结果，使得流量特性呈现抛物线形状，且在流量大、转速高时增压比的变化较陡峭。

（2）压气机的喘振和堵塞。从压气机的流量特性图可以看出，在压气机的特性曲线上有一条喘振线，又称稳定工作边界。其含义是：当压气机工作在喘振线右侧时，其工作稳定；而当处于喘振线左侧时，压气机的工作不稳定。通常把出现喘振的工作点称为喘振点，对应的流量称为喘振流量。如图 2-15 所示，随着流量和转速的增加，喘振点对应的增压比向增大方向移动。压气机出现喘振后，气流产生强烈的振荡，引起工作轮叶片强烈的振动，产生很大噪声，压气机出口压力剧烈波动，这样不仅达不到预期的增压效果，严重时还会损坏压气机叶片原件。因此，压气机不允许在喘振条件下工作。

出现喘振是由于流量过小时，在叶片扩压器和工作轮进口处气流与壁面出现分离造成的，分离产生气流漩涡，撞击损失开始增大。当流量小于某一数值后，气流的分离现象会扩展到整个扩压器和工作轮通道，使气流产生强烈的振荡和倒流，这就是压气机的喘振。可以说扩压器流道内气体分离的扩大是压气机喘振的主要原因，而工作轮进口处气流分离的扩大会使喘振进一步加剧。

当流量较大时，尽管也会发生气流与壁面的分离现象，但由于气流惯性的存在，使得发生分离的气体受到其他气体的压缩而局限在入口边缘，无法扩展到整个通道，故此时仅仅是增大了撞击损失，而不会产生喘振现象。

除了喘振外，压气机中还存在堵塞现象。在某一增压器转速下，通过压气机的气体流量随增压比的降低而增加。当流量增加到一定数值后，压气机通道中的某个截面达到临界条件，即气体流速达到当地声速，马赫数为 1。此后，增压比继续降低，气体流量也不再增加，意味着压气机的流动出现了堵塞。此时，气体流量称为堵塞流量，它也是该转速下压气机所对应的最大流量。研究表明，达到临界条件的截面位置一般出现在扩压器的进口喉部附近或是工作轮叶片进口的喉部附近。

由上述可见，离心式压气机的工作特点是，在低速时可能引起喘振，在高速时将会发生堵塞。因此，在设计时应保证压气机具有宽广的工作范围。

（3）压气机通用特性。上述压气机特性曲线中的参数，都是在一定的大气条件下测得的。当使用的大气环境条件改变时，其特性曲线也会改变，这对增压器的选用带来不便。为了解决这一问题，提出了通用特性曲线。它是根据气体流动相似原理，采用相似参数来绘制的压气机特性曲线。

根据相似理论，只要表征气体可压缩性的相似参数—马赫数相同，气体的流动就是相似的。对于压气机，无论大气环境如何变化，只要按压气机进口处轴向气流绝对速度 c_1 算得的马赫数 Ma 以及按工作叶轮出口外径处的圆周速度 u_1 算得的马赫数 Ma_u 相同，可满足相似准则，即 Ma 和 Ma_u 相等的条件，则流动便是相似的。

$$Ma = \frac{c_1}{\sqrt{kRT_0}}, \ Ma_u = \frac{u_1}{\sqrt{kRT}}$$

式中　T_0——大气温度，K；

　　　T——工作叶轮出口温度，K；

　　　k——绝热指数；

R——气体常数。

但是，应用上述两个相似马赫数 Ma 和 Ma_u 很不直观，实际应用中是采用与 Ma 和 Ma_u 成比例的折合参数来绘制通用特性曲线，如图 2-17 所示。折合参数分别为

折合流量 $$q_{mnp} = q_{mb} \frac{101.3}{p_0} \sqrt{\frac{T_0}{293}}$$

折合转速 $$n_{np} = n_b \sqrt{\frac{293}{T_0}}$$

式中　p_0——测量时的大气压力，kPa；

　　　T_0——测量时的大气温度，K；

　　　q_{mb}——压气机的充气质量流量，kg/s；

　　　n_b——压气机转速，r/min。

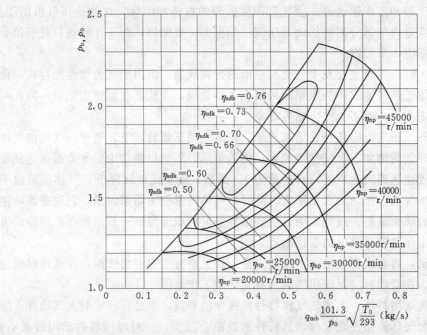

图 2-17　压气机通用特性曲线（η_{adk} 为压气机绝热效率）

（二）径流式涡轮机的工作原理

涡轮机的功用是将排气所拥有的能量尽可能多地转化为涡轮旋转的机械功。

1. 涡轮机的工作过程及效率

如图 2-18 所示，径流式涡轮机主要由进气蜗壳、喷管、工作叶轮以及出气道等组成。进气蜗壳的进口与内燃机排气管相连，蜗壳的作用是引导排气均匀地进入涡轮。喷管是由周向均匀安装、带有一定倾角的叶片组成的多个渐缩通道，气流流过喷管时，部分压力能转变为动能，气体得到加速而压力、温度下降，且具有极强的方向性，使气体均匀地流入涡轮机的工作叶轮。在工作叶轮中，气体是向心流动的，工作叶轮叶片之间的通道也是呈渐缩状，气体在通道中继续膨胀。当气流流过工作叶轮时，气流转弯，由于离心力作用的结果，在叶轮的凹面上压力得到提高，而在凸面压力则降低，作用在叶轮表面压力的合力产生了转矩。此时，在工作

叶轮出口处压力、温度下降，气体速度也已经大大低于进口速度，表明排气在喷管中膨胀所获得的动能已大部分传递给工作叶轮，推动叶轮旋转。

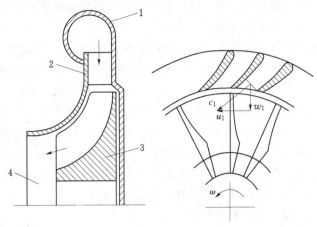

车用径流式涡轮机多采用无叶式喷管，涡轮机的蜗壳除了具有引导内燃机排气以一定角度进入涡轮机叶轮的功能外，还有将排气的压力能和热能部分地转变为动能的作用。

图 2-18 径流式涡轮机
1—蜗壳；2—喷管；3—叶轮；4—出气道

涡轮机中废气能量转换为机械功的有效程度用涡轮机效率 η_T 来表示，其定义为排气在涡轮机中的实际膨胀功与绝热膨胀功之比。

$$\eta_T = \frac{h_3 - h_4}{h_3 - h_{4s}} = \frac{T_3 - T_4}{T_3 - T_{4s}} = \frac{T_3 - T_4}{T_3} \frac{1}{\left[1 - \left(\frac{p_4}{p_3}\right)^{\frac{k-1}{k}}\right]}$$

式中　p_3、T_3、h_3——涡轮机入口处的气体压力、温度及比焓；

　　　p_4、T_4、h_4——涡轮机出口处的整体压力、温度及比焓；

　　　k——绝热指数；

　　　s——绝热状态。

一般涡轮机效率为 $\eta_T = 0.7 \sim 0.9$。一台涡轮增压器的总效率 η_{al} 是指压气机绝热效率 η_b、涡轮机效率 η_T 及增压器机械效率 η_m 的乘积，即 $\eta_{al} = \eta_b \eta_T \eta_m$。

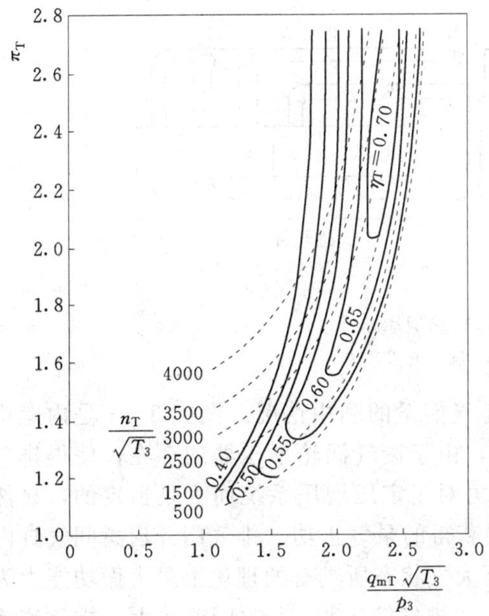

2. 涡轮机特性曲线

涡轮机的主要工作参数有：根据排气滞止参数计算的压比 π_T（排气滞止压力与排气背压之比）、排气质量流量 q_{mT}、转速 n_T 及涡轮机效率 η_T。在涡轮机变工况运行时，上述参数之间的关系就是涡轮机特性。与压气机相同，涡轮机特性也是用相似参数作为坐标绘制的，如图 2-19 所示。

与压气机的情况相类似，对于一定的涡轮转速（$n_T/T_3^{1/2}$ 一定），随着膨胀比的增加，存在一个堵塞流量，即涡轮内部流道，如喷嘴出口截面或叶轮通道某处，排气流速达到了当地声速。此时，再缩小流通截面积也不能提高流速，反而只增加流动的阻力。

图 2-19 涡轮机的通用特性曲线

涡轮机的效率与排气在涡轮机内部膨胀做功过程中的流动损失、撞击损失和余速损失有关。流速越高则流量越大，流动损失也越大。撞击损失和余速损失在设计工况点最小，偏离设计工况程度越大，撞击损失和余速损失也越大。

在设计涡轮机时，尽可能增加膨胀比，扩大流量范围，以适应内燃机低速低排气量时，有足够的涡轮效率和转速，来驱动压气机；同时，保证大流量时不出现堵塞现象，以免增加排气阻力而使内燃机性能恶化。径流式涡轮机与轴流式相比，在小流量时有较多优点，如效率高、膨胀比大、结构简单、尺寸小、制造成本低等，故在小功率内燃机中应用较多。其缺点是变工况性能不佳、工作轮与高温气流接触面积大，热应力大等。涡轮机叶轮经常在 900℃ 高温的排气冲击下工作，并承受巨大的离心力作用，所以，一般要求涡轮机入口处的内燃机排气温度控制在 700℃ 以内。

四、涡轮增压系统

从内燃机的热平衡分析可知，在燃料燃烧所释放出的总热量中，有 25% 以上被排气所带走，而排气中的可用能又约占排气总能量的 60%。充分利用这部分排气能量，是提高内燃机热效率的重要途径。

在内燃机增压系统中，按排气能量利用的方式，可分为定压涡轮增压和脉冲涡轮增压两种，如图 2-20 所示。

（一）定压涡轮增压系统

定压增压系统，如图 2-20（a）所示，把内燃机所有气缸的排气通过一个体积较大的排气管收集在一起，然后再引向涡轮的喷管，这样排气管实际起到了集气稳压箱的作用。由于稳压作用，排气总管内的压力振荡较小，进入涡轮的压力基本不变，所以被称为定压涡轮增压系统。

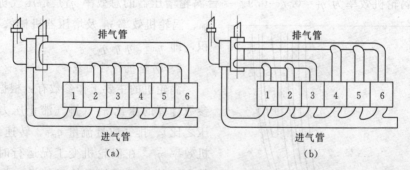

图 2-20 两种形式的涡轮增压系统

（a）定压增压系统；（b）脉冲增压系统

如图 2-21 所示为定压增压系统对内燃机排气能量的利用情况。图中 $3-a$ 是内燃机的进气过程，进气压力为 p_b，排气过程为 $b-5$，由于废气涡轮增压器的存在，使得排气背压即增压器前排气总管内的压力为 p_T，该压力对于定压增压系统而言是恒定的，显然 $p_b > p_T$，这样面积 $a-5-4-3-a$ 为换气过程中获得的泵气正功。排气门开启瞬间气缸内废气状态为 b 点所示，该状态下废气完全膨胀至大气状态所具有的理论上最大做功能力为面积 $b-f-1-b$。但是在排气初期气缸压力 p_b 和排气管压力 p_T 的压差较大，排气流速非常高，经排气门、排气道流到排气总管涡轮入口处时存在较大的节流损失。即排气

由压力 p_b 膨胀到 p_T 所消耗的能量为面积 $b-$
$e-5-b$，这部分能量在稳压箱内进一步转化
为热能加热废气，使涡轮入口处的状态由 e
变为 e'。因此，在涡轮机内废气推动涡轮旋
转过程中，废气沿 $e'-f'$ 线从状态 e' 膨胀至
大气压力 p_0。由于气门叠开角的存在，实际
推动涡轮工作的能量，来自于用面积 $2-4-$
$e'-f'-2$ 表示的废气在涡轮机内的膨胀功和
用面积 $i-g-4-2-i$ 表示的扫气空气直接
进入涡轮而提供的能量。其中面积 $2-4-$
$5-1-2$ 为活塞推出排气的功，系为发动机

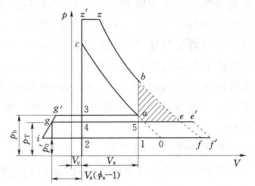

图 2-21　定压涡轮增压内燃机理论循环示功图

活塞所给予；面积 $1-5-e'-f'-1$ 则是定压涡轮增压系统真正取自排气的能量。面积
$i-g-e'-f'-i$ 所表示的能量与涡轮机效率 η_T 的乘积便是涡轮机推动压气机做功所消
耗的能量。根据能量守恒，涡轮机推动压气机做功所消耗的能量应等于压气机绝热工
作所消耗的总能量除以压气机绝热效率 η_b 和增压器机械效率 η_m 之积。其中，压气机绝
热工作消耗的总能量用面积 $i-g'-a-0-i$ 表示，包括用面积 $2-3-a-0-2$ 表示的以
进气压力 p_b 压缩进入内燃机气缸的充量所需能量和用面积 $i-g'-3-2-i$ 表示的压缩
扫气充量所需的能量。

定压增压系统仅能从损失的能量（面积 $5-b-e-5$）中回收一小部分（面积 $e-f-$
$f'-e'-e$），而大部分能量不可避免地损失掉了，所以其排气能量的利用效率低，而且定
压涡轮增压内燃机的低速转矩特性和加速响应特性较差。

（二）脉冲涡轮增压系统

脉冲涡轮增压系统旨在尽量利用定压增压系统中损失的面积 $b-e-5-b$ 对应的能量。
这种方案的特点是尽可能将气缸中的排气能量直接而迅速地送到涡轮机中。为此，需要把
排气管做得短而细，尽量减少容积，如图 2-20（b）所示。这样，当某一气缸开始排气
后不久，排气管内的压力 p_T 便迅速地升高并接近于气缸内的压力 p；由于同一排气管内
的其他气缸尚未排气，所以随着排气流入涡轮，排气管压力 p_T 迅速下降，接着是气缸压
力 p 的下降。之后，同一排气管内相邻发火间隔的气缸开始排气，排气管内的压力 p_T 迅
速升高而后又接着降低。于是，排气管内的压力形成了周期性脉动，使得涡轮机在进口压
力有较大波动的情况下工作，所以被称为脉冲涡轮增压系统。

脉冲涡轮增压系统在气缸开始排气初期的节流损失虽然也很大，但由于排气管容积
小，其压力 p_T 迅速升高并接近于气缸内的压力 p，因而使得排气过程的超临界阶段较短，
总的节流损失大大减少。同时，由于排气管较细，管中气流速度较高，使得部分气流的动
能可以在涡轮中加以利用，从而使涡轮机拥有的能量增加，增压压力 p_b 得以提高。

（三）定压增压与脉冲增压的比较

1. 排气能量利用的效果

脉冲涡轮增压由于排气过程的超临界阶段相对较短，气流的流动阻力小，排气能量的
损失比定压增压系统要小。通常，当排气系统设计较好时，在定压增压系统所损失的可用

能量（图 2-21 中面积 $b-e-5-b$ 对应的能量）中，约有 40%～50% 可以在脉冲增压系统中得到利用。另外，在脉冲增压系统中，还充分考虑了对排气脉冲能量的应用。因此，脉冲增压对排气能量的利用比定压增压要好。但是，当增压压比提高时，定压增压系统排气管内的压力也提高了，使得排气损失有所下降，且脉冲能量在排气能量中所占的比重也随增压压比的增加而减小，所以两种系统对排气能量的利用效果随增压压比的提高而逐渐接近。一般情况，当增压压比小于 2.5 时，采用脉冲增压系统对排气能量的利用比较有利。

2. 气缸内的扫气作用

如图 2-22（a）所示，在内燃机扫气期间，脉冲增压系统的排气管压力 p_T 正处于波谷，即使在部分负荷工况仍能保持足够的扫气压力差 $p_b - p_T$，以保证气缸有良好的扫气。在定压增压系统中，由于排气管压力 p_T 波动小，如图 2-22（b）所示，扫气压力差就大为减小（比较图 a 与 b 中阴影部分面积），不容易保证气缸内的扫气。

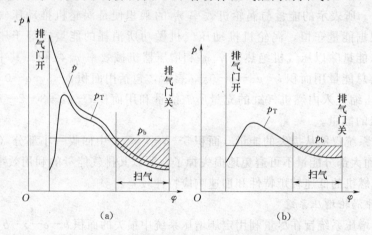

图 2-22 排气脉冲波对内燃机扫气性能的影响
(a) 脉冲增压系统；(b) 定压增压系统

3. 内燃机加速性能

脉冲增压系统由于排气管容积小，当内燃机负荷变化时，排气压力波就会立刻发生变化，并迅速传递到涡轮，从而改变增压器转速以适应负荷的变化。此外，在低速时脉冲增压系统的可用能与定压增压系统相比要大，有利于改善内燃机的低速转矩。因此，采用脉冲增压系统的内燃机加速性能较好。

4. 增压器效率与增压系统结构

从排气涡轮的效率来看，由于脉冲增压系统在内燃机排气初期的自由排气阶段，废气以很高的流速进入涡轮，所以流动损失增加；而且涡轮前的排气温度和压力都是周期性脉动的，进入工作叶轮的排气流动方向也是周期性变化，使得气流撞击损失增加；脉动压力还会造成涡轮的部分进气，因此脉冲增压系统涡轮的效率略低。定压增压系统的涡轮前压力相对恒定，且涡轮全周进气，涡轮的效率较高。

在结构上，与定压增压系统相比，脉冲增压系统比较复杂，尺寸也较大。

综上所述，内燃机低增压时宜采用脉冲增压；高增压时两种增压均可应用，需根据实际情况综合考虑。例如，车用发动机大部分时间工作在部分负荷，对加速性能和转矩特性要求较高，故在高增压的车用发动机上多采用脉冲增压系统；对于船用、发电等场合，变工况要求并不突出，且增压度一般较高，则多采用定压增压系统。

五、汽油机增压技术

1. 汽油机增压存在的技术问题与解决方案

如前所述，增压是提高发动机性能的有效措施而得到广泛应用。但是对以均匀混合气燃烧的汽油机而言，实施增压存在着以下问题。

（1）易爆燃。增压使混合气的温度和压力升高，所以很容易引起爆燃。为此，必须降低压缩比、推迟点火、采用增压中冷等技术手段，但相应会带来热效率下降、排温过高等不利影响。这是汽油机增压比不高（比柴油机低得多）的主要原因，一般汽油机增压比不超过 2。这样，功率最高增加约 40%～50%，而燃油经济性则不一定有改善。

（2）热负荷高。汽油机混合气浓度大，燃烧温度高，增压后进气密度增加，升功率增大，缸内压力和最高温度提高，造成机械负荷和热负荷都有提高。另外，汽油机的膨胀比小，排气温度比柴油机高约 200～300℃；同时，为避免可燃混合气损失，气门叠开角通常较小，燃烧室扫气作用不明显。所以，增压汽油机的排气门、活塞、增压器涡轮处的热负荷均比增压柴油机严重。为此，汽油机的废气涡轮增压一般都采用水冷却增压器和涡轮前放气的调节方案。

（3）汽油机与增压器的匹配困难。因汽油机转速高、变化范围宽，混合气质量流量变化大，而废气涡轮增压器作为流体机械，不可能兼顾高低速。另外，当节气门突然加大时，增压器响应滞后，影响发动机的动态响应特性。

解决以上问题的主要技术措施有：

（1）降低压缩比。但膨胀比低不利于提高热效率。如图 2-23 所示的米勒循环是美国人米勒于 1947 年在四行程发动机的循环理论基础上改进并发布的，其主要特征就是在压缩行程中，活塞从下止点上升到 1/5 行程时进气门才关闭。即在几何压缩比不变的前提下，将有效压缩行程缩短了 1/5。因此，降低了影响爆燃的有效压缩比，而又使膨胀比不变，所以可以在一定程度上提高热效率。为了实现米勒循环，就需要一种能从低速区开始得到高增压比的增压器。

（2）采用增压中冷。采用中冷器冷却增压后的进气。用发动机冷却水进行冷却，这种方式结构简单，但效率较低；采用与发动机冷却水分开的独立中冷系统，效果最佳，但结构复杂。作为空冷方式，有采用将冷却器和散热器共用一个风扇的空对空冷却方式，或涡轮带动风扇的分割式空对空冷却方式。

（3）结构上采用抗爆燃措施。如燃烧室结构的紧凑，由此缩短火焰传播距离；提高燃料的辛烷值；采用双火花塞点火，推迟点火提前角等。

（4）加大气门叠开角，用扫气进行冷却。这种方式只适用于缸内直喷式汽油机，而对于均匀混合

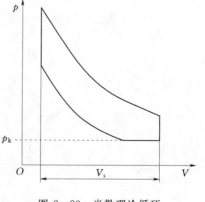

图 2-23 米勒理论循环

气的进气道喷射汽油机，则不利于经济性和 HC 排放。

2. 汽油机与增压器的匹配要求

汽油机增压的要求是在提高标定功率的同时，使得部分负荷和中低转速下具有良好的转矩和动态响应特性，保证一定的转矩储备。为此，汽油机和增压器的最佳匹配点一般选择为部分工况。但这样往往会使标定工况造成过渡增压，为此需要对增压压力进行控制。如通过设置进气或排气减压阀，当进气压力超过规定值时，打开进气减压阀卸压，或打开排气阀减小流经废气涡轮的废气流量，由此自动控制进气压力，避免过度增压；或采用电控可变喷嘴截面积的增压系统（Variable Geometry Turbocharger），控制进气压力适应不同的工况要求。

由于汽油机的转速高、变化范围大，而废气涡轮增压器作为流体机械有一定响应滞后现象，因而对汽油机与增压器匹配时，对整机过渡响应特性具有较高要求。而增压汽油机过渡响应特性差的主要原因，是汽油机转速变化范围大，而废气涡轮增压器的惯性质量较大，从而造成过渡工况下混合气供给相对转速变化滞后。改善过渡响应特性的主要措施有：

（1）合理布置进、排气系统的管长和直径。

（2）在满足高速性能的要求下，尽可能选择较小的涡轮截面积。

（3）减小节气门到进气门之间的进气系统容积。

总之，由于汽油机增压比低、流量范围广、热负荷高、转速高且转速变化范围大，这就要求增压器转动惯量要小、耐高温性能要好，同时体积要小，效率也要保证在一定范围。因此，要求十分苛刻。

汽油机增压技术的应用和进步，在很大程度上取决于高性能增压器的发展。在这方面，目前已经有较多适合于汽油机的增压器产品可供选择，此外一些新技术如陶瓷涡轮转子、可变截面涡轮等，也在不断发展完善中。在近 20 年中，汽油机增压技术获得了重大突破，增压汽油机已经占到汽油机总量的 15%～20%。随着电子技术和发动机控制技术的进步以及高性能增压器的不断涌现，汽油机增压技术将会有更快的发展。

第三章　内燃机燃料与燃烧

第一节　内燃机的燃料及其提炼方法

内燃机主要使用液体燃料，也可用气体燃料及固体燃料。液体燃料主要是石油产品——汽油、柴油等。由于资源、成本及使用性能方面的优势，多数内燃机以汽油和柴油作为基本燃料，其他燃料难以与其竞争。对于军用车辆发动机有使用多种燃料的要求，即改换燃料后发动机性能变化不大。天然石油是蕴藏在地下岩层的液体矿物，从地下开采出的石油，未经加工前称为原油，大多是黑色或深棕色，一般比重轻于水，是不溶于水的一种臭味液体。原油经过加工提炼后，才能成为内燃机用的燃料。在提炼过程中，采用物理—化学方法从原油中提取各种燃料油、润滑油、石蜡、沥青等产品。内燃机及汽车工业的发展对石油产品的数量分配与性能规格有很大的影响，如汽油机和柴油机的产品数量应当与汽油和柴油的产量相适应。

一、燃料及其分类

现今内燃机的燃料几乎都由地下石油经现代的提炼技术加工而成，代用燃料即是除了常规的汽油和柴油外，从煤或非化石能量载体中获取的、能替代汽油和柴油的内燃机燃料。

内燃机用燃料，如图 3-1 所示。主要使用液态的碳氢化合物 C_mH_n 系列燃料，当燃料中 C 的含量减少，H 的含量增加时，燃料轻质化，并呈气态，在极限状态下，$m=0$、$n=2$ 时为氢气。当 C 含量增加，H 含量减少时，则成为重质燃料，当 n 近似为零时为煤炭。通常 H 质量比大的燃料为低污染燃料，H 质量比小的燃料为高污染燃料。未来的内燃机燃料将有可能向两极演变，即氢气和煤炭以及由煤炭派生出来的燃料，后者主要是醇类燃料及人工合成的汽油。其中，各种混合、乳化燃料，生物能类燃料及宽馏分燃料将在

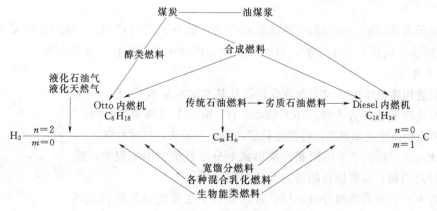

图 3-1　内燃机的燃料

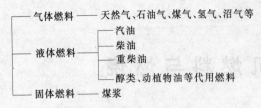

图 3-2 燃料的分类

内燃机中得到不同程度的应用。

内燃机的燃料可分为气态、液态和固态三类，如图 3-2 所示。气态燃料作为移动式工作机械的动力存在着存储问题，而固体燃料在燃烧方面还有许多技术上的难题需要克服。

二、燃料的化学结构

内燃机的燃料是由不同 C、H 组分的分子组成，不同的分子组合确定了燃料的特性。一个四价的 C 原子和四个一价的 H 原子构成饱和链，链的饱和性是碳氢燃料的主要特征；再进一步，还可以看分子是开式或闭式（环状）结构。通常燃料中主要含有烷烃、烯烃、炔烃等分子成分。

1. 烷烃

如图 3-3 所示，烷烃是饱和的链式结构，总分子式可以用 C_nH_{2n+2} 表示，正烷烃是直链式结构，甲烷、乙烷、丙烷、丁烷、庚烷等都属于此类；异烷烃是分支结构，同样的分子式则有许多不同的异构体，分支的形式决定了分子的性质，由于异烷烃紧凑的分子结构，其着火性能要比正烷烃差。如正辛烷与异辛烷的辛烷值之比为 17：100。正烷烃易于着火，适用于压燃式内燃机，而异构体不易着火，适用于点燃式内燃机。常温常压下，$n=1\sim5$ 为气态，$n=6\sim16$ 为液态，$n>16$ 为固态。

2. 烯烃

如图 3-4 所示，烯烃是由两个或多个 C 原子组成的开链碳氢分子，其间通过一个双键相连，属不饱和结构。与烷烃一样也有正烯烃和异烯烃之分，正烯烃相对于正烷烃具有更高的抗爆性。在常温下化学稳定性较差，易产生胶质。

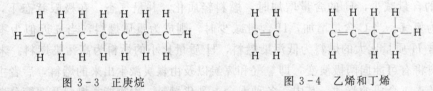

图 3-3 正庚烷   图 3-4 乙烯和丁烯

3. 环烷烃

环烷烃为环形的、单键相连的碳氢化合物，总分子式为 C_nH_{2n}，如环己烷 C_6H_{12}，如图 3-5 所示。同样的 C 原子数，环烷烃的抗爆性介于正烷烃和异烷烃之间。

4. 芳香烃

以双键相连的环状结构称为芳香烃，其基本结构是苯 C_6H_6。从苯中可以衍生出其他的芳香烃，环上的"—H"由一个或两个"—CH_3"取代。芳香烃由于结构紧凑，性能最稳定，也不易着火，抗爆性强。

因此可见，C 原子的排列和连接形式对分子性能的影响很大；随着分子量的增加，碳氢燃料的沸点及比重也增加。

产地不同，燃料的组分也不同，常用燃料中主要成分是烷烃和环烷烃。一般情况，常用的燃料中各原子的重量成分为：碳 82% ～

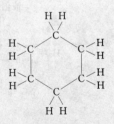

图 3-5 环烷烃

87%；氢 10% ~ 14%；硫 0.01% ~ 7%；氮 0.01% ~ 2.2%。

不同燃料的 C、H、O 的重量百分比如表 3-1 所示。

表 3-1　　　　　　　　　不同燃料的 C、H、O 的重量百分比

燃料	重　量　比（%）			C/H	理论空气量 (kg/kg)
	C	H	O		
甲烷	75.0	25.0	0	3.0	17.4
丙烷	81.8	18.2	0	4.5	15.8
丁烷	82.8	17.2	0	4.8	15.6
正庚烷	84.0	16.0	0	5.25	15.3
异辛烷	84.2	15.8	0	5.33	15.2
十六烷	85.0	15.0	0	5.67	15.1
高级汽油	86.5	13.5	0	6.4	14.7
普通汽油	85.5	14.5	0	5.9	14.9
柴油	86.3	13.7	0	6.3	14.5

三、燃料的炼制

液体燃料主要有两种形式的炼制方法。

1. 分离过程（物理过程）

也称直馏法，是将原油在炼油塔（分馏塔）中进行加热蒸馏。根据不同的分馏温度得到不同成分的燃油，具体有分离蒸馏、吸附、过滤、萃取（加溶剂）等步骤，最终获得的燃油约占原油的 25%～40%。原油在常压下、温度在 30～200℃ 范围内通过蒸馏可获取汽油；常压下蒸馏至 270℃ 左右得到的是航空煤油，在 270～360℃ 蒸馏出来的是柴油。重油是蒸馏的残质，按黏度区分，使用前通常要预热。

2. 转化过程（化学过程）

转化过程有裂解、催化重整和加氢精制等方法。裂解法包括热裂解和催化裂解，它们是将蒸馏后的高分子碳氢化合物通过热力学和催化方法裂解成相对分子量较小的短链分子的过程。其中，通过加温加压方法进行裂解的过程称为热裂解，使用催化剂进行裂解的过程称为催化裂解。

不同的炼制工艺得到的燃油，其理化性质不同。表 3-2 给出了直馏法和裂解法对燃油性质的影响。

表 3-2　　　　　　　　　不同炼制方法对燃油性质的影响

燃油	直馏法	热裂解法	催化裂解法
汽油	稳定性好，体积分数为 90%～95% 的烷烃与环烷烃，芳香烃体积分数不超过 5%～9%，不含不饱和链烃，其马达法辛烷值在 50～70	含有较多不饱和烃，存储中易产生胶质，抗爆性比直馏汽油略好，其马达法辛烷值在 58～68	芳香烃体积分数约为 32%～40%，烷烃为 50%～60%，环烷烃为 8%～10%。抗爆性好，马达法辛烷值可达 77～84
柴油	含有体积分数为 20%～35% 的芳香烃，具有较高的十六烷值	含有大量不饱和烃，十六烷值较低，一般用做中速柴油机燃料	性能较好，可作为高品质柴油使用，用于高速柴油机上

裂解法工艺简单，但所得到的燃油稳定性较差，辛烷值低。为了得到较高品质的燃油，可以采用加氢精制或催化重整工艺。加氢精制工艺不仅可以使烯烃变成饱和烃，还具有脱碳、脱氮、脱氧及脱金属等作用，以满足对更高油品的要求。

催化重整工艺使正构烷烃或环烷烃在催化剂的作用下转化成异构烷烃和芳香烃，副产品氢气还可以作为加氢精制工艺的氢气来源。

由于不同炼制工艺得到的燃油性质不同，所以为了满足内燃机对燃料的要求，需要将不同炼制工艺得到的燃油按适当比例进行调和。因此，每一种商品燃料不仅是多种烃类的混合物，也是各种炼制工艺所得到燃油的调和物。

第二节 燃料的使用性能

一、汽油

汽油影响内燃机使用性能的主要指标有抗爆性和馏程。

1. 抗爆性

汽油的抗爆性用辛烷值来评价。在汽油机燃烧中，随着压缩比及气缸内气体温度的升高，可能出现一种不正常的自燃现象，称为爆震。其中，燃料的品质是影响汽油机爆震的关键因素之一。汽油的辛烷值越高，则抗爆震的能力越强。国产汽油的标号是以研究法辛烷值来命名的。

如前所述，由于炼制方法和构成成分不同，汽油的抗爆性有很大差别。测定汽油的辛烷值是在专门的试验发动机上进行的。这种试验用单缸发动机的压缩比可以改变，并附有指示爆震强度的专门仪表。测定时，用异辛烷和正庚烷按不同体积比例混合配成标准燃料。其中，异辛烷的抗爆性好，在高压缩比下，不易产生爆震，定它的辛烷值为100；正庚烷的抗爆性能差，在汽油机上使用时极易产生爆燃，定它的辛烷值为0。标准燃料中异辛烷的百分数即为该标准燃料的辛烷值。若有一种汽油其辛烷值待定，可在专用的单缸试验机上进行试验。调整试验机的压缩比，直到产生爆震为止，用仪表记录这时的爆震强度。然后在同一压缩比下，换用不同辛烷值的标准燃料进行对比试验，直到产生同样爆震强度为止。这时所用的标准燃料的辛烷值即为该待定燃料的辛烷值。评定车用汽油的抗爆性可采用两种试验工况，分别称为马达法和研究法，两种方法的试验条件如表3-3所示。马达法规定的试验转速及进气温度比研究法高，所以用马达法测定的辛烷值（MON）比研究法辛烷值（ROM）低，两者的差值反映出汽油对发动机工况变化的敏感性，称为燃料的灵敏度 $S_a = ROM - MON$。

表 3-3　　　　　　　　　　　测定汽油辛烷值时的试验条件

条件 \ 方法	马达法 MON	研究法 ROM
转速（r/min）	900±9	600±6
进气温度（℃）	38±14	51.7
进气湿度（g/kg）	3.5～7	3.5～7
可燃混合气温度（℃）	149～150	混合气不预热
点火提前角（℃A）	可变	不可变，-13
压缩比	4～10	4～10
冷却液温度（℃）	100±1.5	100±1.5

续表

条件 \ 方法	马达法 MON	研究法 ROM
润滑油运动黏度（100℃）（m²/s）	$(9.3\sim12.5)\times10^{-6}$	$(9.3\sim12.5)\times10^{-6}$
油压×10²（kPa）	1.8～2.1	1.8～2.1
油温（℃）	57±8.5	57±8.5
火花塞间隙（mm）	0.508	0.508
空燃比	调整到爆震最强	调整到爆震最强

国外车用汽油分级也是以辛烷值为依据，与我国相同。汽油辛烷值的大小主要取决于汽油的组成成分、炼制方法以及添加剂等。根据燃料的化学分子结构，辛烷值的高低顺序依次为：烷烃＜烯烃＜环烷烃＜芳香烃。为了提高汽油的辛烷值，常使用抗爆添加剂，目前常用的有乙醇（Ethanol）、甲基叔丁基醚（MTBE）、乙基叔丁基醚（ETBE）等。

2. 馏程和蒸汽压

馏程和蒸汽压是评价汽油蒸发性的重要指标。汽油是多种烃类的混合物，没有一定的沸点，它随着温度的升高，按照馏分由轻到重逐次沸腾。汽油馏出温度的范围称为馏程。汽油馏程可用蒸馏仪测定，如图3-6所示。

测定时首先取100mL被试燃料装于蒸馏烧瓶内，在下面用煤气灯或电热炉加热产生燃料蒸气，经冷凝器冷却后，凝成液体自冷凝管中滴出。记录馏出第一滴燃料时温度计的读数，此温度称为初馏点。然后继续蒸馏，记录玻璃筒中每馏出10％燃料的温度读数，直到馏出燃料达到97％左右，此时虽然继续加热而馏出燃料几乎不再增加，在烧瓶内残留有少许难于挥发的重质成分，此时记录温度表的读数称为终馏点。量出残留量的体积，将100mL减去馏出的燃料与残留量，所得差数即为蒸馏损失。将蒸馏所得数据画在以温度和馏出百分数为坐标的图上，得出的曲线即称为该燃料的蒸馏曲线如图3-7所示。

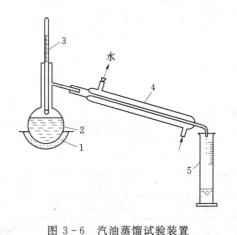

图3-6　汽油蒸馏试验装置

1—加热器；2—试验燃料；3—温度计；4—冷凝器；5—量筒

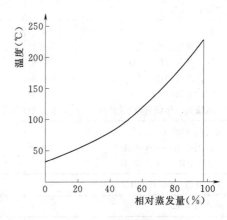

图3-7　汽油蒸馏曲线

为了评价汽油的挥发性，常用馏出10％、50％和90％时的温度为代表。

（1）馏出10％的温度。汽油馏出10％的温度标志着它的启动性。汽油机冷启动时，壁面温度低，转速和空气流速都很低，所以汽油不易雾化，蒸发量少。此时，一般多供油，只要其中有10%左右的汽油蒸发就能顺利启动。10%馏出温度越低，汽油机冷启动性越好。但是此温度过低时，在管路中输送时受发动机温度较高部位的加热，易变成蒸气在管路中形成"气阻"现象，使发动机断火，影响正常运转。因此，通常要求10%馏出温度小于70℃即可。

（2）馏出50%的温度。馏出50%的温度标志着汽油的平均蒸发性，它影响着发动机的暖车时间，加速性以及工作稳定性。若此温度较低说明这种汽油的平均挥发性较好，在较低温度下可以有大量的燃料挥发而与空气混合。这样可以缩短暖车时间，而且从较低负荷向较大负荷过渡时，能够及时供给所需的混合气。国家标准要求50%馏出温度小于120℃。

（3）馏出90%的温度。馏出90%的温度标志着燃料中含有难于挥发的重质成分的数量。当此温度低时，燃料中所含的重质成分少，进入气缸中能够完全挥发，有利于燃烧过程的进行。此温度过高，燃料中含有较多的重质成分，在气缸中不易挥发而附着在气缸壁上，燃烧后容易形成积炭。或者沿着气缸壁流入油底壳，引起机油稀释，破坏了轴承部位的润滑。国家标准要求90%馏出温度小于190℃。

此外，饱和蒸汽压的大小也反映汽油的蒸发性好坏，用来标志抵抗产生气阻的能力。国内车用汽油的技术性能要求见表3-4。

表 3-4　　　　　　　　　车用汽油的性能要求（GB 7930—2006）

项　目		质量指标			试验方法
		90 号	93 号	97 号	
抗爆性： 研究法辛烷值（RON）不小于 抗爆指数（RON＋MON）/2不小于		90 85	93 88	97 报告	GB/T 5487 GB/T 503、GB/T 5487
含铅量（g/L）	不大于		0.005		GB/T 8020
馏程： 10%蒸发温度（℃） 50%蒸发温度（℃） 90%蒸发温度（℃） 终馏点（℃） 残留量（体积分数）（%）	不高于 不高于 不高于 不高于 不大于		70 120 190 205 2		GB/T 6536
蒸气压（kPa） 11月1日～4月30日 5月1日～10月31日	不大于 不大于		88 74		GB/T 8017
实际胶质（mg/100mL）	不大于		5		GB/T 8019
诱导期（min）	不小于		480		GB/T 8018
硫含量（质量分数）（%）	不大于		0.05		GB/T 380、GB/T 11140、GB/T 17040
硫醇（需满足以下要求之一）： 博士试验 硫醇硫含量（质量分数）（%）	不大于		通过 0.001		SH/T 0174 GB/T 1792

续表

项　目		质量指标			试验方法
		90 号	93 号	97 号	
铜片腐蚀（50℃，3h）（级）不大于		1			GB/T 5096
水溶性酸或碱		无			GB/T 259
机械杂质及水分		无			目测
苯含量（体积分数）（%）	不大于	2.5			SH/T 0693、SH/T 0173
芳烃含量（体积分数）（%）	不大于	40			GB/T 11132、SH/T 0741
烯烃含量（体积分数）（%）	不大于	35			GB/T 11132、SH/T 0741
氧含量（质量分数）（%）	不大于	2.7			SH/T 0663
甲醇含量（质量分数）（%）	不大于	0.3			SH/T 0663
锰含量（g/L）	不大于	0.018			SH/T 0711
铁含量（g/L）	不大于	0.01			SH/T 0712

二、柴油

柴油主要用于各类柴油机中，其中轻柴油用于高速柴油机，重柴油用于中、低速柴油机。国产轻柴油的规格由 GB 252—2000 规定。轻柴油的牌号按凝点不同分为 10 号、0 号、－10 号、－20 号和－35 号等几个级别，其凝点分别不高于 10℃、0℃、－10℃、－20℃和－35℃。凝点是指柴油失去流动性开始凝结的温度。选用柴油时，应按最低环境温度高出凝点 5℃以上，即－20 号柴油适用于最低环境温度为－15℃的场合，我国轻柴油规格如表 3-5 所示。

从表 3-5 看出，柴油的理化性能指标很多，但对柴油机而言，其重要的使用性能指标主要有以下几个。

1. 十六烷值

十六烷值是评定柴油自燃性好坏的指标，它与柴油机的工作粗暴性与起动性密切相关。十六烷值越高，柴油的自燃性越好。自然性好的燃料，着火延迟期短，在着火延迟期内，气缸中形成的混合气量较少，着火后压力升高速率低，工作柔和，这是柴油机所希望的。而且，对于自燃性好的燃料，冷起动性能也随之改善。

柴油的十六烷值，也是在特定的单缸试验机上通过试验测定的。试验时选择自燃性好的十六烷，定它的十六烷值为 100；而自燃性差的 α-甲基萘，定它的十六烷值为零。将十六烷与 α-甲基萘按不同的容积比例混合配制成标准燃料，在标准燃料中十六烷含量的体积百分数，即为它的十六烷值。在确定一种混合燃料的十六烷值时，按照一定的规程在单缸试验机上进行试验，当该种混合燃料在试验时表现的自燃性指标与标准燃料相同时，则标准燃料中十六烷的体积含量即为该种混合燃料所具有的十六烷值。

柴油的十六烷值是可以通过选择原油种类、炼制方法及添加剂来予以控制的。一般直链烷烃比环烷烃的十六烷值高；在直链烷烃中分子量越大，十六烷值越高。因此，尽管燃料的十六烷值高对于缩短着火延迟及改善冷起动有利，但将带来燃料分子量加大，蒸发性变差及黏度增加，导致碳烟排放增多及燃料经济性下降。试验结果表明，十六烷值由 55

增加到 75，比油耗增加 7～8g/（kW·h）。因此，国产柴油的十六烷值规定在 40～55 之间。

表 3-5　　　　　　　　　　　　　　　　轻 柴 油 国 家 标 准

项　　目		技　术　指　标							试验方法
		10号	5号	0号	−10号	−20号	−35号	−50号	
凝点（℃）	不高于	10	5	0	−10	−20	−35	−50	GB/T 510
冷滤点（℃）	不高于	12	8	4	−5	−14	−29	−44	SH/T 0248
闪点（闭口）（℃）	不低于	55				45			GB/T 261
运动黏度（20℃）（mm²/s）		3.0～8.0				2.5～8.0	1.8～7.0		GB/T 265
十六烷值	不小于	45							GB/T 386
馏程（℃） 　50%回收温度　　不高于 　90%回收温度　　不高于 　95%回收温度　　不高于		300 355 365							GB/T 6356
密度（20℃）（kg/m³）		实测							GB/T 1884 GB/T 1885
色度（号）	不大于	3.5							GB/T 6540
氧化安定性总不溶物密度（mg/100mL）	不大于	2.5							SH/T 0175
含硫量（质量分数）（%）不大于		0.2							GB/T 380
酸度[mg(KOH)/100mL]　不大于		7							GB/T 258
10%蒸余物残碳（质量分数）（%）　　　　　不大于		0.3							GB/T 268
灰分（质量分数）（%）		0.01							GB/T 508
铜片腐蚀(50℃,3h)(级)　不大于		1							GB/T 5096
水分（体积分数）（%）		痕迹							GB/T 260
机械杂质		无							GB/T 511

2. 馏程

馏程表示柴油的蒸发性，用燃油馏出某百分比的温度范围来表示。柴油比汽油含有较多的重馏分，所以柴油的馏程其温度范围要比汽油高得多。对于柴油的馏程，主要考虑的是 50%、90% 和 95% 馏出的温度。50% 馏出温度低，说明这种燃料轻馏分多、蒸发快，有利于混合气形成。50% 馏出温度主要影响柴油机的暖机性能、加速性和工作稳定性。90% 和 95% 馏出温度标志柴油中所含难于蒸发的重馏分的数量，直接影响燃料能否及时完全燃烧。如果重馏分过多，在气缸内不易蒸发与空气混合，燃烧后易形成排气冒烟。因此，要求柴油有较低的 90% 和 95% 的馏出温度。高速柴油机使用轻馏分柴油，但馏分太轻容易造成柴油机的工作粗暴也不好。

3. 黏度

黏度是表征柴油流动性的尺度，表示燃料分子间内聚力的大小，即为抵抗分子间相对运动的能力。黏度影响柴油的喷雾质量。柴油的黏度低时，自喷油器中喷出的燃料容易雾化成细微的油滴，这便于和空气混合形成均匀的混合气；但是黏度过低会造成喷油器偶件的润滑状况变坏，磨损增加。所以，柴油应具有一定的黏度，一般轻柴油的运动黏度在20℃时为 2.5~8.0mm²/s。

柴油除了具有上述主要使用性能指标外，还有与储运、使用有关的指标，如闪点、含硫量、酸度、残碳等指标，具体选用时须兼顾考虑。

三、汽、柴油性能差异对内燃机工作的影响

汽油和柴油性质上的差异是造成汽油机与柴油机在混合气形成与燃烧方式上不同的主要原因。

1. 混合气形成与负荷调节方式的不同

与柴油相比，汽油的挥发性强（从 40℃开始馏出，至 200℃左右蒸发完毕），因而可在较低温度下以充裕的时间在气缸外部的进气管中形成均匀混合气，通过控制混合气的数量，便可调节汽油机的功率输出。这种负荷调节方式称为"量调节"。而柴油蒸发性差（180℃开始馏出，至 350℃左右结束），但黏度比较好，不易在低温下形成油气混合气，但适宜用喷油嘴向气缸内喷油，使柴油强制雾化形成混合气，靠调节喷油量来调节柴油机的功率输出，而吸入的空气量基本不变。这种负荷调节方式称为"质调节"。

2. 着火与燃烧上的差异

汽油自燃温度较高，但汽油蒸气在外部引火情况下的点燃温度很低，因此不宜压燃而适宜外源点火；为控制燃烧应防止其自燃，所以压缩比不能高；由于混合气均匀，点火后以火焰传播的方式进行扩展，其火焰扩展速度取决于火焰传播的速度。对于柴油，则利用其化学安定性差，易自燃的特点，采用压缩自燃的方式；为确保自燃，压缩比不能过低；由于压缩比高，为了控制燃烧喷油不能太早，所以柴油的喷射及与空气混合过程既短暂又不均匀，往往是在喷油的同时伴随着燃烧的进行，因而使燃烧时间延长。

四、代用燃料及其特性

随着世界石油储量的日益减少，在内燃机上使用代用燃料的趋势正在加速。目前用于内燃机上的代用燃料主要有天然气、液化石油气、醇类燃料和生物柴油等。

1. 气体燃料

气体燃料主要有天然气（NG）和液化石油气（LPG）。天然气是以自由状态或与石油共存于自然界中的可燃气体，主要成分是甲烷。液化石油气是天然石油气或石油炼制过程中产生的石油气，主要成分是丙烷、丙烯、丁烷、丁烯及其异构物。当前在内燃机上应用最多的气体燃料是天然气，其发展很快，现基本已成为第三大支柱性能源。天然气用于内燃机一般有三种形式：对于固定式机械用的天然气发动机（如发电机组等）多采用管道天然气供气方式；对于移动式机械用的天然气发动机（如车用等），为提高天然气的能量密度，有以下两种存储方式：一种是压缩天然气（CNG），通常以 20MPa 的压力压缩储存于高压气瓶中；另一种是液化天然气（LNG），将天然气以－162℃低温液化储存于隔热的气罐中。与压缩天然气相比，液化天然气具有能量密度高、储运性好（液态密度为常态下的 600 倍）、行驶里程长的优点，但需要低温和隔热技术因而成本较高。天然气与其他常用的液体和气体燃料理化性质的对比，见表 3-6。

表 3-6　　　　　　　　　　常用液体和气体燃料的理化性质

项目 ＼ 燃料		汽油	轻柴油	天然气	液化石油气	甲醇	乙醇
来源		石油炼制产品	石油炼制产品	以自由状态存于油气田中	在石油炼制过程中产生的气体	由 CO 和 H_2 化学合成	植物淀粉，物质发酵蒸馏
分子式		含 $C_5—C_{11}$ 的 HC	含 $C_{15}—C_{23}$ 的 HC	含 $C_1—C_3$ 的 HC，主要成分为 CH_4	含 $C_3—C_4$ 的 HC，主要成分为 C_3H_8	CH_3OH	C_2H_5OH
质量成分	碳	0.855	0.87	0.75	0.818	0.375	0.522
	氢	0.145	0.126	0.25	0.182	0.125	0.130
	氧	—	0.004	—	—	0.50	0.348
相对分子量		114	170	16	44	32	46
液态密度（kg/L）		0.7～0.75	0.82～0.88	0.42	0.54	0.78	0.80
沸点（℃）		25～220	160～360	-161.5	-42.1	64.4	78.3
蒸发潜热（kJ/kg）		334	—	510	426	1100	862
理论空气量	kg/kg	14.9	14.5	17.4	15.8	6.52	9.05
	m^3/kg	11.54	11.22	13.33	12.12	5	6.95
	kmol/kg	0.515	0.50	0.595	0.541	0.223	0.310
自燃温度（℃）		220～260	200～220	632	504	500	420
闪点（℃）		-45	50～65	-162 以下	-73.3	10～11	9～32
燃料低热值（kJ/kg）		44000	42500	50050	46390	20260	27000
混合气热值（kJ/kg）		2767	2742	2720	2761	2694	2687
辛烷值	RON	90～106	—	130	96～111	110	106
	MON	81～89	—	120～130	89～96	92	89
蒸汽压（kPa）		49～83	—	不能测定	1274	30.4	15.3

由表 3-6 可见，气体燃料的自燃温度和辛烷值都很高，故其更宜作为点燃式发动机的燃料。与使用汽油相比气体燃料具有如下优点：

(1) 天然气和液化石油气的主要成分是甲烷和丙烷，常压下呈气态，易与空气混合形成均匀的可燃混合气，燃烧的 CO 排放量少，未燃 HC 成分引起的光化学反应低，燃料中几乎不含硫的成分。

(2) 辛烷值高于汽油，内燃机可采用高压缩比，获得高的热效率。

(3) 气体燃料的着火界限范围宽，尤其天然气，稀薄燃烧特性优越，可以使内燃机在广泛的运转范围内降低 NO_x 生成。

(4) 由于是气体燃料，低温起动性及低温运转性能良好，在暖机过程中，不需要像使用液体燃料时所必需的额外供油，不完全燃烧成分少。

但是气体燃料也存在如下的缺点：

(1) 常温常压下为气体，储运性能比液体燃料差，对于车用一次充气可行驶的距离短。

（2）对于压缩天然气，由于储气压力一般达 20MPa，使燃料容器加重。

（3）由于呈气态送入气缸，使内燃机充气效率降低。与量调节的液体燃料内燃机相比，单位体积的混合气热值低，功率会下降 10% 左右。

总之，由于天然气、液化石油气等气体燃料具有低排放、低成本的优势，已在城市公交车和出租车中得到了广泛应用。

2. 醇类燃料

醇类燃料主要指甲醇和乙醇，甲醇可以从煤、天然气、生物质等原料中提取；乙醇可以从含淀粉和糖的农作物中制取，原料来源广泛，且可以再生。由表 3-6 可见，甲醇和乙醇都具有较高的辛烷值和自燃温度，故醇类适宜作为点燃式发动机燃料，能满足汽油机对燃料的基本要求。与汽油相比，它们的特点如下。

（1）醇类燃料热值低，但醇中含有氧，所需的理论空气量比汽油少，因此两者的混合气热值差不多，从而保证内燃机的动力性不降低。

（2）醇的汽化潜热是汽油的三倍左右，燃料蒸发汽化可以促使进气温度进一步降低，增加进气量；但是冷起动困难，需要进气预热。

（3）醇的辛烷值高，抗爆性能好，对提高压缩比有利。

（4）醇的沸点低，产生气阻的倾向比汽油大。

（5）甲醇对人的视神经有损伤作用，有一定的毒性，在储运及使用中需注意安全；另外，甲醇对金属也有一定的腐蚀作用，应采取措施。

乙醇由于没有毒性，美国、巴西和我国的部分地区已经把其加入到汽油中，形成乙醇汽油混合燃料而广泛应用。

3. 生物柴油

生物柴油是由植物油或动物脂肪通过酯化反应而得到的长链脂肪酸甲（乙）酯构成的新型燃料，具有与柴油相近的性质，其主要有以下特点：

（1）硫含量低，不含芳香烃，不增加大气中 CO_2 排放（光合作用自然循环），优良的环保性。

（2）十六烷值较高，润滑性能好。

（3）闪点高，可溶解，对土壤和水的污染小，可减轻意外泄漏时对环境的污染。

（4）可再生，符合循环经济理念。

（5）可与柴油以任何比例相溶，柴油机不需要改动即可使用混合燃料或纯生物柴油；可直接应用现有的加油站系统。

生物柴油作为柴油机的替代燃料，已经在欧洲国家和美国得到了部分应用。

第三节　燃烧的热化学

燃料的燃烧过程从化学反应的角度看，其本质就是燃料与空气中的氧进行氧化反应而放出热量的过程。由于燃料在内燃机气缸中的燃烧过程极其复杂，所以在讨论中往往忽略其中的若干实际中间过程，而只考虑燃料中的元素与空气中的氧所进行的最后的化学反应。对已知燃料，其各元素的含量可以测得，同时空气中氧和氮的比例也是一定的，按照完全燃烧的化学当量关系，可得出燃烧过程中有关燃料、空气及其产物的化学当量关系。

一、理论空气量 L_0

燃料中的主要成分是 C（碳）、H（氢）和 O（氧），其他成分很少，在计算时可忽略不计。

若以质量分数表示 1kg 燃料中各元素的含量，则有

$$w_C + w_H + w_O = 1$$

式中 w_C、w_H、w_O——1kg 燃料中 C、H、O 的质量分数。

另外，空气中的主要成分是 O_2 和 N_2。按质量分数计，O_2 约为 23%，N_2 约为 77%；按体积分数计，O_2 约为 21%，N_2 约为 79%。

燃料中的 C、H 完全燃烧时，其最终化学反应方程式分别为

$$C + O_2 = CO_2 \qquad H_2 + 0.5O_2 = H_2O$$

按照化学反应的当量关系，可求出 1kg 燃料完全燃烧所需的理论空气量

$$L_0 = \frac{1}{0.23}\left(\frac{8}{3}w_C + 8w_H - w_O\right) \quad (\text{kg/kg 燃料})$$

$$L_0' = \frac{1}{0.21}\left(\frac{w_C}{12} + \frac{w_H}{4} - \frac{w_O}{32}\right) \quad (\text{kmol/kg 燃料})$$

$$L_0'' = \frac{22.4}{0.21}\left(\frac{w_C}{12} + \frac{w_H}{4} - \frac{w_O}{32}\right) \quad (\text{m}^3/\text{kg 燃料})$$

几种主要燃料的质量成分与理论空气量见表 3-6。

二、过量空气系数 α

在内燃机中，实际提供的空气量往往并不等于理论空气量。燃烧 1kg 燃料实际提供的空气量 L 与理论上所需要的空气量 L_0 之比，称为过量空气系数 α，即有

$$\alpha = L/L_0$$

过量空气系数 α 定量表述了混合气的浓度，当 $\alpha=1$ 时称为理论混合气；当 $\alpha>1$ 时为稀混合气；而当 $\alpha<1$ 时则为浓混合气。过量空气系数 α 与内燃机的类型、混合气形成方式、内燃机工况（转速与负荷）及功率的调节方法等因素有关。

汽油机燃烧所用的混合气可以认为是预先混合好的均匀混合气，混合气浓度只在很小的范围内变化（$\alpha=0.8\sim1.2$），内燃机输出功率的大小依靠节气门调节进入气缸的混合气量来控制，即量调节。当负荷变化时，α 略有改变，见图 3-8。

柴油机工作时，进入气缸的空气量基本不变，其功率输出的大小依靠调节喷入气缸的燃油量来控制，即质调节。这种负荷调节方式的 α 变化范围很大，由于混合气形成时间短、不均匀，所以 α 总是大于 1 的。一般高速柴油机全负荷时，$\alpha=1.2\sim1.6$；增压柴油机 $\alpha=1.8\sim2.2$。

与 α 的概念类似，也可直接用气缸内燃烧时的空

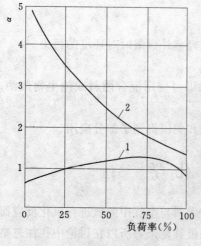

图 3-8 α 随负荷的变化关系

1—汽油机；2—柴油机

气量与燃料量的比值，亦即空燃比 A/F 或燃空比 F/A 来表示

$$A/F=\frac{空气量}{燃料量}=\frac{燃料量\times\alpha L_0}{燃料量}=\alpha L_0 \quad F/A=\frac{燃料量}{空气量}=\frac{燃料量}{燃料量\times\alpha L_0}=\frac{1}{\alpha L_0}$$

汽油化学当量（$\alpha=1$）的空燃比 $A/F=L_0=14.9$。

三、$\alpha>1$ 时完全燃烧产物的数量

1. 燃烧前混合气的数量

对于汽油机，燃烧前的新鲜混合气由空气和燃料蒸气组成，若燃料的相对分子量为 M_T，则 1kg 燃料形成的可燃混合气量是

$$m_1=\alpha L_0'+1/M_T \quad （kmol/kg 燃料）$$

柴油机是在压缩终了向气缸内喷入液体状态的燃料，其体积不及空气体积的 1/10000，可忽略不计，认为燃烧前的工质为纯空气，即

$$m_1=\alpha L_0' \quad （kmol/kg 燃料）$$

2. 燃烧产物的数量

在 $\alpha>1$ 的情况下，完全燃烧产物是由 CO_2、H_2O、剩余的 O_2 及未参与反应的 N_2 组成，根据前面的化学反应方程式，可以方便地求出这些燃烧产物的数量，即

$$m_2=\alpha L_0'+\frac{w_H}{4}+\frac{w_O}{32} \quad （kmol/kg 燃料）$$

3. 燃烧后产物的增量

由 m_1、m_2 可求得燃烧后产物的增量为

$$\Delta m=m_2-m_1=\begin{cases}\dfrac{w_H}{4}+\dfrac{w_O}{32} & 柴油机 \\[2mm] \dfrac{w_H}{4}+\dfrac{w_O}{32}-\dfrac{1}{M_T} & 汽油机\end{cases} \quad （kmol/kg 燃料）$$

可见，由碳氢化合物构成的液体燃料燃烧后其摩尔质量增大。

四、燃料热值和混合气热值

1kg 燃料完全燃烧所放出的热量，称为燃料的热值。在高温燃烧产物中，水以蒸气状态存在，水的汽化潜热不能利用，待温度降低后，水的汽化潜热才能释放出来。因此，水凝结以后计入水的汽化潜热的热值，称为高热值；在高温下不计水汽化潜热的热值称为低热值。内燃机排气温度较高，水的汽化潜热不能利用，因此应用燃料低热值 H_u。

当内燃机气缸工作容积和进气条件一定时，每循环对工质的加热量取决于单位体积（质量）可燃混合气的发热量，而不仅取决于燃料的热值。混合气热值被定义为单位质量（体积）可燃混合气完全燃烧时所放出的热量，其单位为 kJ/kmol 或 kJ/kg。若 1kg 燃料形成的可燃混合气数量为 m_1，它完全燃烧所产生的热量是燃料的低热值 H_u。由此，可燃混合气的热值 Q_{mix} 为

$$Q_{mix}=\frac{H_u}{m_1}=\frac{H_u}{\alpha L_0+1} \quad （kJ/kg） \quad 或 \quad Q_{mix}=\frac{H_u}{m_1}=\frac{H_u}{\alpha L_0'+\dfrac{1}{M_T}} \quad （kJ/kmol） \quad （3-1）$$

可燃混合气数量 m_1 是随着 α 而变化的，当 $\alpha=1$ 时，燃料与空气所形成的可燃混合气热值称为理论混合气热值。几种主要燃料的低热值和理论混合气热值见表 3-6。

第四节　燃烧的基本理论

如前所述，汽油与柴油都属于多种碳氢化合物（烃）的混合物。由于它们的相对分子质量与分子结构不同，在物理化学性质上有差异，足以在内燃机的混合气形成、着火与燃烧等方面引起许多质的不同。因此，在了解汽油机、柴油机燃料组织的经验规律之前，先从燃烧的基本理论知识出发，了解它们之间存在的差异，有益于对汽油机，柴油机燃烧过程的理解。

从燃烧理论来分析，一般燃料的燃烧过程都分为着火和燃烧两个阶段。着火阶段是燃烧的准备过程，在这一阶段内燃料受到混合气中氧气的氧化作用，进行明显燃烧之前的化学准备。在此期间，因氧化反应的进行有热量产生并逐渐积累起来，最终可能导致自燃。自燃是氧化反应加快的结果，它能够使过程转入第二阶段，即燃烧。

一、着火过程

1. 着火热理论

设有一个容器，其中充有燃料与空气的混合气体。若对这个容器加热时，燃料分子与空气中的氧分子进行化学反应。化学反应的进行是因为气体分子受热以后，运动能量增加，燃料与氧的分子互相碰撞。并不是所有的燃料分子和氧分子通过互相碰撞都能够进行化学反应，只有那些能量大于反应活化能 E 的活性分子互相碰撞才能打破分子的化学键而引起化学反应。设容器中总的分子数目为 N，而具有超过活化能 E 的活性分子数目为 N^*，按照能量分配定律，可以得出活性分子数 N^* 占总分子数 N 的比例关系式

$$N^*/N = e^{-E/RT}$$

式中　R——气体常数，J/（kmol·K）；

E——活化能，J/kmol；

T——绝对温度，K。

由上式可以看出，当温度 T 增加时，活性分子在总分子中所占的比例也增加，因此化学反应速度即可加快。在此，定义反应速度 v 为单位时间内单位体积中出现的氧化产物分子数，则 v 与 N^*/N 成比例，即有

$$v = C_1 N^*/N = C_1 e^{-E/RT}$$

式中　C_1——与反应物质的反应常数和容器内的气体压力有关的系数。

燃料因氧化反应而放出热量，这些热量与氧化反应速度成比例。若单位时间内因氧化反应而放出的热量为 dq_1/dt，则

$$dq_1/dt = C_2 e^{-E/RT} \tag{3-2}$$

式中　C_2——与分子的反应放热及气体压力有关的系数。

氧化反应所放出的热量：一部分使混合气本身受到加热而温度升高；另一部分则通过容器壁向外传导。若容器的壁面温度 T_0 保持不变，则单位时间通过容器壁向外导出的热量 dq_2/dt 为

$$dq_2/dt = A(T - T_0) \tag{3-3}$$

式中　A——传热系数，与容器的材料、形状以及气体的热导率有关。

将式（3-2）和式（3-3）以曲线形式示于图 3-9 上。从图中可以看出，燃料每单位时间因氧化反应而放出的热量 dq_1/dt 为指数曲线，而单位时间通过容器壁向外传导出的热量 dq_2/dt 为一条直线，两者交点处的温度为 T_1。当混合气的温度低于 T_1 时有，$dq_1/dt > dq_2/dt$，即反应放热率大于容器壁的热导率，混合气本身有热量的积累，使温度升高氧化反应能够继续进行。在 T_1 点，$dq_1/dt = dq_2/dt$。即反应放热率等于容器壁的热导率，此时反应虽可继续进行，但是没有热量积累，不能引起自燃。若对混合气继续加热，温度超过 T_1，此时 $dq_1/dt < dq_2/dt$，虽靠外界加热，但是没有热量积累，仍然不能引起自燃。

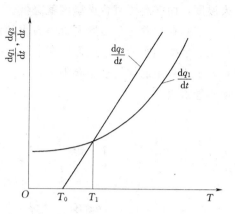

图 3-9　反应生成热与向外界导热之关系

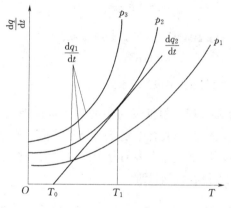

图 3-10　着火临界温度

若保持容器不变，通过改变其中气体压力的方法来改变反应条件。由于压力的提高，容器内混合气的密度增加，尽管 N^*/N 不随气体密度的变化而改变，但是压力提高以后，混合气中 N^* 的绝对数是增加的，所以当容器内的压力提高后，N^* 的增加引起了容器内反应速度的增加。因此，氧化反应放出的热量 dq_1/dt 也增加。不同压力下，反应放热曲线的变化特性如图 3-10 所示，图中画出三个不同压力下的放热率 dq_1/dt 曲线，它们压力之间的关系是 $p_3 > p_2 > p_1$，而容器壁的热导率 dq_2/dt 由直线表示。由图中可见，热导率 dq_2/dt 与压力为 p_2 的放热率曲线相切，在切点处 $dq_1/dt = dq_2/dt$，该点存在着不稳定平衡。如果在切点温度 T_1 下向气体送入热量，即使是局部的，则反应加速促使混合气着火。因此，切点温度 T_1 为着火温度，也称自燃温度。当反应过程按压力为 p_3 的曲线进行时，因为整个曲线 dq_1/dt 都在曲线 dq_2/dt 之上，在整个过程中都有热量的积累，最后会导致自燃的发生。

用着火的热理论来分析着火条件，可以得出如下结论：

（1）着火温度不仅与可燃混合气的理化性质有关，还与环境温度、压力及散热情况有关。即使同一燃料，因条件不同，着火温度也可能不同。

（2）着火临界温度和压力对着火区域有明显的影响。如图 3-11 所示，在低压时，要求很高的着

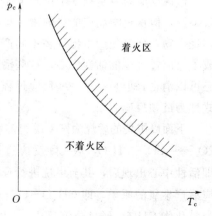

图 3-11　临界压力和温度对自燃界限的影响

火温度，而在高压时着火温度就降低。

（3）存在着一个可燃混合气着火的浓度上限（富油极限）与下限（贫油极限）。如图3-12所示，随着温度、压力的升高，着火的浓度界限有所加宽；但温度、压力上升得再高，着火界限的加宽也是有限的；另一方面，当温度和压力过低时，则无论在什么浓度下均不能着火。

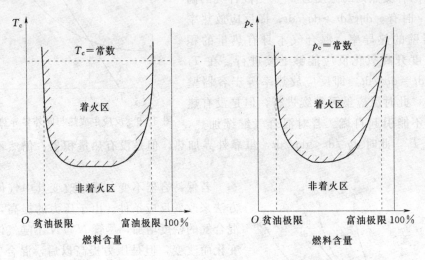

图 3-12　自然温度、临界压力与混合气着火界限的关系

着火的热理论从物理现象方面说明了燃料的着火过程。根据反应中的分子碰撞理论，三个活性分子同时碰撞的机会已经很少，更何况液体燃料一般有较复杂的分子结构，若完全燃烧则需要多个氧气分子与一个燃料分子同时进行反应，这么多的分子同时碰撞的机会就更少。所以，着火的热理论还不能完全说明液体燃料着火的机理。

2. 链锁反应着火理论

烃燃料的氧化反应可以写成

$$C_nH_m + (n+m/4)O_2 = nCO_2 + (m/2)H_2O$$

但该反应式只是描述了过程的始末，而没有涉及它所经历的过程。实际的燃烧反应虽然很快，但从化学反应的机理来分析，这样迅速进行的燃烧反应并不是直接就得出最后的燃烧产物，而是先产生出许多中间产物，这些中间产物是由原子或原子团构成的，它们形成了反应过程中的活性中心。这些活性中心与反应物相互作用，在一些反应过程中活性中心可以消亡，但是在另一些反应过程中活性中心又能再生。这种使活性中心再生的反应方式称为链锁反应。

下面以甲烷的燃烧为例来说明链锁反应机理。甲烷燃烧的化学反应方程式应为 $CH_4 + 2O_2 === CO_2 + 2H_2O$，但实际反应过程并不是这样直接进行的。当燃烧空间中有氧原子，即活性中心出现后，其与甲烷进行反应产生不稳定的过氧化物 CH_4O，它与氧分子进行反应后产生氧的原子，即 $CH_4O + O_2 \longrightarrow CH_4O_2 + O$，此为活性中心的再生。而新的不稳定过氧化物 CH_4O_2 经过分解反应：$CH_4O_2 \longrightarrow HCHO + H_2O$，这样就得到了甲醛 HCHO 与最终产物之一的 H_2O。甲醛是在所有碳氢化合物的氧化过程中都可以得到的，它进一步与氧分子反应：$HCHO + O_2 \longrightarrow HCOOH + O$，从而得到蚁酸 HCOOH 和氧原子。蚁酸按下式分解：$HCOOH \longrightarrow H_2O + CO$，CO 与氧原子化合成为 CO_2 成为第二种最终产物。如果把甲烷整个的反应过程以图解方式表示，可以写成如下形式：

$$
\begin{array}{c}
O_2 \longrightarrow CH_4O_2 + O \\
+ \\
CH_4 + O \longrightarrow CH_4O \qquad\qquad CH_4 \longrightarrow CH_4O \\
+ \qquad\qquad\qquad\qquad + \\
O_2 \longrightarrow CH_4O_2 + O \\
\llcorner \longrightarrow HCHO + H_2O \\
+ \\
O_2 \longrightarrow HCOOH + O \\
\llcorner \longrightarrow H_2O + CO \\
+ \\
O \longrightarrow CO_2
\end{array}
$$

在以上反应中，当形成过氧化物 CH_4O_2 与活性核心 O 以后，反应即分成两支，分别将链锁反应继续下去。这样的链锁反应称为分支链锁反应，一切快速燃烧或爆炸均可看作是这种分支链锁反应的结果。

分支链锁反应由于活性中心的再生，可以使反应过程加速到极为迅速的程度，直到燃烧的产生。目前，对于某些简单的碳氢化合物通过试验已经找到了它们进行链锁反应的机理。对于许多复杂的碳氢化合物，它们的氧化过程机理尚未搞清楚。

总之，烃类的氧化反应可以用链锁反应机理来解释，这种链锁反应主要包括链引发、链传播和链中断的过程。链引发是反应物分子受到某种因素的激发（如受热分解、光辐射等）分解成为自由原子或自由基的过程。这些自由原子或自由基（如 H、O、OH 等）具有很强的反应能力，是反应中的活性中心，它使新的化学反应得以进行。

所谓链传播是指已经生成的自由原子或自由基与反应物作用，又生成新的自由原子或自由基的过程。如果反应过程的每一步中间反应都是由一个活性中心与反应物作用产生一个新的活性中心，则这一反应过程将以恒定速度进行，这样的反应称为直链反应。如果由一个活性中心引起的反应，同时生成两个以上的活性中心，这时链就产生了分支，反应速度会急剧增长，直至达到燃烧，这种反应称为支链反应，即前面提到的分支链锁反应。研究表明，一些烃的氧化物是先通过直链反应，生成一个新的活性中心和某种过氧化物或高级醛的中间产物，然后再由过氧化物或高级醛引起新的支链反应。这种反应的总反应速度比支链反应慢，但仍然具有自动加速的特点，通常称其为退化的支链反应。柴油机的着火过程就可以看做是一种退化的支链反应。

在链锁反应中，由于具有反应能力的自由原子或自由基有可能与容器壁或惰性气体分子碰撞，使反应能力消失，这种无效碰撞不再引起反应，该过程称为链中断。每次链中断都会引起总体反应速度的降低，在某些不利情况下甚至可以导致反应停止。

观测烃的反应过程，其反应速度随时间的变化关

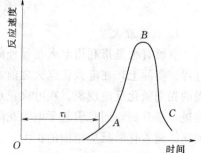

图 3-13 烃的反应速度与时间的关系

系如图 3-13 所示。可以总结出链锁反应的如下特点：

（1）在反应刚开始，有一段活性中心形成并积累的过程，称这段时间为滞燃期 τ_i。滞燃期 τ_i 不仅与反应物的物性参数有关，还与反应物浓度、温度、容器形状及材料等有关。

（2）即使反应物处于低温下，只要某种原因能够激发出活性中心，便能引起链锁反应。就是说，引起燃烧爆炸的原因并不一定是高温。

（3）反应是自动加速的。在反应的前阶段，图 3-13 中 AB 段，反应速度随温度而急剧增加，而后随着反应物浓度的减少，反应速度迅速下降，如 BC 段。

（4）如果在反应物中加入惰性气体，反应速度会降低。加入某些添加剂时，可使反应加速。

3. 柴油机中混合气的着火

柴油机是在压缩过程接近终了时，将燃料喷入气缸内而形成可燃混合气。喷入的燃料遇到气缸内温度较高的空气，即开始了氧化作用。但是此时的反应不明显，如图 3-14 (a) 所示 τ_1 阶段，示功图的压缩线没有明显变化。经过 τ_1 时间后，反应加剧，出现冷火焰，气缸内的压力也超过压缩压力，如图 3-14 (a) 所示 τ_2 阶段。冷火焰的产生说明燃料的氧化反应中已经产生了醛类，过氧化物和 CO 等中间产物。随后，由于气缸内温度、压力的升高，产生的过氧化物和 CO 逐渐增加，将出现一种蓝色的火焰，相当于图 3-14 (a) 上的 τ_3 阶段，在此阶段压力有较大的升高，反应的生成物主要有 CO、O、H、OH 等活性核心。反应继续下去由于活性核心的增加和热的积累，在极短时间后出现热火焰，即燃料的自燃，此时气缸内的压力及温度都有极大的提高。这种阶梯式自燃过程，称为低温多阶段自燃。整个焰前反应时间之和 $\tau_1 + \tau_2 + \tau_3$，称为滞燃期 τ_i，也可称为着火延迟时期。

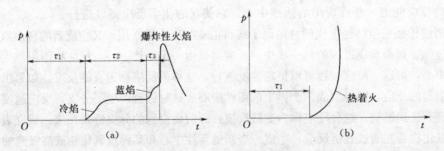

图 3-14　燃料的着火过程
(a) 低温多阶段着火；(b) 高温单阶段着火

4. 点燃着火

点燃着火是指利用电火花等外部能量在可燃混合气中产生火焰核心并引起火焰传播的过程。实际上，在电火花点火之前，由于可燃混合气受到压缩使其温度升高，此时已有缓慢的先期氧化反应现象。在电火花点火以后，靠电火花提供的能量，不仅使局部混合气温度进一步升高，而且引起了电火花附近混合气的电离，形成活性中心，促使化学反应明显加速。随着化学反应范围的扩大，出现了明显发热、发光的小区域，即火焰核心形成。为了使电火花所产生的火焰成长起来，并使火焰开始传播，必须对靠近火焰核心的未燃混合气供给足够的能量，这种能量主要来自点火能量和先期化学反应所释放的能量。

　　为了使点燃成功，必须使电火花提供的能量大于某一点火最小能量，而这个点火最小能量受多种因素的影响，如燃料的种类与浓度，压力与温度，点火处气流的运动情况，电火花的性质等。

　　电火花电极的间隙与点火能量有很大关系。如图 3－15 所示，电极间隙适中，需要的点火能量最小。若间隙过小，则无论点火能量有多大也不能着火，这个不能着火的最小电极间隙，称为熄火距离。

　　另外，点火还受到混合气浓度的限制，当混合气过浓或过稀时，无论点火能量多大都不能着火，即存在一个点燃着火的浓度界限，称为着火界限。因为在电火花放电后，电火花首先点燃电极间隙内的可燃混合气，如果它放出的热量大于其向周围混合气的散热量，形成热量积累，火焰才可能传播，反之则自行熄灭。当混合气过浓时由于燃烧不完全，所以反应放热量减少；而混合气过稀时其热值降低，反应放出的热量也少，所以均不能被点燃着火。所有影响可燃混合气初期放热和散热的因素都会影响着火界限。混合气环

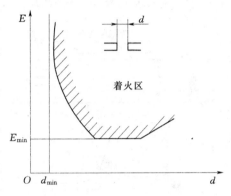

图 3－15　点火能量与熄火距离

境温度的提高，有利于放热速度增加和散热速度降低，着火界限会拓宽。残余废气系数的增加，会降低初期放热速度，着火界限将缩小。此外，燃料不同着火界限也不一样。

　　正因为火焰中心的形成，是局部混合气吸收电火花能量后，经化学反应过程的热量累积所致，所以这部分混合气的组成及吸收火花能量情况的不同以及气流扰动对火焰中心形成的干扰，使得每次点火火焰中心形成所用的时间不同。这是造成实际汽油机燃烧循环变动的主要原因。

　　5. 汽油机中混合气的着火

　　与柴油机不同处在于汽油机在压缩过程中是燃料与空气的均匀混合气受到压缩。此时燃料与空气中的氧气已经进行了一定的先期化学反应，在接近上止点时用电火花点燃。电火花跳火的瞬间，火花间隙处的局部区域里可燃混合气的温度可以骤然上升到接近 20000℃。在这样高的温度下，该处的燃料分子直接分裂形成大量的自由原子和自由基，能够迅速地进行焰前反应，并出现了热火焰；随后迅速地扩展到整个燃烧容积内。如图 3－14（b）所示，这种反应过程与柴油机的多阶段自燃不同，在出现火焰以前，看不到有明显的几个不同级的反应。在电火花跳火后经短暂的滞燃期 τ_i，即可出现明显的热火焰，故称这种着火方式为高温单阶段自燃。

　　二、内燃机中的燃烧方式

　　1. 预混合燃烧

　　预混合燃烧的特点是在着火前燃料与空气已按一定比例预先混合形成了均匀的可燃混合气，在局部产生火焰中心后，火焰在预混合气体中的传播过程。火焰传播速度的大小取决于预混合气体的理化性质、热力状态以及气体流动状况。根据气体流动的状况，预混合

燃烧的火焰传播可分为层流火焰传播与紊流火焰传播。

（1）层流火焰传播。在预混合气体为静止或流速很低时，混合气被电火花点燃着火后，火焰向四周传播形成一球状的燃烧层，这个燃烧层称为火焰前锋面。从火焰传播方向上看，在火焰前锋面前面的是未燃的混合气，后面则是温度很高的已燃气体，在火焰前锋面上进行着剧烈的燃烧反应。层流火焰前锋面的厚度只有 $1/100 \sim 1/10$mm，如果将该火焰前锋面放大，则如图 3-16 所示。火焰前锋面厚度的很大一部分是化学反应速度很低的混合气预热区（以 δ_p 表示），而化学反应主要集中在厚度很窄的化学反应区（以 δ_c 表示）。经过化学反应区后，可燃混合气的 $95\% \sim 98\%$ 发生了化学变化。

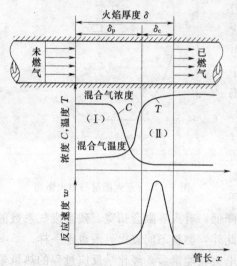

图 3-16 火焰结构及其温度、浓度分布

由于层流的火焰前锋面很窄，而温度和混合气浓度变化又很大，故在火焰前锋面内出现了很大的温度梯度与浓度梯度，引起火焰中强烈的传热和传质。这又引起邻近混合气的化学反应，造成火焰的空间移动现象，即火焰传播。

这种层流火焰的传播速度，主要取决于预混合气的性质。对于汽油与空气的预混合气体，层流火焰传播速度一般为 $v_L = 0.4 \sim 0.5$m/s。当 $\alpha = 0.8 \sim 0.9$ 时，反应温度最高，层流火焰传播速度最快；当 $\alpha = 1 \sim 1.15$ 时，层流火焰传播速度降低 $10\% \sim 15\%$；混合气过浓或过稀时，由于反应温度过低而不能维持正常的火焰传播。

但是与着火界限不同，一旦形成了火焰，在火焰传播过程中，即使是相当稀（或浓）的混合气，仍然是能够正常燃烧。即火焰传播的浓度界限要远大于着火界限。

在气缸间隙等火焰传播空间过窄处，火焰不能继续传播。将这种火焰不能传播的最小缝隙称为淬熄距离。当火焰传播到靠近低温的壁面时，也不能继续传播。这些因素是内燃机 HC 生成的主要原因。

（2）紊流火焰传播。紊流是气流中不同尺度涡旋的不断形成、发展、分解与消失的不稳定流动过程。紊流产生的主要原因是黏性气体的流速增加到一定值后，由于边界的阻碍、外部的干扰等，促使气流内部形成许多个涡旋而造成的。其特点是，各种不同尺寸的涡旋组成连续的涡旋谱，而且在空间、时间上紊乱无序变化，具有随机性质。常用紊流尺度和紊流强度来评价。紊流尺度是指涡旋翻滚一个周期所作用的空间范围。紊流在尺度上可分为宏观紊流和微观紊流，宏观紊流决定其力学性质，而微观紊流则在流体黏性的作用下将紊流的运动能量转化为热能而消失。紊流强度是用脉动速度的均方根来表示紊流能量的物理量，它主要影响紊流火焰传播速度。一般紊流火焰传播速度 $v_T = 20 \sim 70$m/s。

紊流对火焰传播速度的作用，主要体现在以下几个方面：

1）宏观紊流使火焰前锋面皱褶，增大了反应面积，但层流火焰前锋面的结构不变。

2）微观紊流加强了传质、传热。其传热系数相对层流增大 100 倍，由此提高了紊流的火焰传播速度。

3）提高紊流强度，将导致火焰前锋结构破裂，促进已燃气体和未燃气体的迅速混合，缩短反应时间，提高放热速度。

汽油机中的燃烧是预混合燃烧的典型例子。电火花跳火后形成了火焰核心，由于燃气的高温向外传热以及因燃烧产生的活性核心向外扩散，使邻近的均匀混合气着火形成一个火焰前锋，它将燃烧室内的气体分为燃烧产物区和未燃混合气区两个区域，由于火焰前锋的向前推移使燃烧传播到整个燃烧室容积内。在实际汽油机中，为了加快燃烧均在气缸内形成气体的紊流运动。

2. 扩散燃烧

扩散燃烧是柴油机的主要燃烧方式。由于柴油的蒸发性能比汽油差，因此柴油不能像汽油那样预先制备好均匀混合气。柴油机是在接近压缩终了时直接向燃烧室内喷入燃料，使雾化了的燃料在燃烧室内与高温、高压的空气边混合边燃烧。由于一定燃料量的喷射需要相应的时间，而且液体燃料的蒸发温度一般比其着火温度低很多，因此刚喷入气缸的燃料在着火前已蒸发而形成可燃混合气并自行燃烧。然后，后续喷入的燃料是在前段喷射的燃料燃烧的过程中与空气混合并燃烧，这就要求后续喷入的燃料避开已燃的火焰面，与燃烧室内的空气相互渗透混合，由此形成扩散燃烧过程。由于在这种扩散燃烧过程中燃烧室内的温度已经很高，所以只要燃料与空气混合，其化学反应就可以进行得很快。因此，扩散燃烧过程完全取决于燃料和空气的混合过程，即混合气形成速度决定了扩散燃烧速度。这是扩散燃烧不同于以火焰传播为特征的预混合燃烧的主要区别。另一方面，扩散燃烧过程并不是液体燃料的直接燃烧，而是气液两相的混合燃烧过程，所以首先是液体燃料要充分气化。如图 3-17 所示为单个油滴的扩散燃烧模型，在油滴表面上形成了一层燃油蒸气，已气化了的燃料与周围的空气在相互扩散的过程中进行混合，因此沿油滴半径方向坐标上形成了混合气浓度逐渐稀薄的梯度分布，并在混合气浓度和温度合适的区域发生着火。油滴燃烧实质上是燃油蒸气和空气的一种气相性质的燃烧过程。为了改善液体燃料的蒸发气化条件，常采用高压喷射法进行强制雾化，使喷入气缸内的燃料形成无数个均匀细小的油滴，以此提高单位时间内的蒸发速度，同时在燃烧室内组织适当的空气运动。因此，实际柴油机的扩散燃烧过程与单个油滴的扩散燃烧模型有很大的区别。

随着柴油机喷射压力的不断提高，喷雾质量得到进一步的改善。因此，向燃烧室内喷入燃料后，很容易形成更多的细小油滴在燃烧室空间分布而蒸发气化形成可燃混合气，只要环境温度符合着火条件，这些可燃混合气就能在多点同时着火，易造成急速的气缸压力变化，使柴油机工作粗暴。所以，有必要控制着火期间所形成的可燃混合气量。这种喷雾扩散燃烧方式，燃料成分在空间的分布是不均匀的，其燃烧过程与整个燃烧室内的平均空燃比无关，不像均匀混合气那样，具有严格的空燃比着火范围，因而与预混合燃烧相比，扩散燃烧具有

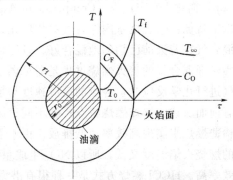

图 3-17 油滴蒸发与扩散燃烧模型

r_0—油滴半径；r_f—火焰面半径；T_0—油滴表面温度；T_f—火焰面温度；T_∞—空气温度；C_O—氧浓度；C_F—燃油蒸气浓度

更广泛的稳定燃烧范围。

在喷雾扩散燃烧中，燃烧室内将同时存在 3 种相，即可燃混合气相、空气相和燃烧产物相。由于混合气的不均匀，在实际燃烧室内存在局部浓度极不均匀的富燃料区与贫燃料区，所以产生一个突出的问题就是容易生成碳烟颗粒，它是限制柴油机功率的主要原因。为了抑制碳烟颗粒，组织燃烧室内的气流运动，对扩散燃烧具有重要意义。

3. 爆炸燃烧

爆炸燃烧是在燃烧室容积里，燃料与空气已均匀地混合好，它们的温度与压力在各个点上是一致的；进行先期化学反应时，反应的程度、速度与加速度也是一致的，以至于在同一时间，全部可燃混合气可以同时出现自燃着火。爆炸燃烧的速度极快，其特点是无论在爆炸前或爆炸后的任一瞬间，燃烧室内只有一种相存在，在燃烧前是正在进行先期反应的可燃混合气相，在爆炸燃烧后则是燃烧产物相。当发生爆炸的混合气量大时，其结果是极具破坏性的。

在柴油机上，最先着火的那部分可燃混合气实现的就是爆炸燃烧，所以柴油机的工作比较粗暴。在汽油机上，虽然气缸内燃料与空气已经混合均匀，但是燃烧前的反应慢不可能引起爆炸燃烧；只有火花塞间隙处的少量混合气在电火花作用下，可实现爆炸燃烧从而形成火焰中心。但汽油机在预混合火焰传播的过程中，在火焰传播方向末端的可燃混合气将受到已燃气体膨胀的压缩与加热，如果这部分混合气达到了自燃温度，它将发生爆炸燃烧，这就是汽油机的爆震现象。

4. HCCI 燃烧

在上述各种燃烧方式中，当可燃混合气浓度接近化学当量空燃比时，会在气缸内释放出大量的热量而产生高温、高压。燃烧过程中高温、高压的工质在推动活塞对外输出功的同时，空气中的 N_2 和 O_2 在高温下反应形成 NO，而且燃料的不完全燃烧或在高温下分解而形成 HC、CO 和碳烟等有害排放物。这些有害排放物对环境的污染，已对人类生存构成威胁而备受关注。所以，面对石油能源危机，对以石油燃料为主的内燃机而言，节能与减排放已成为其所面临的重要课题。为此，开发研究出许多新的内燃机燃烧技术，其中具有代表性的就是混合气的均质压燃方式，即（Homogeneous Charge Compression Ignition，简称 HCCI）或（Compression Auto Ignition，简称 CAI）燃烧。这种燃烧方式具有以下特征：①燃烧室内混合气的均质化，即燃烧室内燃料、空气以及一定量的残余废气的混合气在着火前已均匀地混合好，且燃烧室空间各点上的温度和压力基本保持一致；②压燃，即混合气的着火燃烧过程是受可燃混合气的化学动力学的控制；这种燃烧方式在混合气进行化学反应时，各点的反应速度与加速度大体是一致的，在同一时间里进行燃烧，具有前面所述的爆炸燃烧特点；③不同于爆炸燃烧，HCCI 燃烧方式采用均质混合气的低温稀薄燃烧来实现高效率超低排放。由于混合气稀薄、均匀，燃烧不产生碳烟，而稀混合气的燃烧火焰温度又低，所以 NO_x 生成量非常低；同时这种燃烧方式的速度很高，因此热效率高。HCCI 燃烧方式是一种很有潜力的高效低污染燃烧方式，但因其具有爆炸燃烧的特点往往会造成过大的气缸压力升高，对其燃烧的控制还很不成熟，故这种燃烧方式目前还只能在内燃机较小的负荷范围内实现。

第四章 汽油机的燃烧过程及排放控制

第一节 正常燃烧过程

一、汽油机的燃烧过程

在研究内燃机燃烧过程时，通常使用的方法是测取气缸压力的示功图。如图 4-1 所示为汽油机燃烧过程的 $p—\varphi$ 示功图。为研究方便，按其压力变化特点，人为地把燃烧过程的实际进展分成三个阶段。

第 I 阶段称为滞燃期或着火延迟期（图中 1—2），是指电火花跳火到形成火焰中心的阶段。高速摄影表明，在 1 点亮启后，到 2′ 点再亮，这段时间约占整个燃烧时间的 15% 左右，但一般是按气缸压力与压缩压力线相分离的 2 点来计算滞燃期。滞燃期 τ_i 的长短与下列因素有关。

（1）燃料本身的分子结构和物理化学性能。

（2）开始点火时气缸内气体的压力、温度。它和压缩比有关，压缩比高，滞燃期 τ_i 短。

（3）过量空气系数 α。试验表明，τ_i 对于汽油空气混合气在 $\alpha=0.8 \sim 0.9$ 时最短。

（4）残余废气量增大，τ_i 增加。

（5）气缸内混合气运动加强，火焰中心的散热损失增加，则 τ_i 稍有增加。此外，由于气流运动，火焰中心就不一定在电极间隙处，也可能在电极附近。

（6）点火能量大，τ_i 缩短。

τ_i 的长短对每一循环都可能有变动，一般希望尽量缩短滞燃期 τ_i 并使之保持稳定。对于汽油机，可以用控制点火提前角 θ 的方法来控制气缸内着火的时间（2 点），所以滞燃期 τ_i 的长短对汽油机工作的影响不大。

第 II 阶段 2—3 称为急燃期（或明显燃烧期），是指火焰由火焰中心以火焰传播形式烧遍整个燃烧室的阶段，因此也可称火焰传播阶段。在这一阶段内，气缸压力升高很快，压力升高率 $\Delta p/\Delta \varphi = 0.2 \sim 0.4 \mathrm{MPa}/℃A$。一般用压力升高率代表内燃机工作的粗暴程度，振动和噪声水平。压力升高率与火焰传播速率密切相关，火焰传播速率高的可燃混合气（$\alpha=0.8 \sim 0.9$，紊流运动等）将促使 $\Delta p/\Delta \varphi$ 增加，同样火花塞位置、燃烧室形式对 $\Delta p/\Delta \varphi$ 也有影响。

最高燃烧压力点 3 对应的曲轴转角

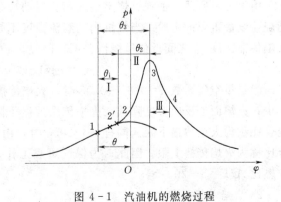

图 4-1 汽油机的燃烧过程

θ—点火提前角；θ_1—滞燃角；θ_2—有效燃烧角；θ_3—总燃烧角

位置，对内燃机的功率、经济性影响很大。如3点到达过早，则混合气过早点火，从而造成压缩过程负功的增加，$\Delta p/\Delta\varphi$增加，最高压力p_z升高。相反，如3点到达过迟，则燃烧过程中活塞下行，气缸容积增大，燃烧高温时期的传热表面增加，燃烧产物的膨胀比将减少，导致循环热效率下降。在实际汽油机中，3点的位置可以通过点火提前角θ来调整。

为了保证汽油机工作柔和，动力性能良好，一般应使最高燃烧压力点3出现在上止点后的$12\sim15℃A$（曲轴转角），$\Delta p/\Delta\varphi=0.175\sim0.25MPa/℃A$。

第Ⅲ阶段3—4称为后燃期，它相应于急燃期终点3至可燃混合气基本上完全燃烧点4为止。$p-\varphi$示功图上的点3表示燃烧室主要容积已被火焰充满，随着混合气浓度的下降，燃烧速度已开始降低，加上活塞向下止点加速移动，使气缸中压力从点3开始下降，在过后燃烧期中主要是紊流火焰前锋后面没有完全燃烧掉的燃料以及贴附在气缸壁面上的混合气层的继续燃烧。此外，汽油机燃烧产物中的CO_2和H_2O的离解现象比较严重，在膨胀过程中温度下降后又部分复合而放出热量，也可看作为后燃。

二、燃烧速度

为了提高强化程度，现代汽油机的转速都很高，一般在$5000\sim8000r/min$范围，燃烧时间极短，只有几毫秒，因此需要有足够的燃烧速度。质量燃烧速度定义为单位时间或单位曲轴转角所燃烧的可燃混合气质量，可用下式表示

$$dm/dt=\rho_T v_T A_T$$

$$dm/d\varphi=(dm/dt)/(d\varphi/dt)=(dm/dt)\times60/(2\pi n)$$

式中　ρ_T——未燃混合气密度；

$\quad\quad v_T$——紊流火焰传播速度；

$\quad\quad A_T$——火焰前锋面积；

$\quad\quad n$——发动机转速。

通过控制质量燃烧速度就能够控制急燃期的长短及其相对的曲轴转角位置。由上式可知，影响燃烧速度的因素如下所述。

1. 火焰传播速度 v_T

对于燃烧室结构和混合气形成方式已确定的汽油机，其燃烧速度与火焰传播速度v_T成正比。影响v_T的主要因素有燃烧室中气体的紊流运动、混合气成分和混合气初始温度。

由第三章所述，加强燃烧室内的紊流运动，会使火焰传播速度增加，这是提高汽油机燃烧速度最重要的手段。当气缸内的紊流强度不是很高时，紊流火焰传播速度v_T与层流火焰传播速度v_L之间近似呈线性关系，即

$$v_T=v_L(1+0.00197n)$$

当过量空气系数$\alpha=0.85\sim0.95$时，火焰传播速度最大。如果α过大，混合气中燃料量少，火焰面上反应温度降低，火焰传播速度下降；当$\alpha>1.4$时，火焰难以传播，此种混合比称为火焰传播下限。同样，$\alpha<0.5$时，由于严重缺氧，也使火焰不能传播，该混合比称为火焰传播上限。因此，为保证可靠工作，汽油机的α值范围应在$0.5\sim1.3$，即空燃比$A/F=8\sim20$。

2. 火焰前锋面积 A_T

利用燃烧室几何形状及其与火花塞位置相配合，可以改变燃烧过程中火焰前锋面积的

变化规律，从而改变燃烧速度。图 4-2 为不同燃烧室结构火焰前锋面积的变化情况。

3. 可燃混合气密度 ρ_T

增大混合气密度可以提高燃烧速度，因此通过增加压缩比和提高进气压力等手段均可加大燃烧速度。

三、使用因素对燃烧过程的影响

1. 点火提前角

汽油机的点火提前角决定了燃烧过程的及时性，影响最佳点火提前角的因素很多，如转速、过量空气系数、进气压力和温度等，它只能通过试验予以测定。

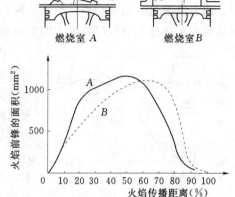

图 4-2 燃烧室结构与火焰前锋面积的关系

在正常的热力状态下，当汽油机保持节气门开度、转速以及混合气浓度一定时，其功率、燃油消耗率及排气温度随点火提前角的变化关系，称为点火调整特性，如图 4-3 所示。在点火调整特性上，由于转速与负荷（节气门开度及混合气浓度）一定，因此每小时耗油量 B 便是确定的。随着点火提前角的改变，当输出功率 P_e 达到最大值时，由公式 $b_e = 1000B/P_e$，比油耗 b_e 也同时达到最低值。即对于汽油机每一工况都存在一个最佳的点火提前角，这时发动机功率 P_e 最大，比油耗 b_e 最低。当点火提前角过大时，则大部分混合气在压缩过程中燃烧，使压缩负功增加，且燃烧最高压力 p_z、温度 T_z 和压力升高率 $\Delta p/\Delta\varphi$ 升高，功率 P_e 下降，比油耗 b_e 和 NO_x 排放上升。点火提前角过小，燃烧过程延长到膨胀过程，使传热损失增大，排气温度升高，功率 P_e 和 NO_x 排放下降，比油耗 b_e 增加。

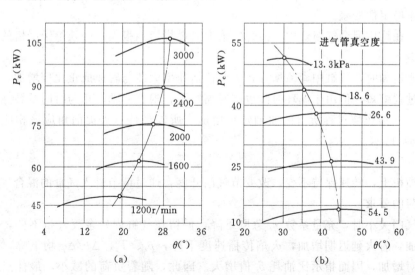

图 4-3 汽油机点火调整特性

（a）节气门开度不变时；（b）转速不变时

最佳点火提前角是相当于使最高燃烧压力出现在上止点后 $12\sim15\,^\circ CA$，这时实际示功图与理论循环示功图最接近。

2. 混合气浓度

在正常的热力状态下，当汽油机的转速，节气门开度保持一定，点火提前角为最佳值时，调节供油量，记录功率，燃油消耗率，排气温度随过量空气系数 α 的变化曲线，称为汽油机在某转速和节气门开度下的燃料调整特性，如图 4-4 所示。

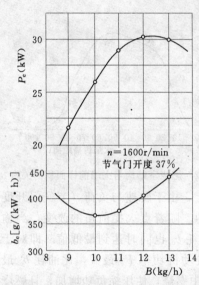

图 4-4　汽油机燃料调整特性

前面已经指出，在 $\alpha=0.8\sim0.9$ 时，火焰传播速度最高；此外，由于 $\alpha<1$ 的混合气燃烧以后的实际数量增大以及由于燃料蒸发量增多，使进气温度下降，充气效率 η_v 有所增大，因此这时 p_z、T_z、$\Delta p/\Delta\varphi$、P_e 均达最大值，但由于不完全燃烧，比油耗 b_e 较高。在 $\alpha=1.03\sim1.1$ 时，由于燃烧完全，且燃烧速度下降不多，所以比油耗 b_e 最低；但此时缸内温度较高并有富裕的空气，NO_x 排放量大。因为实际发动机气缸内燃料、空气和残余废气不可能绝对均匀混合，因而没能在 $\alpha=1$ 时获得完全燃烧；此外，混合气稍稀时，最高燃烧温度略有下降，使燃烧产物离解等不良影响减少，有利于热效率提高。但是过稀的混合气，由于燃烧速率降低较多，燃烧过程拉长。

称 $\alpha=0.8\sim0.9$ 时的混合气为功率混合气；$\alpha=1.03\sim1.1$ 时的混合气为经济混合气。使用 $\alpha<1$ 的浓混合气工作，由于必然会产生不完全燃烧，所以 CO 排放量明显增加。当 $\alpha<0.8$ 或 $\alpha>1.2$ 时，燃烧速度缓慢，部分燃料可能来不及完全燃烧，因而使热效率下降，HC 排放量增多且工作稳定性变差。

可见，在均质混合气燃烧中，混合气浓度对燃烧影响很大，必须给予严格的控制。

3. 转速

当转速增加时，气缸中紊流增强，火焰传播速率大体与转速成正比例增加，因而以秒计的燃烧过程缩短；但由于循环时间也同时缩短了，根据曲轴转角与时间及转速的对应关系 $\varphi=6nt$，一般燃烧过程所占的曲轴转角增加，所以最佳点火提前角应该相应增加，如图 4-3（a）所示。

4. 负荷

在汽油机上，转速保持不变，改变节气门开度，通过调节进入气缸的混合气量来达到对不同负荷的要求。

当节气门关小时，充量系数 η_v 急剧下降，但留在气缸内残余废气量不变，使残余废气系数增加，着火延迟期增加，火焰传播速度下降，p_z、T_z、$\Delta p/\Delta\varphi$ 均下降，冷却水散热损失相对增加，因而指示比油耗 b_i 值增大。因此，随着负荷的减小，最佳点火提前角要提前，如图 4-3（b）所示。

四、燃烧的循环变动

在测录汽油机的示功图时，可以发现其各个循环的示功图并不相同，图 4-5 给出了某工况不同循环的气缸压力变化情况。可以看出，压力循环变动开始于燃烧过程的起始阶段，这种现象称为燃烧循环变动，也可称作不规则燃烧，它是汽油机特有的一种燃烧现象。由于气缸压力的循环变动，使得汽油机空燃比和点火提前角调整对每一循环都不可能处在最佳值，因而导致性能指标下降。如果能消除气缸压力的循环变动，可以降低最高燃烧压力，改善工作平顺性和燃油经济性，对排放也有利，因此近年来对汽油机的燃烧循环变动进行了研究。

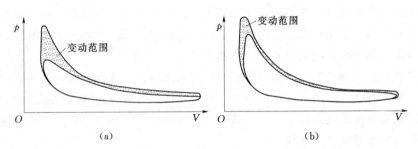

图 4-5　汽油机气缸压力的循环变动（$n=2000\mathrm{r/min}$，$\varepsilon=9$）
(a) 稀混合气（$\alpha=1.22$，节气门全开，p_{mi}变动$\pm4.5\%$，p_z变动$\pm28\%$）；
(b) 浓混合气（$\alpha=0.80$，节气门全开，p_{mi}变动$\pm3.6\%$，p_z变动$\pm10\%$）

　　研究表明，汽油机产生不规则燃烧的主要原因是：在点火瞬间火花塞附近混合气的空燃比和紊流程度、性质在各循环均有变动，造成火焰中心形成的时间不同，即由着火时间的变动所引起。

　　降低燃烧循环变动的措施有：

　　(1) 多点点火有助于减少压力的循环变动；加大点火能量也可减小循环变动。

　　(2) 组织进气涡流能增加燃烧速度，从而使气缸压力的循环变动减小；提高汽油机转速，在气缸内形成更强烈的紊流也能减小压力的循环变动。

　　(3) 过量空气系数 $\alpha=0.8\sim0.9$ 时，由于火焰温度和传播速度比较高，因此压力变动最小；混合气加浓或变稀，循环变动均增大。

　　(4) 在中等负荷以上循环变动较小，低负荷时由于残余废气相对量多，循环变动会明显增大。

　　由于气缸压力容易测量，所以常用最高燃烧压力或平均指示压力的变动系数（Coefficient of Variation，简称 CoV）作为评价燃烧循环变动的量化指标。

　　最高燃烧压力变动系数为

$$CoV_{p_z}=\frac{\sigma_{p_z}}{\bar{p}_z}$$

其中

$$\sigma_{p_z}=\sqrt{\sum_{j=1}^{N}(p_{zj}-\bar{p}_z)^2/N}$$

式中　N——循环数；

　　　　$\bar{p}_z$——N 次循环最高燃烧压力的平均值。

　　平均指示压力变动系数为

$$CoV_{p_{mi}}=\frac{\sigma_{p_{mi}}}{\bar{p}_{mi}}$$

其中
$$\sigma_{p_{mi}} = \sqrt{\sum_{j=1}^{N} (p_{mi(j)} - \bar{p}_{mi})^2 / N}$$

式中　N——循环数；

　　　$\bar{p}_{mi}$——N 次循环平均指示压力的平均值。

一般要求 $CoV_{p_{mi}} \leqslant 10\%$。

在多缸汽油机上，各缸混合气成分存在差异，使得各缸不可能同时处在最佳调整状态下工作，从而造成汽油机功率下降，比油耗上升，排放恶化。影响汽油机各缸混合气分配不均匀的因素很多，总体说来，任何进气系统不对称和流动阻力不同的情况都会破坏混合气的均匀分配，其中影响最大的是进气管的设计。

电控多点喷射汽油机的进气管可按动力性要求来设计，使得各缸进气支管形状和长度保持一致，从而有效改善了各缸不均匀性。但进气道喷射造成的气道内壁油膜的存在，各进气道温度状态及流动状态的不完全一致性，还会造成一定程度的各缸不均匀性。

五、燃烧室壁面的熄火作用

在燃烧过程中，当火焰前锋面传播到燃烧室壁面时，由于壁面的冷却作用，使火焰温度降低而造成熄火，中断火焰传播，这种现象称为燃烧室壁面的熄火作用。构成燃烧室的气缸壁、气缸盖均有冷却水进行冷却，其内表面温度较低，使链锁反应中断，生成大量 HC（未燃烃）。因此，燃烧室壁面的熄火作用是汽油机产生 HC 排放的主要来源之一。根据试验观察所知，在理论混合气附近，熄火厚度最小；混合气加浓或减稀，都使熄火厚度增加；负荷减小时，熄火厚度显著增加；燃烧室温度、压力提高，气缸紊流加强，熄火厚度均减小。减小燃烧室的面容比可有效降低汽油机的 HC 排放。

第二节　不正常燃烧

一、爆震燃烧

在某种条件下（如压缩比过高），汽油机的燃烧会变得不正常，在测录的 p—t 图上，出现如图 4 - 6（b）所示的情况，压力曲线出现高频大振幅波动，上止点附近的 dp/dt 值急剧波动达到 65MPa/℃A 之高，此现象称为爆震燃烧。

汽油机爆燃时一般表现有以下外部特征：

（1）发出金属振音（敲缸）。

（2）在轻微爆震时，汽油机功率略有增加。强烈爆震时，汽油机功率下降，工作变得不稳定，转速下降，机体有较大振动。

（3）冷却系统过热，冷却水、润滑油温度均上升。

发生爆震是由于：电火花点燃以后，火焰以正常传播速率（30～70m/s）向前推进，使得处于最后燃烧位置上的那部分终燃混合气，在压缩终点温度的基础上，进一步受到压缩和热辐射，加速其先期反应，并放出部分热量，使本身的温度不断升高，以致在正常火焰未达到前，终燃混合气内部最适宜着火部位已出现一个或数个火焰中心，并从这些中心以 100～300m/s（轻微爆震）直到 800～1000m/s 或更高（强烈爆震）的速率传播火焰，迅速将终燃混合气燃烧完毕。因此，汽油机的爆震现象就是终燃混合气的自燃现象，它与柴油机的自燃着火在燃烧本质上是一致的，均是可燃混合气的自燃结果，但两者发生的时间和气缸内混合气状况是有差异的，柴油机的自燃发生在急燃期始点，气缸内的压力、温度相对较低；而汽油机的爆燃是发生在急燃期的终点，气缸内的温度很高，且有压力波冲击现象，如图 4-6 所示。对汽油机而言的优良燃料，对柴油机就是最差的燃料，反之亦然。

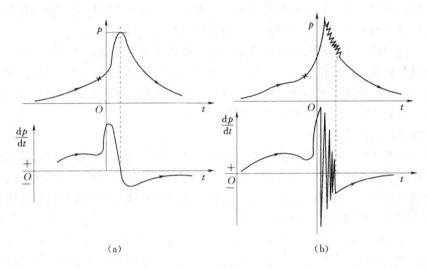

（a）　　　　　　　　　　　　　（b）

图 4-6　正常燃烧与爆震时 p—t 图和 $\mathrm{d}p/\mathrm{d}t$—t 图的比较
（a）正常燃烧；（b）爆震燃烧

　　根据以上分析，爆燃的发生与以下条件有关：

　　（1）取决于终燃混合气的温度、压力时间历程。

　　（2）终燃混合气的温度即使达到自燃温度以上，由于有滞燃期的存在也不会立即着火。在这期间，火花塞处发生的火焰传播如果通过了终燃混合气，就不会引起爆燃。因而，如火焰传播速度很快，或是火焰传播距离短，即使是着火温度低的燃料也来不及发生自燃。

　　（3）在终燃混合气中，从压缩行程就产生缓慢的氧化反应，由此可产生热量，焰前反应的多少和程度会对自燃产生影响，这主要与燃料化学成分和混合气浓度有关。

　　爆震燃烧最容易在燃烧室中离开正常燃烧最远的地方以及具有高温的地方（如排气门和积碳处）发生。爆震发生前，正常燃烧的混合气数量愈少，爆燃就在更大的容积中进行，爆震也就越强烈。试验表明，发动机总充量中只要有大于 5% 的部分发生自燃时，就足以引起剧烈爆震。

　　强烈的爆震燃烧会对发动机工作产生以下不利影响：

　　（1）输出功率降低、比油耗升高。事实上，由于爆燃接近等容燃烧，当轻微爆震时，发动机的功率与热效率可以有所提高；但在强烈爆燃时，由于爆燃处产生局部的压力和温度突升，气缸内压力来不及平衡，也就是说，这时的化学反应速率大于气体膨胀速率，在自燃区形成一个压力脉冲，并以极高的速度向四周传播（在轻微爆震时，由于压力脉冲值较小，通常测量不出来），这个压力脉冲在气缸壁面、活塞顶面与气缸盖底面多次反射时产生高频（频率约为 5000 次/s 或更高）振动。由于压力波冲击破坏了气缸壁面层流边界层，从而使向气缸壁面的传热量大大增加，冷却损失增加，比油耗上升，输出功率降低。

（2）气缸过热。发生严重爆燃时，气缸盖、活塞顶面的温度上升，最终导致轻合金的气缸盖、活塞发生局部金属变软、熔化或烧损，这种过热是爆燃带来的最大危害。

（3）零件的机械负荷增加。爆燃时由于压力增长率和最高压力都增加，故在燃烧室零件上的作用力也增加，这往往会使连杆大头的轴承合金产生裂纹。

（4）磨损加剧。爆震促使积碳形成，容易破坏活塞环、气门和火花塞的正常工作；压力波冲击缸壁表面，使之不易形成油膜，会导致机件加速磨损。

由于上述原因，爆震成为限制火花点火式发动机功率提高和经济性改善的一个重要因素。如果没有爆震，汽油机就可以方便的应用高压缩比或涡轮增压的方法来提高功率和改善经济性。因此，长期以来，增加汽油的抗爆性能，不断改进燃烧系统和进气系统以减少爆燃倾向，已成为提高汽油机性能的一个重要方面。

二、爆震的影响因素

根据末端混合气是否易于自燃分析影响爆震的因素。为便于分析，对汽油机产生爆震的条件可作如下简化的理解：在火花放电以后，火焰开始传播，同时终燃混合气进行焰前反应，为着火作准备，如果由火焰中心形成到正常火焰传播到终燃混合气为止所需的时间为 t_1，由火焰中心形成到末端混合气自燃所需时间为 t_2。当 $t_1 < t_2$ 时，就不发生爆震；当 $t_1 > t_2$ 时，则发生爆震。因此，凡使 t_1 减小（如火焰传播距离短，火焰传播速率高等），t_2 增加（如降低末端混合气温度，增加残余废气的含量等）的因素，均可减少爆震倾向。反之，使 t_1 增加，t_2 减小的因素，均使爆震倾向增大。

1. 运转因素的影响

（1）点火提前角。图 4-7 给出了在不同点火提前角时的 $p-\varphi$ 示功图，可以看到：随点火提前角 θ 的增加，燃烧最高压力增加，末端混合气受到的挤压作用大，温度增加，t_2 减小，爆震倾向加大。

（2）转速。转速对爆燃的影响具体表现为：增加转速，火焰传播速度提高，t_1 减小；增加转速，吸气损失增加，η_v 下降，p_z 下降，末端混合气温度也降低，使 t_2 增加。上述综合的结果是在转速增加时，爆燃倾向减小。

（3）负荷。在转速一定而节气门关小（即负荷减小）时，残余废气系数增大，循环最高压力下降，使 t_2 增加，爆燃倾向减小。

综合以上几项运转因素可知，汽油机在低转速、大负荷时最易发生爆震。因此，汽油机许用压缩比的最大值就受到低速、节气门全开工况的限制，对此可以用推迟点火提前角的办法来保持较高的压缩比，这样虽然对节气门全开时的功率和经济性有所损失，但对经常工作的节气门部分开启的工况，却带来 ε 较高，b_e 较低的好处。

（4）混合气浓度。α 值的改变将引起火焰传播速度、火焰温度与气缸壁温度以及末端混合气滞燃期的改变。$\alpha = 0.8 \sim 0.9$ 时，火焰传播速度最高，t_1 最小，但此时末端混合气的着火延迟期 t_2 也最小。试验证明，后者起主要作用，因而在 $\alpha = 0.8 \sim 0.9$ 时，爆震倾向最大，过浓或过稀的混合气有助于减少爆震。

（5）燃烧室沉积物。在发动机长期工作中，燃烧室内壁不断产生一层沉积物，通常称

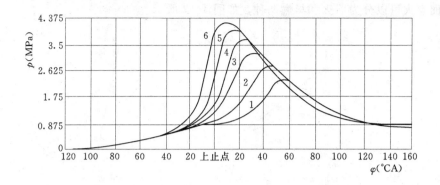

图 4-7 不同点火提前角下的 p—φ 图

1、2、3、4、5、6—点火提前角为 10℃A、20℃A、30℃A、40℃A、50℃A、60℃A

之为积碳。积碳温度较高，在进气、压缩过程中不断加热混合气；积碳是热的不良导体，从而提高了末端混合气的温度；积碳本身占有一定体积，因而提高了压缩比。因此，积碳会使爆燃倾向增大。

2. 结构因素的影响

（1）气缸直径。气缸直径大，火焰传播距离长，使 t_1 增大，同时由于燃烧室冷却面积与容积之比减小，使 t_2 减小，因而爆燃倾向增大。所以，一般汽油机的缸径都在 100mm 以下。

（2）火花塞位置。火花塞位置影响火焰传播距离，从而影响末端混合气的温度。例如，火花塞靠近排气门就最不容易引起爆燃，但火花塞离进气门过远，火花塞间隙中的废气不容易被驱走，会影响到发动机低负荷时工作的稳定性。

（3）燃烧室结构。燃烧室形状影响到火焰传播距离，紊流强度，向冷却水的散热量以及末端混合气的数量和温度，凡是火焰传播距离短、紊流强度高的燃烧室结构，均可使爆震倾向减小。燃烧室结构是影响爆燃的最主要结构参数。

（4）气缸盖和活塞的材料。在应用同一辛烷值燃料时，由于轻合金导热性好，因而用轻合金活塞较之铸铁活塞可提高压缩比 0.4～0.7 个单位；气缸盖改用轻合金，压缩比可提高 0.5～0.6 个单位。

综合上述影响爆燃的因素，为防止汽油机爆燃，实际采用的具体措施主要有如下几点：

（1）推迟点火。

（2）缩短火焰传播距离，利用火花塞的恰当布置与燃烧室形状的合理配合等方法使火焰传播距离达到最小。降低终燃混合气的温度、压力。

（3）末端混合气的冷却，如减小末端混合气部分的余隙高度。

（4）增加气流运动，提高火焰传播速度，对排气门冷却。

三、表面点火

在汽油机中，凡是不依靠电火花点火，而是由于炽热表面（如过热的火花塞绝缘体和电极、排气门及燃烧室表面炽热的沉积物等）点燃混合气而引起的燃烧现象，称为表面点火或炽热点火。它的点火时刻不可控制，多发生在较高压缩比（$\varepsilon \geqslant 9$）的强化汽油机中。

表面点火可以分为后火和早燃两种，如图 4-8 所示。

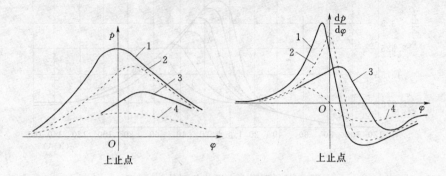

图 4-8　表面点火现象
1—早火；2—正常点火；3—后火；4—倒拖

（1）后火。在炽热点的温度较低时，电火花点燃混合气后，在火焰传播的过程中，炽热点点燃其余混合气，但这时形成的火焰前锋仍以正常的速度传播，没有压力冲击波。这种现象可以在汽油机断火（但不能停止喷油）以后发现，发动机仍像有电火花点火一样，继续运转，直到炽热点温度下降以后，发动机才停车，后火对发动机影响不大。

（2）早火。在炽热点温度较高时，常常在电火花正常点火以前，炽热点先点燃混合气。由于混合气在进气、压缩行程中长期受到炽热表面的加热，点燃的区域也比较大，一经着火，火焰的传播速率就较高，使压力升高率也较大，压缩负功增加，温度升高，这进一步促使炽热点的温度升高，更早点燃混合气。在单缸汽油机上的早火，往往导致停车。在多缸汽油机上，一个气缸的早火不致停车，但压缩行程末期的高温、高压会引起活塞连杆的损坏及气门、火花塞、活塞等零件的过热。

表面点火大体是由于汽油机长时间高速高负荷运行后，火花塞绝缘体，电极或排气门高温所引起。早燃会诱发爆燃，爆燃又会让更多的炽热表明温度升高，促使更早的表面点火，两者互相促进，危害极大。

凡是能够促使燃烧室内积炭等炽热点形成的因素，都能促成表面点火。

第三节　汽油机的排气净化

节能减排是当今热能动力技术发展的主要着眼点。汽油机是轿车的主要动力源，而轿车则是城市大气污染的主要来源。由汽油机排放的污染物主要是指一氧化碳 CO、碳氢化合物 HC 和氮的氧化物 NO_x。CO_2 虽然是无害的燃烧产物，但当 CO_2 排放量增多时，它会吸收太阳的辐射能，使地球温度上升，加剧"温室效应"，这已成为全球关注的问题。

CO 是一种无色无味无臭的气体，它与血红素的结合能力极强，是氧的 300 倍。所以人体吸入微量的 CO，将会破坏造血功能，呈中毒症状；若吸入体积浓度为 0.3% 的 CO 气体，则可在 30min 内使人致命。因此，从保护大气环境角度，应尽量减小向大气的 CO 排放量。

HC 包括未燃和未完全燃烧的燃油、润滑油及其裂解产物等，发动机的总碳氢排放中，大部分成分不直接对人体健康产生影响，但其中某些醛类和多环芳香烃对人体有严重危害。如甲醛等损伤眼睛、上呼吸道及中枢神经，有些苯类为致癌物质。另一方面，HC 在太阳光照射下与 NO_x 进行光化学反应，形成光化学烟雾。这种烟雾毒性较大，不仅使大气能见度降低，而且其主要生成物臭氧 O_3 具有很强的氧化能力和特殊的臭味，能使橡胶裂开、植物枯死，并刺激眼睛和咽喉。故此，须严加控制 HC 向大气中的排放量。

NO_x 主要是指 NO 和 NO_2，其中 NO 的毒性相对比较小，但 NO 在大气层中缓慢氧化成 NO_2，NO_2 是一种褐色有刺激性的气体，在空气中含 $10 \times 10^{-6} \sim 20 \times 10^{-6}$ 时就可刺激口腔和鼻道黏膜；$50 \times 10^{-6} \sim 300 \times 10^{-6}$ 时，使人头痛出汗、损伤肺组织；大于 500×10^{-6} 时几分钟内就可以使人出现肺浮肿而死亡。

NO_x 另一个危害是直接破坏大气层中臭氧层的自然平衡。NO_x 含量增加，臭氧含量会减小，使得对太阳光紫外线的吸收能力下降，太阳对地面的紫外线辐射强度增高，患皮肤癌几率增加。同时，NO_x 与 HC 一起在太阳光照射下形成光化学烟雾，造成能见度下降，直接影响交通安全。

一、有害排放物的生产机理

1. NO_x 的生成

NO_x 是 N_2 和 O_2 在高温下化合的结果。可以说，以空气为助燃剂的任何一种燃料的燃烧都可能产生 NO_x，当燃料中含有 N 时产生的 NO_x 称为燃料型 NO_x；内燃机燃料中不含 N，产生的 NO_x 称为温度型 NO_x。在内燃机燃烧中主要生成 NO，在膨胀和排气过程中，NO 和 O_2 继续氧化反应生成少量的 NO_2。对汽油机，一般 NO_2 只占 NO_x 的 $1\% \sim 10\%$，所以只需讨论 NO 的生成机理。

根据汽油机均匀混合气燃烧的特点，可用 Zeldovich 机理来解释 NO 的生成。即认为 NO 是空气中的 N_2 在 1800K 以上的高温条件下按下式反应生成。

$$N_2 + O = NO + N$$
$$N + O_2 = NO + O$$
$$N + OH = NO + H(扩大)$$

氮分子分解需要的活化能较大，只能在高温下才会进行分解反应。这就决定了 NO 形成的高温条件。所以在上式中，形成 NO 的整个链式反应速度，主要取决于最慢的第一个反应式。

氧原子在 NO 形成的整个链式反应中起活化链的作用。氧与燃料之间反应所需的活化能较小，反应较快，而与 N_2 反应需要的活化能很大。因此，NO 不会在火焰面上生成，而是在火焰下游区形成。

影响 NO 生成的关键因素是氧原子的含量。而 O_2 含量和温度又是产生原子氧的重要条件。故产生 NO 的三要素为：燃烧温度、氧含量和燃烧反应时间。在足够的氧含量条件下，燃烧温度越高，反应时间越长，NO 的生成量就越多。

根据上述 Zeldovich 机理，控制 NO 排放的原则是：

（1）减小混合气中 O_2（或 N_2）的含量。

（2）降低燃烧温度。

(3) 缩短高温燃烧滞留的时间。

以上三条原则只要满足其一，NO 的生成就会减少。在实际汽油机中，混合气中的 O_2（或 N_2）的含量是由空燃比控制的。因此，降低 NO 排放量的主要途径，就是如何降低燃烧温度，并将空燃比控制在 NO 生成量低的范围，同时实现快速燃烧。

2. CO 的产生

CO 是碳氢燃料不完全燃烧的产物，主要受混合气浓度的影响。

在 $\alpha<1$ 的浓混合气下燃烧时，因缺氧使燃料中的 C 不能完全氧化，很容易生成 CO。膨胀过程中部分已生成的 CO 在高温下与燃烧产物中的 H_2O 经水煤气反应，转换为 CO_2，即

$$CO+H_2O \longrightarrow CO_2+H_2$$

在 $\alpha>1$ 的稀混合气下燃烧时，由于混合气不是绝对的均匀会使局部区域出现 $\alpha<1$，造成局部燃烧不完全也会产生 CO，或是部分 CO_2 在高温下分解成 CO 和 O_2。但在膨胀过程中 CO 与多余的氧进行氧化反应，使 CO 转换为 CO_2，所以 CO 排放量很少。

另外，在排气过程中，未燃碳氢化合物 HC 的不完全氧化也会产生少量 CO。

3. HC 的产生

汽油机的 HC 排放成分复杂繁多，生成机理较为复杂，很多方面还没有完全清楚。汽油机 HC 排放的来源，有尾气排放、燃料供给系统、燃油蒸发排放以及曲轴箱通风等几方面。这里只阐述尾气排放，即燃烧过程中 HC 的生成机理。

在汽油机燃烧过程中 HC 的生成主要有以下几个方面。

(1) 缸内壁面淬冷效应。当燃烧过程中火焰传播至燃烧室壁面时，温度较低的壁面使火焰迅速冷却，此时如果火焰前锋面的温度降低到混合气燃点温度以下时，链式反应中断，火焰熄灭。从而在燃烧室壁面留下一层约厚 $0.1 \sim 0.3$mm 的未燃或未完全燃烧的混合气，产生大量的 HC。

(2) 缝隙效应。汽油机燃烧室内的缝隙主要有活塞头部与缸壁之间，缸盖、缸垫和缸体之间，进、排气门和气门座之间以及火花塞螺纹处和火花塞中心电极周围等处。缝隙处面容比大，火焰无法传入其中继续燃烧；而且缝隙内的混合气受到两个以上壁面的冷却，故淬冷效应十分强烈而产生大量的未燃 HC。

(3) 积炭和壁面油膜的吸附效应。气缸壁面上的润滑油膜、沉积在活塞顶部以及燃烧室壁面和进排气门上的多孔性积炭，会吸附未燃混合气及燃料蒸气，这些被吸附的气体在膨胀和排气过程中逐步脱附释放出来，随已燃气体排出气缸而造成排气中 HC 含量的增加。

(4) 不完全燃烧。如汽油机在怠速及全负荷工况下运行时，混合气处于 $\alpha<1$ 的浓混合气状态，且怠速时残余废气系数较大；而当加速或减速时，混合气暂时过浓或过稀，即使此时 $\alpha>1$，油气混合也不均匀。在这些条件下，都会造成不完全燃烧而使 HC 排放增加。

(5) 失火。汽油机工作中失火现象的发生，是造成大量 HC 排放的主要原因。因此，对汽油机可靠点燃，防止失火是控制 HC 排放的重要环节。汽油机易发生失火的条件是，混合气形成过程中局部地方混合气过稀或过浓超过着火界限，或点火时刻不当以及点火系

统出现故障时等。

二、影响汽油机有害排放物生成的因素

汽油机尾气中的有害排放物是其燃烧过程的产物，主要影响因素就是燃烧反应物的浓度、温度以及混合气形成和燃烧条件。

1. 混合气浓度

混合气浓度对汽油机有害排放物生成的影响情况，如图 4-9 所示。由图可知，NO_x 的峰值并不是出现在燃烧温度最高处，也不是混合气越稀（氧的含量越高），NO_x 排放量越多。而是在过量空气系数为 $\alpha=1.03\sim1.16$ 的经济混合气范围 内出现峰值，此时虽然燃烧温度不是最高但燃烧速度足够快、温度足够高且含氧量充足。当过量空气系数 α 小于该范围时，虽然燃烧温度升高，燃烧速度加快，但由于含氧量的减小，所以 NO_x 排放随含氧量的降低而减小。当混合气过浓时，燃烧温度和含氧量同时减小，NO_x 排放量迅速降低。反之，当过量空气系数 α 大于该范围时，随着 α 的增加，氧含量增多，但由于空气对火焰的冷却作用加强，所以燃烧温度随之降低，使得 NO_x 排放量也降低。因此，在混合气较稀的范围，影响 NO_x 的主要因素是燃烧温度，而不是氧的含量。

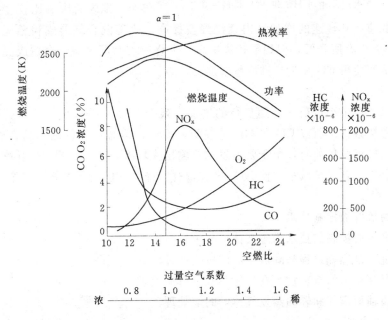

图 4-9　混合气浓度对汽油机有害排放物生成的影响

对 CO 和 HC 排放量而言，在 $\alpha<1$ 的浓混合气范围内，随着 α 的提高，含氧量增加，使得 CO 和 HC 排放量迅速降低，但当 α 达到理论混合气以后，CO 和 HC 排放量随 α 的增加变化不大，但当混合气过稀时熄火的倾向增加，使得 HC 排放有所增加。

由此表明，汽油机的动力性、经济性以及排放特性之间相互矛盾、相互制约。

2. 点火提前角

如图 4-10 所示，在混合气浓度一定的条件下，如果推迟点火提前角，则由于上止点后燃烧的燃料增多，燃烧最高温度下降，所以 NO_x 排放量降低。而且因后燃排气温度升

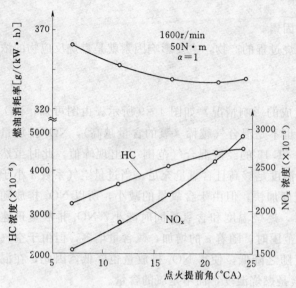

图 4-10 点火提前角对 HC 和 NO_x 排放的影响

高，在排气行程以及排气管中 HC 氧化反应加速，因此 HC 排放量减小。但是，燃烧等容度降低，传热损失增多，所以热效率变差，比油耗增加。点火提前角改变对 CO 排放量没有明显的影响。

3. 转速

转速对汽油机排放特性的影响主要体现在对燃烧滞留时间和气缸内紊流强度的影响。当转速增加时，缸内紊流增强，燃烧速度加快，所用时间缩短（对应的曲轴转角增加），所以燃烧反应物在高温滞留时间缩短，从而 NO_x 生成量会有所降低。转速对 CO 和 HC 排放的影响比较复杂，对一定的负荷，在低速区随转速的增加缸内紊流强度提高，改善混合气形成和燃烧速度，所以 CO 和 HC 排放均有所降低，但如果转速过高，燃烧所需时间过短，会造成混合气来不及完全燃烧，从而使得 CO 和 HC 排放量增加。

4. 负荷

对汽油机，在中小负荷区，随负荷的增加，残余废气系数减小，发动机温度状态提高，改善了燃烧条件。所以 CO 和 HC 排放明显降低，但燃烧温度的提高，使得 NO_x 排放量增加。当接近全负荷时，由于要求发动机输出大功率，所以需要提供功率混合气而加浓，从而混合气中含氧量减小，使 NO_x 排放量有所降低，但由于燃烧不完全，CO 和 HC 排放增加。

三、汽油机排放控制技术

对汽油机排放控制的技术措施大体可分为：

(1) 通过改进燃烧过程来降低排放的机内处理。

(2) 对燃烧排出的有害物，在排气系统进行后处理。

(3) 对曲轴箱窜气和燃油蒸发气体等的前处理。

（一）机内处理

根据发动机启动后排气温度的不同，将机内处理分为冷机处理和热机处理两种。

1. 冷机处理方法

在汽油机刚启动后的冷机状态下，催化剂的活性差，不宜降低 HC 排放，主要是采用以下措施：

(1) 通过提高启动与怠速转速，并进行精确控制，使启动与怠速空燃比在原来的浓状态下适当稀薄化，可有效降低 HC，但要求燃烧稳定。特别是在冷启动过程中，从启动机拖动曲轴旋转开始，喷射时刻、随启动转速变化的喷油量控制方法及点火时刻，对 HC 排放影响明显。要求在尽可能减小喷油量的条件下，提高首次喷射后的着火率。

（2）有效组织进气流动，改善混合气形成。

（3）通过喷油器结构改进及喷射压力的提高，改善燃料雾化特性，使喷射细微化。

（4）在结构设计上，减小激冷层面积，降低 HC 的排放。

2. 热机处理方法

热机处理方法是针对汽油机常用工况，直接控制或改善燃烧过程来降低排放。主要技术措施概括有如下几点：

（1）改进燃烧系统。包括燃烧室结构的优化设计，充分利用燃烧室内的气流特性，有效控制燃烧速度，尽可能减小缝隙容积和激冷层面积。

（2）通过电控技术精确控制空燃比和点火时刻；结合汽油缸内直喷技术实现分层稀薄燃烧。

（3）采用可变进气系统。包括可变进气管长度、可变配气相位、可变进气涡流以及汽油机增压等技术。

（4）采用部分气缸停缸控制技术。由此减小小负荷工况下的泵气损失，既提高了经济性，同时有效降低了 CO 和 HC 排放量。

（二）后处理

排气的后处理是指气体排出发动机气缸以后，在排气系统中进一步减少有害成分的技术措施，主要是通过催化转化器来降低排气中的有害气体量，它包括用来减少 HC 和 CO 排放的氧化催化转换器，减少 NO_x 排放的还原催化转换器和同时减少 HC、CO 及 NO_x 排放的三元催化转换器。

目前在汽油机上广泛应用的主要是三元催化转换器，其基本结构如图 4-11 所示。它由壳体、垫层和带有催化剂的载体组成，催化剂被渗透涂敷在多孔性氧化铝陶瓷载体的表面；壳体是整个催化转换器的支撑体，通常为双层不锈钢结构，在壳体的内外壁之间填充隔热材料；垫层的作用是防止载体在壳体内因振动而损坏，并补偿陶瓷载体与金属壳体之间热膨胀性的差别，保证载体周围的气密性。

三元催化剂的催化材料主要是铂（Pt）、铑（Rh）和钯（Pd），Pt 在三元催化剂中的典型用量为 $1.5 \sim 2.5g$；Rh 的典型用量为 $0.1 \sim 0.3g$；Pt/Rh 范围在 $2 \sim 17$ 内。此外还含有铈（Ce）、镧（La）等稀土元素作为助催化剂。这些催化剂的催化转换效率随温度而变化，温度过低时催化效果不明显。使用三元催化剂时，应将混合气成分严格控制在理论空燃比附近（$\alpha \approx 1$），这样催化剂才能促使 CO 及 HC 的氧化反应和 NO_x 的还原反应同时进行，生成 CO_2、H_2O 及 N_2。而且，只有在接近理论空燃比的狭窄范围内，对这三种有害成分才有高的转换效率（见图 4-12）。

由于催化转化器具有一定的工作温度，因此对发动机不同温度状态，其转化效果不同。在冷机状态下，排气温度低，达不到催化转化器的工作温度，催

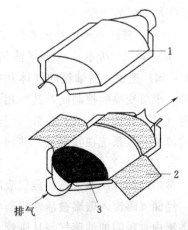

图 4-11 三元催化转换器的基本构造
1—壳体；2—垫层；3—催化剂及其载体

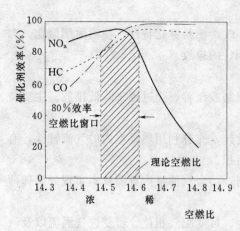

图 4-12　三元催化转化器的转化效率

化转化器难以发挥作用。因此，后处理措施根据排气温度不同也分为冷机措施和热机措施。

在汽油机冷启动或怠速等冷机状态下，催化剂的活性差，净化效果降低。此时可采取的主要措施有：

（1）提高催化剂的低温活化性，以改善低温净化效果。

（2）采用两级催化转化器。一级氧化型催化转化器尽可能安装在靠近汽油机的排气道出口，只用于启动或怠速等低温工况。当汽油机正常工作时排气温度高时，将关掉一级催化转化器，利用正常安装的二级三元催化转化器来净化排气。

（3）采用低热容量的催化转化器或电加热催化转化器。

在热机状态下，主要应提高催化转化器的净化能力。为此可采取以下措施：

（1）通过催化剂种类的合理选用和装载量等，提高催化剂性能。

（2）采用高密度的蜂窝催化剂载体。

（3）实现最佳的空燃比控制。

（三）前处理

汽油机的前处理包括防止汽油蒸发和曲轴箱强制通风的措施，以及为降低 NO_x 生成而采取的废气再循环等措施。

1. 进气温度控制和混合气预热系统

为改善汽油机低温启动时的排放性能，促进燃料汽化，在进气温度较低时，需对进气混合气进行预热。进行预热的方法可以用排气管预热、水温预热或利用正温度效应（PTC）元件进行电加温，当温度到达一定值以后，PTC 元件能自动停止对混合气的电加热。总之，对混合气预热及控制起动时的进气温度，能够降低混合气浓度，显著减少排气中 CO 及 HC 的浓度。

2. 曲轴箱强制通风封闭系统（PCV 系统）

如图 4-13 所示，从空气滤清器引出一股新鲜空气进入曲轴箱，再经流量调节阀（PCV 阀）把窜入曲轴箱的气体和空气的混合气一起吸入气缸烧掉。PCV 阀是用真空操作的一个可变喷嘴控制阀，其作用是在怠速、低速小负荷时减少送入气缸的抽气量，避免混合气过稀而造成失火；在节气门全开时，即进气管真空度低，气缸窜气量大时，提供足够的流量。该系统在我国及一些国家的法规上规定必须采用。

3. 汽油蒸气吸附装置

常用的活性炭罐式汽油蒸气吸附装置，如图 4-14 所示。从汽油箱蒸发出来的汽油蒸气，经储气罐流入碳罐被活性炭所吸附。当发动机工作时，由进气负压控制开启控制阀，在碳罐内被吸附的油蒸气与从碳罐下部流入的空气一起被吸入进气管。此系统也是法规上规定必须采用的。

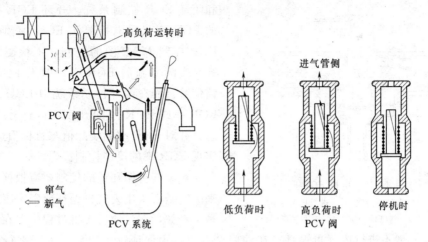

图 4-13 曲轴箱强制通风净化系统

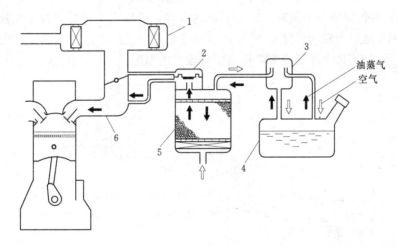

图 4-14 活性炭罐燃油蒸气吸附装置

1—空气滤清器；2—控制阀；3—储气罐；4—油箱；5—碳罐；6—进气管

4. 废气再循环（EGR）

使少量废气 5%～20% 再次循环进入气缸，降低燃烧温度，可抑制 NO_x 生成。试验表明，5% 的废气再循环，可使 NO_x 的最大浓度从 2630×10^{-6} 下降到 1400×10^{-6}；15% 的废气再循环，可使 NO_x 的最大浓度进一步下降到 480×10^{-6}，但此时汽油机经济性要恶化。若在废气再循环的同时，组织快速燃烧，可同时改善经济性。

汽油机上所采用的 EGR 系统有机械式和电控式两种。机械式 EGR 系统是通过进气压力和排气压力来调节 EGR 阀的开度，由此控制 EGR 率；其主要缺点是控制自由度受限制，且所能控制的 EGR 率较小，一般只限应用于传统的化油器式汽油机。电控式 EGR 系统是通过电磁阀任意控制 EGR 率，不仅结构简单，而且可精确地实施较大的 EGR 率。

电控式 EGR 系统主要由 EGR 阀及其控制系统组成。电控 EGR 阀的结构如图 4-15 所示，它用专门的电磁阀控制负压室的真空度，而控制所用的真空度是由发动机上的真空泵来提供。根据对 EGR 的控制方式不同，电控式 EGR 系统又可分为开环 EGR 控制系统

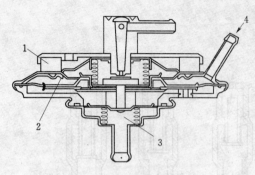

图 4-15　电控 EGR 阀
1—大气压力室；2—进气压力室；
3—排气压力室；4—接进气管

和闭环 EGR 控制系统。开环 EGR 控制系统的 EGR 率只受电控单元 ECU 中预先设计的 EGR 控制 MAP 图的控制，不检测发动机运行时实际实施的 EGR 率，即无 EGR 率的反馈信号。而在闭环控制系统中 ECU 直接检测 EGR 率或 EGR 阀的开度，以此作为反馈信息，并对 EGR 率的实际值与目标值进行比较，实现 EGR 率的反馈控制。

对废气再循环量的控制，应根据不同工况来决定是否采用废气再循环或确定废气再循环量。例如，在汽油机暖机过程中，在怠速及低负荷时，一般不进行废气再循环；在油门全开时，为保证输出功率，也不进行废气再循环；在中高负荷区，要求随着负荷增加，废气再循环量应增加到允许的限度。根据工况不同，利用计算机控制废气再循环（EGR）阀的开度，可以获得较高的控制精度，如图 4-16 所示。EGR 已成为发动机降低 NO_x 的重要措施而广泛应用，为了进一步提高 EGR 的效果，还可采用 EGR 中冷系统来降低再循环废气的温度。

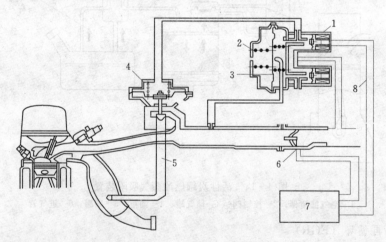

图 4-16　电控 EGR 控制系统
1—电磁阀；2—负压控制阀；3—定压阀；4—EGR 阀；5—废气通路；
6—节气门位置传感器；7—电控单元；8—控制信号线

四、汽油机排放治理方案

为了适应日益严格的排放法规（见表 1-1），在汽油机上采取的排放治理措施需要根据不同阶段的法规要求进行多种方案的组合应用。对于非增压或增压汽油机，可采用理论空燃比闭环电控燃油喷射系统加三元催化转化器，使其同时净化 CO、HC 和 NO_x，便可达到欧 Ⅱ 排放标准。

由于欧Ⅲ和欧Ⅳ排放标准与欧Ⅱ排放标准的主要区别在于排放限值更小，且需考虑冷启动排放。这就要求催化转化器净化效率更高且在汽油机起动时就应有良好的净化效果，即要求起动时三元催化转化器内的温度大于催化剂的起燃温度。因此，需要一方面使催化剂的起燃温度尽可能低；另一方面通过强制加热方式或其他方式使转化器内的温度在启动时就已达到或很快达到起燃温度。在一般情况下，要满足欧Ⅲ和欧Ⅳ排放标准的要求，汽油机可采用理论空燃比闭环电控燃油喷射系统加紧耦合型三元催化转化器或前置两级催化转化器或三效催化转化器辅以强制加热或低起燃温度的三元催化转化器，其方案如图 4-17 所示。

稀薄混合气燃烧一直是汽油机降低燃油消耗的有效方法之一，在控制适当的情况下，这种发动机也可以同时获得减少排气污染的效果。由于电控汽油喷射对混合气成分的精确控制，新型缸内直喷非均质稀燃汽油机（GDI 发动机）可以在 $\alpha=$1.5 的稀混合气下稳定运行，这相当于柴油机在接近全负荷工况的混合气浓度，因此燃油消耗率又进一

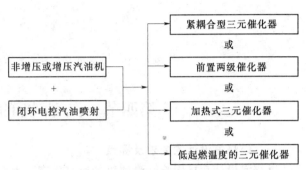

图 4-17　达到欧Ⅲ和欧Ⅳ标准的汽油机排气净化方案

步地得到降低。在怠速工况或全负荷工况下，这种稀燃发动机仍然可在理论空燃比的混合气或稍许加浓的混合气状态下工作。为使缸内直喷稀薄燃烧汽油机满足欧洲Ⅲ和欧Ⅳ法规的要求，GDI 发动机所采用的净化技术主要是降低 HC 和 NO_x 的排放量。该净化技术主要由以下四项构成：①采用二阶段燃烧，提前激活催化剂；②采用反应式排气管；③高EGR 率；④使用稀燃 NO_x 催化剂。三菱汽车公司的缸内直喷汽油机排放控制措施示意图，如图 4-18 所示。采用二阶段燃烧和反应式排气管的目的是为了降低 HC 排放量，这种方法是在汽油机启动后的冷车阶段时间内，通过二阶段燃烧和使用反应式排气管使三元催化剂在短时间内达到起燃温度。为使发动机在稀燃状态下能够有效还原 NO_x，GDI 发动机使用了NO_x 吸附还原型催化转换器。为了净化发动机在理论空燃比状态下工作时排气中的 HC 和NO_x，GDI 发动机在 NO_x 吸附型催化器之后还配置了三元催化转化器，三元催化器的位置尽量靠近发动机，以更快激活催化剂，减少 HC 排放。

欧Ⅴ排放标准在冷启动和各工况的排放限值比欧Ⅳ更小，加之油耗法规的实施，二气门和非增压汽油机难于满足，一般应在多气门增压汽油机的基础上采用综合控制的发动机管理系统加紧耦合型三元催化转化器或前置两级催化转化器或三元催化转化器辅以强制加热，为进一步降低 NO_x，可同时采用废气再循环，其方案如图 4-19 所示。

上述对应不同阶段法规的排放治理方案都是针对尾气排放而言的，其实完整的排放治理方案应该是在上述方案基础上，再加上曲轴箱强制通风的 PCV系统以及活性炭罐汽油蒸气吸附装置。

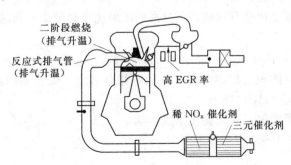

图 4-18　三菱缸内直喷汽油机排放控制系统

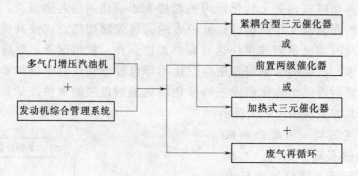

图 4-19　达到欧 V 标准的汽油机排气净化方案

第四节　汽油机的燃烧室

一、燃烧室设计的要求及要点

燃烧室设计直接影响到汽油机的充气效率、混合气形成、火焰传播及燃烧速率、传热损失及爆震等，从而影响汽油机的性能。20 世纪 50 年代前，燃烧室的设计主要着眼于提高经济性和动力性；60 年代后公害问题开始提出，追求达到排气法规指标就成为压倒一切的要求。近年来由于节能减排的要求，因此更着眼于提高经济性并同时减少大气污染。然而，无论时代要求如何变化，燃烧室设计的要点基本相同。

1. 压缩比

由理论循环可知，影响汽油机性能最重要的结构参数是压缩比。提高压缩比可以提高汽油机的动力性与经济性，但提高压缩比受爆震的限制，因此提高抗爆震性就成为提高压缩比的关键。为提高压缩比又不促使爆震的发生，燃烧室设计主要应考虑以下几个方面：

（1）缩短火焰传播距离，除设计紧凑的燃烧室外，也与火花塞的布置有关。

（2）利用适当强度的紊流，加快火焰传播速度。

（3）在离火花塞较远的地区，设置适当的冷却面积，降低边缘地区可燃混合气温度。

（4）燃烧室内应减少易受高温影响而产生热点和表面沉积物的因素。

汽油机曾长期采用侧置气门的 L 型燃烧室，虽经各方面的改进，但压缩比只能在 6～7 之间；顶置气门燃烧室的发展，使燃烧室结构更为紧凑，压缩比迅速提高到 9～10。当然，汽油机压缩比的提高与汽油燃料的技术进步密不可分。

从提高动力性和经济性考虑，提高压缩比是有利的，但过高的压缩比也会带来不利的影响，主要表现为：

（1）过高的压缩比将使 $\Delta p / \Delta \varphi$ 增加，汽油机的燃烧噪声与振动增大。

（2）压缩比增加，燃烧室的表面积与体积之比即面容比增加，相对增加了熄火面积，将使更多的燃料以未燃的碳氢化合物形式（HC）排出。

（3）提高压缩比，使最高的燃烧温度增加，从而促使生成 NO_x。

因此，现代汽油机的压缩比一般在 8.0～9.5 左右。

2. 燃烧室的面容比 F/V

F/V 在某种意义上可以表示燃烧室的结构紧凑性，它与燃烧室形式以及汽油机的主要结构参数有关。F/V 大，燃烧室结构不紧凑，火焰传播路程长，容易爆震；HC 排放高；相对散热面积大，热损失大。所以，燃烧室设计要尽量减小 F/V。

3. 燃烧室形状

不同的燃烧室形状实际上反应了混合气体的分布情况，与火花塞位置相配合，也就决定了不同的燃烧放热率和火焰传播到边缘可燃混合气的距离，从而影响抗爆性、工作粗暴性、经济性和平均有效压力。因此，燃烧室形状设计首先应满足快速燃烧的要求，一般应将燃烧完 90％可燃混合气的燃烧持续期需控制在 60℃A 之内；此外，还应考虑气门的布置，应有较大的进气门直径和进气流通面积，适于多气门布置。

4. 火花塞位置

火花塞的位置直接影响火焰传播的距离，从而影响其抗爆性，它也影响火焰面积扩大率和燃烧速度。在布置火花塞位置时，需考虑下列几点因素：

(1) 火花塞应靠近排气门处，使受灼热表面加热的混合气及早燃烧，从而不致发展为爆震燃烧。

(2) 火花塞间隙处的残余废气应能充分排除，使混合气容易着火，这特别对暖机和低负荷性能影响较大。但不希望有过强的气流在点火瞬间直接吹向火花间隙，吹散火核，从而增加缸内压力的循环变动率，甚至引起失火。

5. 燃烧室内的气体流动

燃烧室内形成适当强度的气体紊流可以带来如下好处：

(1) 加快火焰传播速度。

(2) 扩大混合气体的着火界限，可以燃烧更稀的混合气。

(3) 减少燃烧的循环变动率。

(4) 降低 HC 排放。

但过强的气流将使传热损失增大，还可能吹熄火核而失火，使 HC 排放增加，也是不利的。

汽油机燃烧室内产生气体流动的方法主要有三种：压缩挤流、进气涡流和进气滚流。

(1) 压缩挤流。在接近压缩终了时，利用活塞顶部和气缸盖底面之间的狭小间隙，将混合气挤入燃烧室中央，形成紊流。挤流正好在压缩上止点前达到最大。采用压缩挤流不仅加快了火焰传播速度，又使大部分混合气集中在火花塞周围，加上离火花塞最远的边缘气体因处于较小的间隙中，受两个冷表面的影响，容易散热，可缓和爆震的发展过程，所以对抗爆性有很大好处。挤流只是活塞将混合气从余隙容积中挤出，完全不影响充气效率，即使在低速低负荷时仍能维持良好的压缩挤流，因此多数汽油机燃烧室都组织压缩挤流。

挤气面积越大，挤气间隙越小，则挤流越强。但挤气面积过大或挤气间隙过小，会使燃烧室面容比增加，导致 HC 排放增加。因此，挤气面积和间隙的大小一定要适当。

(2) 进气涡流。它是利用进气口和进气道的形状，在进气过程中形成气流绕气缸中心线的旋转运动。进气涡流加快了进气过程中的紊流，紊流可以造成火焰前锋的扭曲，增大火焰前锋表面积，紊流也加快了火焰传播速度，从而提高了燃烧速度。组织进气涡流的缺点是导致充气效率的下降；另外进气涡流在进气过程中逐渐变到最大，而在压缩过程中逐渐减小；在低速低负荷时要维持良好的进气涡流也是有困难的。所以，一般汽油机不组织进气涡流。

（3）进气滚流。对于四气门汽油机，可利用平行的双进气道，配合活塞顶有助于生成滚流的结构形状，在气缸内产生沿气缸轴线运动的缸内滚流，如图4-22所示。

二、典型燃烧室

汽油机的典型燃烧室结构如图4-20所示，有半球形燃烧室、楔形燃烧室、碗形燃烧室及浴盆形燃烧室等。

1. 半球形燃烧室

半球形燃烧室，也称屋脊形或多球形燃烧室，燃烧室设在气缸盖上，一般配合凸出的活塞顶，如图4-20（a）所示。该燃烧室可全部机械加工，保持光滑表面、精确的形状与容积。半球形燃烧室结构紧凑，F/V值小，火花塞布置在中间，火焰传播距离短，允许较大的气门直径和平直的进气通道，充气效率高，所以动力性、经济性好，HC排放低。进排气门倾斜布置，气门之间夹角通常在50°～75°之间。半球形燃烧室高速性好，标定转速在6000r/min以上的车用汽油机几乎都采用半球形燃烧室。由于火花塞周围具有较大的容积，使燃烧速率大，$\Delta p/\Delta \varphi$较高；由于最高燃烧温度较高，NO_x排放较高。半球形燃烧室一般不组织挤流，紊流较弱；具有倾斜的气门，使气门布置较为复杂，宜采用双顶置凸轮轴。

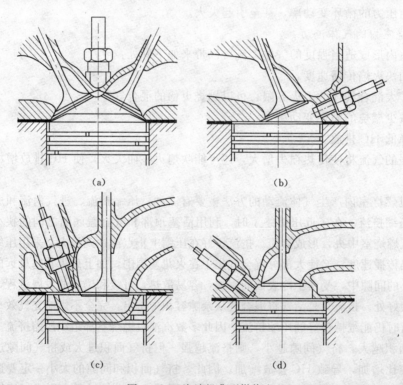

（a）　　　　　　　　　　　　（b）

（c）　　　　　　　　　　　　（d）

图4-20　汽油机典型燃烧室
（a）半球形燃烧室；（b）楔形燃烧室；（c）碗形燃烧室；（d）浴盆形燃烧室

在多气门（四气门或五气门）汽油机上均采用多球形燃烧室，以能充分利用燃烧室表面积布置气门；为解决中、低转速的燃烧问题，常利用两个进气道形状的不同而在缸内产生涡流，以改善燃烧。

2. 楔形燃烧室

如图 4-20 (b) 所示，楔形燃烧室设置在缸盖上，结构比较紧凑；火花塞在楔形高处的进排气门之间，火焰传播距离较短，压缩比可提高到较高值，达 9～10。这种燃烧室一般设置挤气面积，气门稍倾斜 6°～30°使气道转弯较小，减小进气阻力，以提高充气效率，因此有较高的动力性和经济性。但楔形燃烧室由于混合气过分集中于火花塞处，使初期燃烧率大，$\Delta p / \Delta \varphi$ 高，工作较粗暴一些，NO_x 排放较高。同时，由于挤气面积较大，HC 排放量较多。

3. 碗形燃烧室

碗形燃烧室是布置在活塞中的一个回转体，如图 4-20 (c) 所示，采用平底气缸盖，工艺性好，燃烧室全部机械加工而成，有精确的形状和容积，燃烧室表面光滑，紧凑，火焰传播距离短，挤流效果较好，ε 可高达 11。燃烧室在活塞顶内使活塞的高度与重量增加，但与普通平顶活塞相比，增长量在 10%以内。由于 F/V 较大，散热增大，活塞温度并没有显著增加。碗形燃烧室的挤流效果与燃烧室口径、深度和顶隙有关，在设计时需要对这些结构参数进行优化。碗形燃烧室的火花塞正好在挤流流入燃烧室的通道口上，而且点火瞬间正好处于挤流流速急剧变化的时候。为此，点火时间的微小变动，将引起点火瞬间流过火花塞火花间隙的流速较大的变化，因此点火时间的选择应比其他燃烧室更为仔细。

碗形燃烧室多用于由柴油机改造的火花点火式天然气发动机上，在增压中冷的情况下 ε 可高达 9～12。

4. 浴盆形燃烧室

如图 4-20 (d) 所示，这种燃烧室高度是相同的，宽度允许略超出气缸范围以加大气门直径。浴盆形燃烧室有挤气面积，但由于燃烧室的形状限制，使挤流的效果比较差；火焰传播距离也较长，燃烧速度比较低，$\Delta p / \Delta \varphi$ 低，动力性、经济性较差。燃烧室的 F/V 比较大，对 HC 排放不利，但 NO_x 排放较低。由于它的制造工艺性较好，故曾经在轻型车汽油机上广泛应用。随着节能与排放法规的日趋严格，浴盆形燃烧室已逐渐被淘汰。

三、分层稀薄燃烧系统

前述的均匀混合气燃烧方式，其特点是常用空燃比变化范围比较窄（空燃比 $A/F=$ 12.6～17），而且均匀混合气在较高的温度下容易引起爆燃，从而限制了汽油机压缩比的提高。这是汽油机的热效率远不如柴油机高的主要原因。同时，均匀混合气汽油机在启动、息速以及小负荷等工况，采用偏浓的混合气，此时 CO、HC 排放较高，而在常用的中大负荷工况时 NO_x 排放比较高。

为了解决传统汽油机混合气形成和燃烧方式的这种缺陷，从根本上改善汽油机的经济性和排放，目前一个令人瞩目的发展方向是采用分层稀薄燃烧，一种新的混合气形成和燃烧方式。稀混合气可以降低油耗，降低排放和提高压缩比，采用稀燃会降低火焰传播速度和燃烧的稳定性，因此往往需要采取措施组织混合气的浓度分层并加快燃烧速度。由于汽油的挥发性很好，且黏度低，在电控汽油喷射技术成熟之前，实现汽油混合气的浓度分层是一件非常困难的事情。所以，分层稀薄燃烧技术是伴随着汽油喷射控制技术的成熟而逐步发展起来的。

分层稀薄燃烧的主要特点，是通过汽油喷射和气流运动的配合，在气缸内形成浓度有梯度分布的可燃混合气，并在火花塞附近形成较浓的混合气（空燃比 $A/F=12\sim13.4$），而在燃烧室其他区域为梯度分布的稀混合气，由此保证火花塞的可靠点燃，并向缸内平均混合气浓度小但梯度分布的混合气进行传播火焰。这种混合气浓度的梯度分布，是靠燃烧室内组织适合的气流运动与喷射方式相配合而实现的。汽油喷射方式不同，气缸内气流运动的组织方式也不同。因此，根据汽油的喷射方式，分层燃烧可分为进气道喷射和缸内直喷式两种方式。

1. 进气道喷射分层稀薄燃烧

进气道喷射分层稀薄燃烧方式根据缸内组织的气流运动不同又分为轴向分层稀薄燃烧和横向分层稀薄燃烧。

（1）轴向分层稀薄燃烧。组织轴向分层稀薄燃烧的关键技术，在于喷射时期与气缸内空气涡流的匹配。为此，汽油在进气过程的中晚期喷射，配合缸内组织强烈的涡流，实现混合气浓度沿气缸轴线的轴向梯度分布。这种方式，喷射时刻决定缸内浓混合气的位置，也决定了火花塞的安装位置。

轴向分层的工作原理示意图，如图 4-21 所示。在进气过程早期只有空气进入气缸，并在气缸内形成强烈的涡流。当进气门开启接近最大升程时，将汽油喷入进气道。这样在进气涡流的作用下，气缸内混合气的形成产生上浓下稀的分层效果。在压缩过程中，虽然缸内涡流强度衰减，但若缸内涡流的径向分量比轴向分量大时，就能维持混合气浓度的轴向分层，并在火花塞附近形成较浓的混合气。缸内涡流越强，则分层效果保持得越好。但这种涡流强度一般都是通过进气道形状来控制的，会导致进气阻力增加，充气效率下降。混合气轴向分层稀薄燃烧时，缸内平均空燃比可达 22，与均质混合气燃烧方式相比，燃油消耗率可降低约 12%。

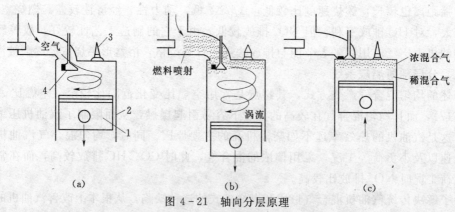

图 4-21　轴向分层原理
（a）进气过程初期；（b）进气过程后期；（c）压缩过程
1—活塞；2—气缸；3—火花塞；4—进气门

（2）横向分层稀薄燃烧。横向分层稀薄燃烧的主要特点，是利用四气门机构，采用滚流进气道，配合活塞顶有助于生成滚流的结构形状，在气缸内产生如图 4-22 所示的滚流。喷油器安装在进气支管上，向着两个进气门之间喷油，火花塞布置在气缸中央。在滚流的引导下浓混合气经过气缸中央布置的火花塞，而火花塞两侧则为稀混合气或纯空气，由此形成以火花塞为中心的横向混合气浓度的梯度分布。这种方式可实现在空燃比 23 以

下的稳定燃烧，经济性比传统汽油机提高
6%～8%，NO$_x$ 排放量可降低 80%。

2. 缸内直喷式分层稀薄燃烧

进气道喷射分层稀薄燃烧方式，相对均
匀混合燃烧方式，在经济性和排放特性方
面，虽然都得到相应的改善，但其结构上仍
存在以下几个方面的问题而限制了其性能进
一步的完善。

(1) 仍然保留节气门，所以中小负荷泵
气损失增加，充气效率减小，燃烧效率及稳
定性降低，不利于提高动力性和经济性。

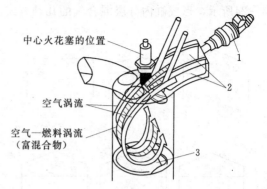

图 4-22 横向分层稀薄燃烧
1—喷油嘴；2—进气隔板；3—滚流控制活塞

(2) 由于是向进气道喷射，所以存在进气道黏附油膜的现象。这种油膜的蒸发，导致
额外的耗油，而且不利于汽油机快速启动、加速响应以及精确控制混合气浓度。

(3) 稀薄燃烧的混合气浓度范围有限，通常空燃比 $A/F < 27$。为了进一步改善汽油机
的性能，以适应日趋严峻的能源紧缺与排气污染，随着缸内汽油喷射技术问题的解决，汽油
机的缸内直喷式稀薄燃烧技术成为现实。

对缸内直喷与进气道喷射的比较，如图 4-23 所示。缸内直喷方式将喷油器安装在气缸
盖上直接向燃烧室内喷油，因此更容易控制缸内混合气的形成。通过喷射时刻的控制可分别
实现均质混合气燃烧、稀薄混合气分层燃烧以及 HCCI 燃烧。现阶段缸内直喷主要用于分层
稀薄燃烧；而 HCCI 燃烧是发展趋势，尚不成熟。

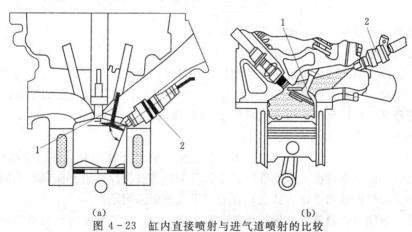

图 4-23 缸内直接喷射与进气道喷射的比较
(a) 缸内直接喷射；(b) 进气道喷射
1—进气门；2—喷油嘴

缸内直喷式燃烧系统混合气的形成，主要是通过缸内直接喷射的汽油喷雾与缸内组织
的气流运动相配合，形成混合气浓度的梯度分布。因此，实现缸内直喷的关键技术在于通
过进气系统和燃烧室形状，组织缸内的滚流，并利用旋流式喷油器高压喷射 3～5MPa 汽
油等措施控制喷雾与缸内气流的配合以及火花塞与喷射位置的匹配。由此实现在火花塞附
近形成浓混合气的分层稀薄燃烧。火花塞、喷油器以及缸内气流运动的不同配合如图

4－24所示，形成缸内分层混合气的几种方式。

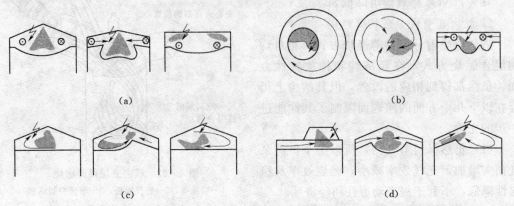

图 4－24　分层混合气的形成方式

(a) 喷油嘴中央布置＋涡流；(b) 火花塞中央布置＋涡流；(c) 滚流为主；(d) 挤流为主

与缸外混合气形成燃烧方式相比，缸内直喷燃烧方式具有以下特点：

(1) 混合气采用质调节，可部分甚至完全取消了节气门，中低负荷泵气损失大大降低。

(2) 在缸内油雾蒸发，使燃烧室温度降低，传热损失减小，并有利于充气效率的提高，而且易于提高压缩比，可有效地提高热效率。

(3) 分层混合燃烧时，外围稀混合气或空气对火焰起到一定的隔热作用，使壁面传热损失减小。

(4) 由于浓度分层明显，可以实现更稀混合气的稳定燃烧，使实际循环更接近于理想空气循环。

(5) 空燃比控制及过渡工况控制可更加精确。

(6) 缸内直喷技术有利于汽油机增压。

可见，缸内直喷式燃烧系统可有效地提高热效率，同时可在空燃比较大的稀薄混合气下实现稳定燃烧，因此大幅度降低了 CO 和 HC 排放；而且空气对火焰的冷却作用使其最高燃烧温度降低，所以也较大幅度地降低了 NO_x 排放。

3. 缸内直喷分层稀薄燃烧存在的问题

虽然通过缸内直喷分层稀薄燃烧技术，使汽油机的经济性达到或接近柴油机的水平，而且在动力性、瞬态响应性、起动性以及冷起动 HC 排放特性等诸方面都有不同程度的改善，但这种混合气形成和燃烧方式也存在着以下几方面的问题：

(1) 分层燃烧对燃油蒸气在气缸内的分布要求很高，需要喷油时刻与喷油量、点火时刻、空气运动、喷雾特性和燃烧室形状的良好匹配，否则会出现燃烧不稳定状况。因此，分层稀燃的运行工况受到限制。

(2) 由于混合气稀，燃烧温度低，所以低负荷时 HC 排放仍然较多；仍为火焰传播式燃烧，高负荷时火焰前封面后生成 NO_x 多，且有时会产生碳烟。如果不加后处理，尾气排放难以满足排放法规。

(3) 由于稀燃，三元催化转化器不宜采用，稀薄燃烧专用催化转化器尚不普及，成本较高。

(4) 由于汽油无润滑和自洁作用，造成喷油器磨损和堵塞，所以长期使用影响雾化特性。

(5) 气缸和供油系统的磨损增加。

应指出，缸内直喷实现分层稀燃的关键是通过缸内直接喷射（喷油时刻和喷油量）与气流运动的合理配合。但由于汽油机的运行工况范围很宽，转速可在 1000～7000r/min 甚至更宽的范围内变化，要在如此宽广的范围实现完全的分层稀燃目前无法达到。对于汽油机不同工况对混合气浓度的要求也是不同的，所以稀薄燃烧的工况范围还只限于中低速和中小负荷区。如图 4-25 所示，在中低速和中小负荷区，在压缩行程后期喷油，可形成浓度分层的稀混合气，点火后能高效率稳定燃烧；而在高速

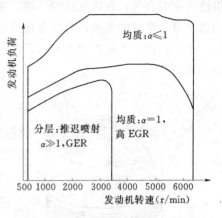

图 4-25 稀薄燃烧的运行工况范围

大负荷或全负荷区，在进气行程中提前喷油，喷油量根据所需的目标空燃比确定。这样混合气形成时间较长，在火花塞点火时，缸内可形成一定混合气浓度的均匀混合气。

4. 典型分层稀薄燃烧系统实例

(1) 缸内直喷滚流分层稀薄燃烧系统。在缸内直喷滚流分层稀薄燃烧系统中，典型的有三菱 4G 型汽油机和丰田 D4 型汽油机。

三菱 GDI 分层燃烧系统，如图 4-26 所示，采用纵向直列进气道，配合设在活塞顶上的半球形燃烧室，在气缸内形成强烈的顺时针方向的反滚流。靠滚流和喷雾的匹配，从火花塞至燃烧室空间形成由浓至稀浓度分层的混合气。

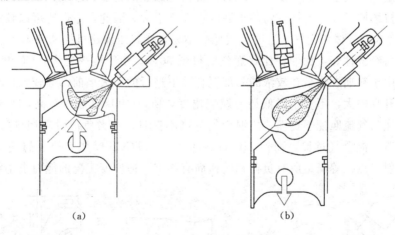

(a)　　　　　　　　　(b)

图 4-26 三菱 GDI 分层燃烧系统
(a) 晚喷射；(b) 早喷射

为了提高经济性，在部分负荷时采用分层稀薄燃烧。此时如图 4-26 (a) 所示，在进气行程后期或压缩过程中，用喷雾锥角为 70°～80°的旋流式喷油器，以 5MPa 的喷射压力，向燃烧室内喷射，由此保证良好的燃油雾化，并利用滚流在火花塞附近形成浓混合气。由此，可实现空燃比 40 的稳定燃烧，可降低燃油消耗率 30%。同时，结合采用 EGR 率为 40%的废气再循环措施，可降低 NO_x 排放量 90%。在全负荷时，为了输出最大转矩

供给功率混合气，在进气过程早期，如图 4-26（b）所示向气缸喷入功率混合气所必要的燃油量，喷射的油束不与活塞顶接触，这样利用较长的时间在缸内形成均匀的功率混合气。由于缸内喷入的燃油蒸发吸热，降低缸内充量的温度，所以可提高充气效率，压缩比也可提高到 12。

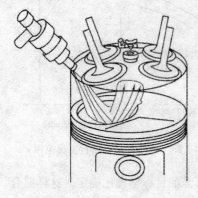

图 4-27　丰田 D4 型汽油机

丰田 D4 型汽油机上的分层燃烧系统，如图 4-27 所示。其主要特点是缸内直喷和燃烧室形状相配合，通过喷射方式的有效控制和燃烧室内滚流的优化匹配，实现空燃比 50 以下稳定的分层稀薄燃烧，有效地提高了经济性，同时降低了 NO_x 排放。

以上两种分层燃烧系统均已成功用于产品。

（2）TCCS 燃烧系统（Texaco Controlled Combustion Process）。这种燃烧系统利用螺旋进气道或在进气门上设置导气屏，在气缸内形成强烈的有规则进气涡流。喷油器以 2000kPa 的喷射压力，在压缩上止点前 30℃A 左右，将燃油顺着气流方向喷入燃烧室，如图 4-28 所示。喷雾在扩散雾化过程中，在强烈涡流的作用下，气流外缘形成适合于点火的混合气。火花塞正好安装在喷油器喷注油束下游的边缘混合气较浓的位置，所以很容易点燃。着火后火焰和燃气随着气流扩展，靠已燃气体和未燃气体的密度差，使已燃气体被涡流带离火焰区，而新鲜的空气被涡流带到燃油喷射区域，实现分层燃烧。这种燃烧系统在燃烧过程中，不一定利用气缸内的全部空气，在小负荷时燃烧产物扩展区域并不大，随着负荷的增加，喷油持续期延长，燃烧产物的扩展区也随之增大。因此，空燃比可以较大，甚至可达 100，而且末端气体为空气，温度也较低，不易自燃，压缩比可提高到 12。由于无进气节流，低负荷经济性好，比油耗比普通汽油机低 30%。由于空燃比大，CO 排放低，HC 也较少。但由于初期燃烧是在较浓的局部混合气下进行的，火焰前锋面较大，初期燃烧速度高，压力升高率大，不利于降低最高燃烧温度，所以 NO_x 排放量较高，发动机工作粗暴。如果喷注与气流匹配不良而造成混合气分层不良时，在大负荷时碳烟排放将会增加；低负荷时会造成混合气过稀，而使 HC 排放量增加。TCCS 燃烧系统要想使空气涡流运动、汽油喷射、点火等满足所有负荷和转速尚有困难，适应变工况的能力也不够理想。

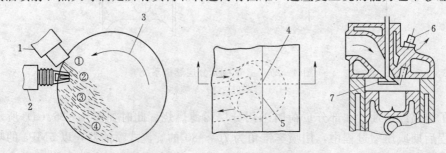

图 4-28　TCCS 稀薄燃烧系统

1、4、6—喷油嘴；2、5—火花塞；3—气流运动方向；7—导气屏
①—空气区；②—浓混合气区；③—着火燃烧区；④—已燃气体区

第五章　汽油机管理系统

第一节　电控时代的汽油机

　　汽油机实现电控是从车用汽油机上开始的，相比其他用途的汽油机，车用汽油机使用工况变化更大，加速、减速、急剧增减转矩，从冷机突然启动进入行驶状态等多为非稳定工况。在这样剧烈变化的工况条件下，要使车辆的行驶性、发动机热效率、输出功率和排气清洁性经常都处于最佳状态，电控技术有着明显的优势。

　　汽油机电控的目的在于追求控制的精度、范围、适应性与智能性。电控汽油机的控制自由度大，对动力性、经济性和排放等可以实现多目标控制；因工况变化，海拔高度、温度变化等对喷油和点火系统的校正非常容易，从而可实现汽油机的全面优化运行。

　　汽油机的电子化首先是从对喷油与点火控制开始的，应用微机控制的初期，就是为了适应对排放法规与节油的要求，以后又在其他方面得到应用。

　　汽油机电控喷射技术的应用始于1967年，当时德国Bosch公司在Bendix公司专利的基础上，率先推出了D型汽油喷射系统，装在大众公司的VW轿车上。D型汽油喷射系统用电磁技术控制喷油器的开启时刻和持续时间，具有比传统化油器更为宽广的控制自由度。但是，与化油器相比，D型汽油喷射系统结构复杂，当时的成本也较高，长时间使用性能变化较大。而且由于装有排气后处理系统，难以解决排气压力上升和排气再循环的影响问题。随着排放法规的强化，这些缺点日益突出。

　　为了解决这一问题，Bosch公司开发了L型喷射系统。该系统采用可动阀式的空气流量计，直接测定进气流量，再除以发动机转速便可求得进气量，据此喷射相应的燃料。L型喷射系统同样装在大众公司的VW车上，可称为当今电控喷油系统的雏形。

　　1979年是汽油机电控技术硕果累累的一年，福特汽车公司和通用汽车公司分别推出了EEC-Ⅲ系统和C-4系统；日产汽车公司也开发出了能综合控制点火时刻、废气再循环、空燃比和怠速，并具有自诊断功能的ECCS系统。

　　汽油机电控系统利用各种传感器监测发动机的运行状态参数，并将这些参数（发动机转速、空气流量、进气压力、进气温度、冷却液温度、空燃比和点火提前角等）转换成电信号，输送到电控单元。电控单元对输入信号作运算、处理、分析后计算出所需的点火时刻和喷油量，然后将相应不同宽度的电脉冲信号按时输送给电磁喷油器，以控制喷油器开启时间的长短和开启时刻的早晚，从而控制喷油量和喷油定时，实现空燃比和点火时刻的精确控制。通过喷油和点火的精确控制，可以降低污染物排放的50％左右；如果采用氧传感器反馈将过量空气系数控制在$\alpha=1$的一个狭小范围内，结合三元催化转化器，可以降低尾气有害排放物的90％以上。在怠速工况，由于采用了转速调节控制，可使油耗下降约 3%～4%。如果采用爆燃控制，在全负荷工况可提高发动机功率 3%～5%，并可适应不同品质的燃油。

电控汽油喷射改善了汽油机的混合气形成与分配，电控点火更加精确、灵活，从而使汽油机的动力性、燃油经济性和尾气排放性能均有所提高。但由于当今世界各国严格的排放法规要求，多数电控汽油机都带有空燃比闭环调节系统，使过量空气系数在 $\alpha=1$ 附近，从而使三元催化转化器得到较高的排气净化效率。实际上，这种带氧传感器闭环控制空燃比的汽油机运行时所供给的混合气，并不全是按使用工况优化所需要的。随着电子技术的发展，在现代汽油机上，缸内直喷稀混合气分层燃烧系统、多气门配气机构、可变配气定时与可变进气涡流系统以及增压技术均得到实际应用，使汽油机的动力性、经济性、排放及其他综合性能进一步提高。与此相适应，电控系统在汽油机上也不仅按稳定工况控制点火定时与空燃比，而扩展到控制非稳定过渡工况、控制爆震、废气再循环（EGR）、急速转速（ISC）、暖车过程、电动油泵、发电机输出、冷却风扇、增压压力及燃油蒸发等多个方面。由此构成了汽油机的综合管理系统（Engine Management System，简称 EMS）。

典型的汽油机电控管理系统布置如图 5-1 所示；图 5-2 为管理系统各个部件的构成。汽油机管理系统主要包括气缸充量控制及混合气形成子系统、电控点火子系统以及电控单元 ECU。气缸充量控制与混合气形成子系统的控制内容有喷油量控制、增压器控制、EGR 控制以及对电子节气门开度的控制；电控点火子系统的功能是根据汽油机动力性、经济性及排放的要求在准确的时刻点燃缸内的可燃混合气，并确保引发燃烧；电控单元 ECU 则是电控管理系统的核心，完成信号的采集、存储、运算并发出控制指令。

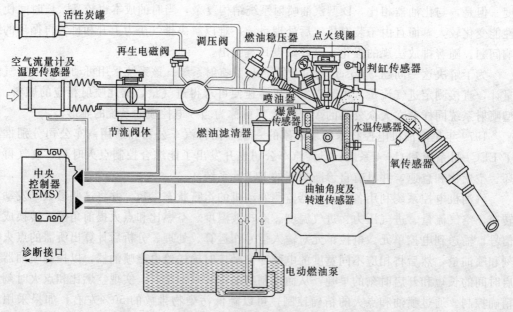

图 5-1　汽油机电控管理系统

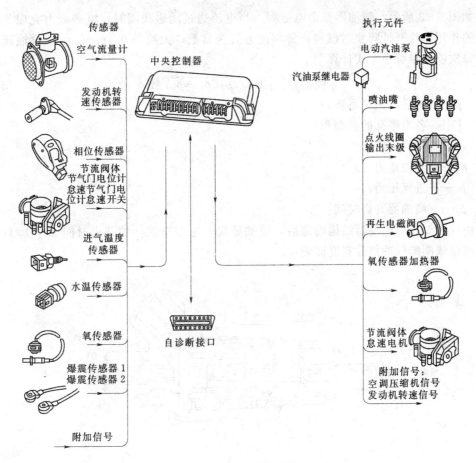

图 5-2　电控管理系统的部件组成

第二节　气缸充量控制与混合气形成子系统

　　气缸充量控制与混合气形成子系统也称为电控汽油喷射系统。电控汽油喷射系统根据所用喷油器的多少及在进气管上安装位置的不同，分为单点喷射和多点喷射两种。单点喷射是指在节气门体上安装一只或两只喷油器，向进气总管进行喷射来形成可燃混合气的方式，是从化油器过渡到电控多点喷射的过渡产品，其限制了进气管设计的自由度，不能很好保证各缸混合气的一致性，基本已被淘汰。多点喷射是指在每缸进气支管上都安装一个喷油器，各缸喷油器相互独立，进气管设计自由度大，有效改善了各缸工作的均匀性。目前汽油机广泛采用电控多点汽油喷射系统。

　　电控多点汽油喷射系统如图 5-1 所示，油箱里的汽油靠汽油泵送进输油管，经滤清器过滤后流到供油管至稳压器，即油轨。此后，一部分汽油由喷油器喷向进气口，多余的汽油则经过调压阀流回油箱。

　　供油管路的油压是通过调压阀对汽油的回流量进行调整来建立的，通常保持比进气歧管压力高 250～350kPa。为了调节压力，导入了进气歧管的真空度。

如图 5-3 所示，喷油器是个电磁阀。当电流通过励磁线圈时，电磁吸力克服复位弹簧力的作用，拉开针阀喷射燃料。针阀的升程为常数，大约是 0.1mm。由于供油压力不变，每次喷油量可由下式计算

$$喷油量 = \mu F \sqrt{2\rho_T(p_T - p_b)} \Delta t \tag{5-1}$$

式中　μ——喷嘴的流量系数；

F——各喷嘴孔的总面积；

ρ_T——燃料密度；

p_T——供油压力；

p_b——进气压力；

Δt——喷油器开启时间。

由此可知，当喷油器结构确定后，喷油量仅取决于喷油器的开启时间 Δt，即只以传送到电磁线圈的脉冲信号宽度而确定。

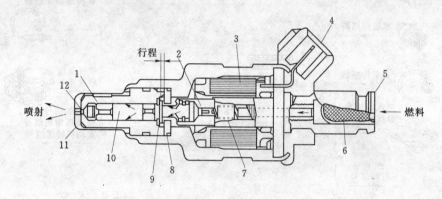

图 5-3　喷油器

1—阀体；2—磁芯；3—电磁线圈；4—电器接头；5—燃料接头；6—滤清器；
7—弹簧；8—调整垫；9—凸缘部；10—针阀；11—壳体；12—喷口

喷油器开启时间通常为 0.002～0.008s。发出控制喷油器脉冲信号的控制装置，是电控喷油系统的心脏——EMS。空气流量计和转速传感器、节气门开度传感器、水温传感器和其他传感器的信号均输入 EMS 进行计算，以决定最佳的喷油器开启时间，并向喷油器发出脉冲形状的指令信号。决定喷油量的基本信号是充气量，若保持喷油量和充气量成正比，就能保证空燃比的一致性。

对充气量的测量方法有质量流量法、速度密度法和节气门—速度法三种。其中，质量流量法是通过空气流量计直接测量进入气缸的空气质量流量；速度密度法是通过发动机转速和进气压力推算进入气缸的空气质量；节气门—速度法则是根据节气门开度和发动机转速来推算进入气缸的空气质量。由于质量流量法测量最为准确而快速，所以较多采用。当前测量充气量普遍采用的热膜式空气质量流量计，如图 5-4 所示。热膜式空气质量流量计的主要传感、测量元件是由热膜式热敏电阻、补偿电阻、测量电阻、平衡电阻等组成的惠斯登测量电桥，电桥电压表示的温度值即反映出进气流量值的大小。当进气管中空气流动进入发动机中时，随着进气质量的变化，测量电桥中的热敏电阻受到冷却，为了维持热

敏电阻与进气温度之间保持一定的温度差。就要使流过热敏电阻的电流随着改变，流过热敏电阻电流的变化最终表现为测量电桥电压的变化，其电压的变化即对应空气流量的变化。

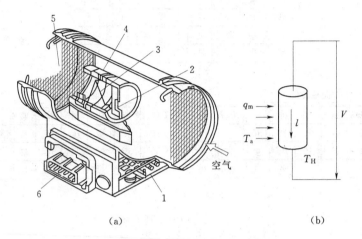

(a)　　　　　　　　　　　　　　　　(b)

图 5-4　热膜式空气流量计及其测量原理

(a) 热膜式空气流量计；(b) 测量原理

1—电路；2—温度传感器；3—热膜；4—采样管；5—防回火栅；6—插座

在进气管中，由于冷空气对热敏电阻有较强的冷却作用，除了流量的作用外，温度不同气体的冷却作用使流量值产生飘移，因此需要进行空气温度修正，这样就在测量电桥中加入温度补偿电阻，使得以电压信号形式表现出来的空气质量流量具有较高的精确度。

热膜式空气质量流量计提供的是空气质量流量的绝对值，因此不需要再对其进行进气真空度的修正，也就不需要另设置进气管压力传感器来测量进气真空度。热膜式空气质量流量计另一个优点是可以识别进气管中的进气回流，可以消除进气脉动效应，因此测量精度较高。

如果空气流量传感器发生故障，如信号中断或者信号失调，EMS 即可识别，并根据即时的发动机转速信号、节气门开度信号和进气温度信号进行计算，给出一个进气量替代值，以维持发动机处于应急运转状态，此时管理系统会记录相应的故障。

一、汽油喷射控制

汽油喷射控制是电控管理系统 EMS 的主要控制功能，它包括喷油时刻的控制和喷油量的控制。

(一) 喷油时刻的控制

EMS 以曲轴转角传感器的信号为依据进行喷油时刻的控制，使各缸喷油器能在设定的时刻喷油。喷油时刻控制方式有三种，即同时喷射、分组喷射和顺序喷射。

(1) 同时喷射方式。这种喷射方式将各缸喷油器的控制电路连接在一起，通过一条共同的控制电路与 EMS 连接。在发动机的每个工作循环中（对四行程汽油机为曲轴两转），各缸喷油器同时喷油一次或两次，如图 5-5 (a) 所示。该喷射方式的缺点是各缸喷油时刻距进气行程开始的时间间隔差别大，喷入的燃油在进气道内停留的时间不同，导致各缸混合气品质不同，影响了各缸工作的均匀性。

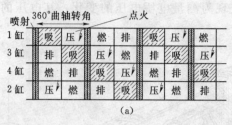

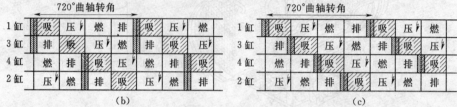

图 5-5 喷油定时示意图

(a) 同时喷射；(b) 分组喷射；(c) 顺序喷射

(2) 分组喷射方式。这种喷射方式是将多缸发动机的喷油器分成 2～3 组，每组 2～4 个喷油器，分别通过控制电路与 EMS 连接。在发动机每个工作循环中，各组喷油器各自同时喷油一次，如图 5-5 (b) 所示。在每组的几个喷油器中，有一个喷油器是在该缸正好处于进气行程上止点时喷油，其余喷油器是在各自的气缸接近进气行程开始的时刻喷油。这样有效提高了各缸混合气品质的一致性。

(3) 顺序喷射方式。这种喷射方式的各缸喷油器分别由各自的控制电路与 EMS 连接，EMS 分别控制各喷油器在各自的气缸接近进气行程开始的时刻喷油，如图 5-5 (c) 所示。由于每增加一个喷油器，在 EMS 内部就要相应增加一套喷油器控制线路。因此，顺序喷射方式的控制电路最为复杂，但各缸混合气品质最均匀。目前，这种喷射方式得到越来越广泛的应用。

(二) 喷油量的控制

由式 (5-1) 可知，喷油量由喷油器开启时间 Δt，即由喷油器外加脉冲电压的脉冲宽度 (时间) 所决定。EMS 根据各种传感器测得的发动机进气量、转速、节气门开度、冷却水温与进气温度等多项运行参数，按设定的算法进行计算，并按计算结果向喷油器发出电脉冲，通过改变每个电脉冲的宽度来控制各喷油器每次喷油的持续时间，从而达到控制喷油量的目的。喷油电脉冲的宽度越大，喷油持续时间越长，喷油量也越大。

通常喷油脉宽 T_i 为

$$T_i = \Delta t K_c + T_v \qquad\qquad (5-2)$$

式中 T_i——喷油器的实际通电时间 (称喷油脉宽)；

Δt——基本喷射时间；

K_c——修正系数；

T_v——无效喷射时间。

基本喷射时间 Δt 是汽油机在正常热力状态下实现目标空燃比 (一般为理论空燃比

14.7）所需要的喷油脉宽。

无效喷射时间 T_v 是指相对于喷油脉宽 T_i，喷油器针阀开启的滞后时间。当控制喷油电脉冲到达喷油器时，由于喷油器电磁线圈具有电感阻抗，延缓了电磁线圈内电流的增大，使喷油器针阀的开启滞后于电脉冲到达的时刻；而喷油器针阀关闭的时刻和电脉冲消失的时刻则基本上一致，因此导致实际的喷油持续时间小于电脉冲宽度，如图 5-6（a）所示。在同样宽度的喷油电脉冲控制下，当蓄电池电压不同时，会引起实际喷油量的变化，即电压下降时，喷油量也会下降。EMS 在蓄电池电压变化时，自动对喷油电脉冲的宽度加以修正，修正量即为 T_v，如图 5-6（b）所示。T_v 值是通过试验确定的。

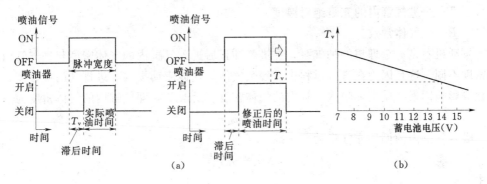

图 5-6　蓄电池电压修正示意图

修正系数 K_c 是用来补偿由 T_p 确定的空燃比偏离目标值时的修正量。汽油机在不同工况下运转时，对混合气浓度的要求是不同的，K_c 的修正量也不同。不同工况下的 K_c 值及其变化率需通过试验优化确定，通常主要考虑以下五方面的因素，即

$$K_c = f(K_E, K_a, K_j, K_o, K_L) \tag{5-3}$$

式中　K_E——温度、压力修正系数；

　　　K_a——加速与大负荷修正系数；

　　　K_o——氧传感器反馈修正系数；

　　　K_j——断油系数；

　　　K_L——自学习修正系数。

1. 基本喷射时间 Δt 的确定

（1）质量流量法。空气流量计测量的是单位时间内进入气缸的空气质量 m_a，喷油器则是按曲轴每转进行喷射的，所以可以导出四冲程发动机喷射持续时间的公式：

$$\Delta t = \frac{120 m_a}{ni(A/F)m_T}$$

由此
$$\Delta t = K' \frac{m_a}{n} = f(m_a, n) \tag{5-4}$$

式中　i——气缸数；

　　　m_T——喷油器的质量流量；

　　　m_a——发动机每秒吸入的空气质量流量；

　　　K'——常数，由喷油器结构、喷射方式、气缸数目及目标空燃比确定。

热膜式空气流量计可以直接测量进入气缸的空气质量流量，不需要进行温度和大气压力的修正。

空气流量法不受发动机使用磨损或制造工艺引起充气效率变化所带来误差的影响，而且校正误差的速度较快，在目前的汽油机管理系统中应用广泛。

（2）速度密度法。吸入进气管内充量的密度可以从理想气体状态方程中得

$$\rho_{in} = p_{in}/(RT)$$

式中　　ρ_{in}——进气管内的充量密度；

$\quad\quad p_{in}$——进气管内的充量绝对压力；

$\quad\quad T$——进气管内的充量绝对温度；

$\quad\quad R$——气体常数。

发动机不是一个理想的抽气泵，在进气冲程后进入气缸内的气体密度与进气管内的气体密度不同。这是因为在进气过程中有残余气体、气体流动损失、进排气门重叠度、温度变化等影响因素，使实际吸入气缸内的气体密度有所改变，即气缸内的气体密度为

$$\rho_c = \rho_{in}\eta_v$$

吸入气缸内的循环充气量为

$$\Delta m_a = \rho_{in} V_s \eta_v$$

式中　　η_v——充气效率；

$\quad\quad V_s$——气缸工作容积。

在汽油喷射系统中，供给喷油器的油压 p_T 经过压力调节器后是不变的。喷油器头部是由电磁线圈的电流通断，来控制喷嘴针阀开闭的。因此，喷出的油量 Δm_T 和喷油持续时间 Δt 及喷油器的流量 m_T 之间的关系为

$$\Delta t = \Delta m_T / m_T$$

因为空燃比 $A/F = \Delta m_a / \Delta m_T$，于是对于固定的空燃比，每缸的喷油量为

$$\Delta m_T = \frac{p_{in} V_s \eta_v}{RT(A/F)}$$

及

$$m_T = \mu f \sqrt{2\rho_T(p_T - p_{in})}$$

式中　　μf——喷油器的有效流通截面；

$\quad\quad \rho_T$——燃油密度；

$\quad\quad p_T$——供油压力（恒定）。

上式中的变量有 η_v、p_{in}、T 三个，其中充气效率 η_v 又是进气管绝对压力 p_{in} 和发动机转速 n 的函数。因此，喷油持续时间是由 p_{in}、T 与 n 三个变量所决定的。为了便于计算和安排存储数据，可以忽略其中的次要因素 T，在发动机与喷油器等结构一定的情况下，基本喷油时间 Δt 的公式可简化为

$$\Delta t = K p_{in} \eta_v = f(p_{in}, n) \tag{5-5}$$

其中　$K = \dfrac{V_s}{RT\ (A/F)\ m_T}$ 可设定为常数。

因此，可以把不同进气管压力 p_{in} 与不同转速 n 时的最佳 Δt 值形成的三维曲面图存入计算机中。发动机运行时，根据瞬时的进气压力 p_{in} 与转速 n 的信息，用内插法从存储器

中查得相应的 Δt 值。

2. 启动油量的控制

启动时，由于转速很低，转速的波动也很大，这时空气流量计所测得的进气量信号有较大的误差。基于这个原因，在发动机启动时，EMS 不以空气流量计的信号作为喷油脉宽的计算依据，而是按预先给定的启动程序来进行喷油控制。EMS 根据启动开关及转速传感器的信号，判定发动机是否处于启动状态。当启动开关接通，且发动机转速低于某转速（如 300r/min）时，EMS 按发动机水温、进气温度和启动转速计算一个固定的喷油脉宽，这一喷油脉宽对应的喷油量能使发动机获得顺利启动所需的较浓混合气。

冷车启动时，发动机温度很低，喷入进气道的燃油不易蒸发。为了保证发动机在低温下也能正常启动，需进一步增大喷油量。一般采用以下两种方法：

（1）通过冷启动喷油器和冷启动温度开关控制冷启动加浓。这种控制方式在冷车启动时，除了通过 EMS 延长各缸喷油器的喷油持续时间来增大喷油量之外，还在进气总管的中间位置上安装一个冷启动喷油器，用以喷入一部分冷启动所需的附加燃油。

冷启动喷油时，喷油器是连续喷射的，冷启动温度开关根据启动时的发动机温度来控制冷启动喷油器的喷油持续时间，通常在发动机水温超过 50℃时，冷启动温度开关触点断开。因此，在热车启动时冷启动喷油器不工作。

（2）通过 EMS 控制冷启动加浓。发动机在冷启动后便处于水温、油温很低的非正常热力状态，为使其进入正常热力状态，发动机必须经历一定时期的暖车。此时，EMS 通过水温调节对空燃比进行控制，以使其达到最佳的暖机过程。这一暖机过程是通过增加各缸喷油器的喷油持续时间或喷油次数来增加喷油量实现的，所增加的喷油量及喷油持续时间，由 EMS 根据进气温度传感器和水温传感器测得的温度来确定。发动机水温或进气温度越低，喷油量就越大，喷油持续时间也就越长。

3. 运转喷油控制

在发动机运转过程中，EMS 根据进气量和发动机转速来计算基本喷油脉宽 Δt。由式（5-2）可知，还要参考节气门开度、发动机冷却水温度与进气温度、海拔高度以及怠速工况、加速工况、全负荷工况等运转参数来修正喷油脉宽（修正系数 K_c），以提高控制精度。由于 EMS 要处理的运转参数很多，为了简化 EMS 的计算程序，通常将总喷油量分成基本喷油量、修正油量和增加油量三个部分。

（1）基本喷油量。对应基本喷油脉宽 Δt 是根据发动机每个工作循环的进气量，按化学式计量空燃比 14.7 计算求得。由式（5-4）可知，基本喷油脉宽 Δt 与进气量成正比，与发动机转速成反比。空气流量计和发动机转速传感器是电子控制汽油喷射系统中最重要的两个传感器。特别是空气流量计，其测量精度将直接影响喷油脉宽的计算精度。

（2）修正油量。修正油量是根据进气温度、大气压力等实际运转条件，对基本喷油量进行的修正，使发动机在各种不同的运转条件下都能获得最佳浓度的混合气。修正油量的内容主要包括以下几项：

1）进气温度修正。对应于式（5-3）中的温度、压力修正系数 K_E。空气的密度与其温度有关，由于有些空气流量计只能测量进气的体积流量，在相同的进气量信号下，进入发动机的空气质量随空气温度的增加而减少。为了补偿这个误差，在空气流量计内常装有进气温度传感器，通常是以 20℃时的进气温度为基准。当进气温度低于 20℃时，适当增加喷油量；当进气温度高于 20℃时，适当减少喷油量。

2）大气压力修正。同样对应于修正系数 K_E。由于海拔变化会引起大气压力和空气密度的变化，这个误差由 EMS 根据大气压力传感器测得的大气压力进行适当的修正。

（3）增加油量。对应于加速与大负荷修正系数 K_a。增加油量是在一些特定工况（暖机、加速等）下，为加浓混合气而增加的喷油量。加浓的目的是为了使发动机获得良好的动力性能。加浓的程度用 K_a 值的大小来表示。

增加油量主要包括以下几项内容：

1）启动增量。发动机冷车启动后，由于低温下混合气形成不良以及部分燃油在进气管道壁上沉积，造成混合气变稀。为此，在启动后一段短时间内，必须增加喷油量，以加浓混合气，保证发动机稳定运转。

2）暖机增量。在冷车启动结束后的暖机过程中，发动机的温度一般不高。喷入燃油与空气的混合较差，结果造成气缸内的混合气变稀。因此，在暖机过程中必须增加喷油量。暖机增量的大小取决于水温传感器所测得的发动机温度，并随着发动机温度升高而逐渐减小。

3）加速增量。在加速工况时，EMS 能自动按一定的比例适当增加喷油量，使发动机能发出最大转矩，从而改善加速性能。EMS 是根据节气门位置传感器测得的节气门开启的速率来鉴别发动机是否处于加速工况的。加速增量的大小及增量作用时间取决于加速时发动机的水温，水温越低，加速增量与持续时间越长。

4）大负荷增量。部分负荷工况是汽车发动机的主要运行工况，在这种工况下的喷油量应能保证供给发动机化学计量空燃比的混合气。但在大负荷工况下，要求发动机能发出最大功率，因而应加大喷油量，以提供稍浓于化学计量空燃比的功率混合气。大负荷信号由节气门位置传感器测得的节气门开度来决定。通常当节气门开度大于 80% 时，按功率混合气要求供给喷油量。

4. 断油控制

断油控制是指 EMS 在某些特殊工况下暂时中断汽油喷射，以满足发动机运转中的特殊要求。它是通过调整断油系数 K_j 的取值来实现的，包括以下两种断油控制方式：

（1）超速断油控制。超速断油是当发动机转速超过允许的最高转速时，由 EMS 控制自动中断喷油，以防止发动机超速运转，造成机件损坏，也有利于降低油耗，减少有害排放物。

（2）减速断油控制。对于汽车发动机，当汽车在高速行驶中突然松开油门踏板减速时，发动机仍在汽车惯性的带动下高速旋转。由于节气门已关闭，进入气缸的空气数量很少，若继续正常喷油，则会造成燃烧不完全及废气中有害排放物增多的不良现象。减速断油控制就是在汽车突然减速时，由 EMS 自动控制中断燃油喷射，直到发动机转速下降到设定的低转速时再恢复喷油。这样，有利于控制急减速时的有害排放物，降低燃油消耗量，促使发动机转速尽快下降，便于汽车减速。

减速断油控制过程是由 EMS 根据节气门位置、发动机转速、水温等运转参数，作出综合判断后，在同时满足以下条件时执行减速断油控制，切断喷油脉冲：

1）节气门位置传感器中的怠速开关接通。

2）发动机水温已达正常温度。

3）发动机转速高于某数值，该转速称为减速断油转速，其值根据发动机水温、负荷等参数确定。通常，水温越低，发动机负荷越大，该转速越高。

当上述三个条件只要有一个不满足（如发动机转速已下降至低于减速断油转速）时，EMS 就立即停止减速断油而恢复喷油。

5. 闭环反馈控制

闭环反馈控制是利用反映混合气浓度的氧传感器对每个瞬间进入发动机的混合气浓度进行检测，并将检测结果输入 EMS。EMS 根据这一反馈信号，不断修正喷油量，使混合气浓度始终保持在理想范围内。这种控制方式可以避免由于元件制造误差或使用老化带来的影响。

由第四章可知，空燃比调节与三元催化转化器的组合，是目前汽油机最主要的排气净化措施。由于三元催化转化器只在理论空燃比附近一个很窄的区域（亦称 α 窗口）内，才能最大限度地降低 CO、HC 和 NO_x（见图 4-12），而单凭测得的充气量和转速信号，达不到这么高的控制精度。因此，在排气系统中安装氧传感器，用以监测排气中的氧气浓度，EMS 根据氧传感器提供的信息，可准确地判断出发动机当时混合气的浓稀程度，并及时修正根据空气流量计和发动机转速计算出的喷油脉冲宽度，即通过调整氧传感器反馈修正系数 K_o，从而确保将发动机空燃比精确地控制在理论空燃比附近，实现 $\alpha \approx 1$ 的闭环控制。空燃比调节为使用三元催化转化器来进一步降低有害排放创造了必要条件。

氧传感器安装在三元催化转化器前的排气管中，其结构如图 5-7 所示。氧传感器中最关键的是氧化锆传感元件，其内外电极根据空气和排气中氧气浓度差而产生传感器的输出电压。

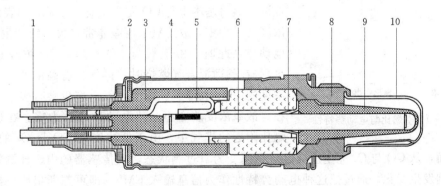

图 5-7　加热型氧传感器结构

1—接线；2—片簧；3—陶瓷管；4—防护套；5—加热元件引线；6—加热元件；
7—连接件；8—传感器壳体；9—氧化锆传感元件；10—防护管

氧化锆传感元件的结构和工作原理如图 5-8 所示，氧化锆元件其内表面为均匀的多孔铂镀层，使之具有电极与能产生电动势以及催化剂的作用。在氧化锆元件的内侧（接触大气侧）与外侧（接触排气侧）存在着氧浓度差，高温时氧离子能穿过该元件并产生电动势；在低温时其电阻极大，则没有电流流动。氧传感器就是利用这一性质，把氧浓度大的大气通过图 5-8 截面图上大气通路的小孔导入，从百叶窗小孔把排气歧管内氧浓度低的排气导至外侧。由于导入内侧的大气氧浓度固定不变，故随着导至外侧排气中氧浓度的变化，内侧与外侧氧浓度差将发生变化。图 5-9 给出空燃比与氧传感器电动势的关系。对于氧不足的浓混合气，其氧浓度差增大，故将产生大的电动势；对于氧过剩的稀混合气，其氧浓度差变小，故几乎不产生电动势。

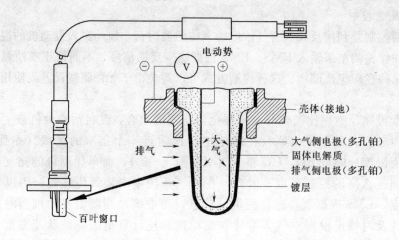

图 5-8 氧化锆传感元件结构及工作原理

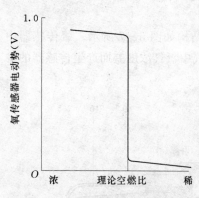

图 5-9 空燃比与电动势特性

在氧化锆元件上的多孔铂镀层除可作为电极外，还有催化剂作用（这可认为是一种电压放大）。通过铂的反应，则 $CO+0.5O_2=CO_2$。由于其催化剂作用，过浓混合气燃烧时的排气与铂接触，在该部分残余的低浓度氧将基本上与 CO 完全反应。于是，铂表面的氧浓度几乎为零，故此氧浓度差非常之大，约产生 1V 的电动势（此时，由于氧与 CO 反应，CO 浓度也将减少）。在稀薄混合气燃烧时，排气中有高浓度的氧与低浓度的 CO，由于 CO 即使与氧反应也会有多余的氧存在，故氧浓度差变小，其电动势几乎为零。在理论空燃比附近的排气中，由于低浓度的 CO 与 O_2 的存在，在铂表面，从 CO 与 O_2 完全反应状态急剧变为氧过剩状态，氧传感器的内、外侧氧浓度差也急剧发生变化。通过把这种电动势特性作为信息输入 EMS，即可判断出所供给混合气的空燃比。在温度低时氧传感器几乎不产生电动势；温度上升到 $300\sim400℃$ 后，电动势特性趋于稳定，如图 5-10 所示，在浓空燃比状态可约产生 1V 电动势，稀薄空燃比约产生 0V 电动势。

为使氧传感器尽快工作，通常对传感器进行提前加热，使其温度迅速上升，而且被加热的传感器在整个工作过程中具有稳定的运行状况。但过高的温度也会造成传感器损坏，一般情况下氧传感器能在 850℃ 的温度下工作，也允许瞬时 930℃ 的高温，但持续高温将造成涂层的老化失效。

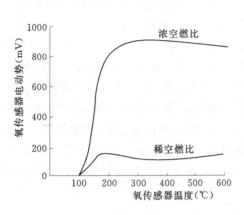

图 5-10　氧传感器的温度与电动势特性

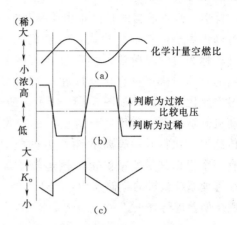

图 5-11　反馈控制特性曲线图
(a) 混合气空燃比；(b) 氧传感器
输出电压；(c) 反馈修正系数 K。

在反馈控制过程中，由于从喷油器喷油形成混合气开始，至氧传感器检测出排出的废气中的氧浓度为止，要经过进气、压缩、燃烧膨胀、排气及氧传感器响应等过程，需要一定的时间。因此，要准确地保持混合比为化学计量空燃比实际上是不可能的，采用反馈控制也只能使混合气在化学计量空燃比附近一个狭小的范围内波动。空燃比、氧传感器输出电压和空燃比反馈控制修正系数 K。三者间保持平衡关系，如图 5-11 所示。若空燃比偏向浓的一方，氧传感器的输出电压基本上是跳跃性地升高一级。EMS 接收到这一信号后，首先使 K。骤降一个值，然后慢慢降低。结果，由于喷油量减少，空燃比很快变得稀于理论空燃比，氧传感器的输出电压随之骤降一级。氧传感器电压的中间值，称为限制电平。此时，氧传感器的输出电压低于限制电平而呈负值。EMS 一旦接收到这一信号，首先又使 K。猛升一个值，然后再慢慢上升。结果又使喷油量增加，空燃比很快变得浓于理论空燃比，氧传感器输出电压随之猛升一级。而 EMS 一接收到这个信号，再次使 K。骤降某个值，空燃比就是这样不断地被施以负反馈控制。

通常情况，氧传感器的输出电压变化频率为每秒 8 次以上（图 5-11）。如果氧传感器输出电压变化过缓或保持不变（不论保持为高电压或低电压），则表示反馈控制系统有故障，不能正常工作。当氧传感器信号中断，电控喷射系统不再具有空燃比调节功能，此时 EMS 按最后一次自适应喷油时间工作。

在发动机运行中，并不是所有时刻和任何工况下，氧传感器和反馈控制系统都起作用。EMS 是交替通过开环和闭环两种方式对喷油量进行控制的。发动机在启动、大负荷（节气门全开）及暖机运转过程中，需要较浓的混合气，此时 EMS 是处于开环控制状态，氧传感器不起作用。另外，因为氧传感器只有在高温状态下才能产生可靠的信号，因而发动机启动后，在氧传感器未达到一定温度之前，EMS 也是处于开环控制状态下工作的。只有在发动机达到正常工作温度后，EMS 才进行闭环控制，氧传感器才发挥反馈控制的作用。

6. 自学习修正系数 K_L

自学习修正的目的是修正由于某种原因使反馈控制的空燃比偏离目标值的部分。自学习修正主要由三部分构成：①要确定出实际混合气浓度相对理论空燃比的偏差量，此过程称为自学习阶段；②求出修正该偏差量的修正系数并存储，称为记忆；③将所存储的自学习修正量直接反应在现行工况下的喷油脉宽，称为控制实施。发动机的自学习空燃比控制原理如图 5-12 所示，所谓自学习控制是自动地检测由于各组成元件或发动机制造误差、使用老化等引起的空燃比控制偏差，并进行及时修正的系统。对于由传感器、执行元件等离散性产生的空燃比偏差，将由氧传感器的反馈修正；同时，还有一个根据其偏差量修正与该运转工况相对应的学习修正量。此学习修正量始终存储在管理系统微机的存储器中，当下一次该运转工况出现时，即可根据此学习修正量对空燃比偏差进行修正。

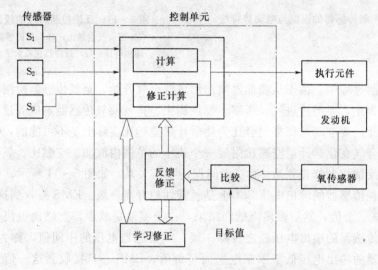

图 5-12　空燃比的自学习控制

增加自学习控制功能后，可以提高空燃比的控制精度和反应速度，又可提高电控喷油系统在发动机过渡工况（如加速工况）时的响应性。自学习控制实际上也就是一种自适应的控制系统，可用不同的自适应算法来实现，在环境、条件等变化的情况下保证系统能满足优化的控制。这种控制方法在现代汽油机电控管理系统中应用已越来越广泛。

二、怠速自动控制

怠速自动控制是通过怠速控制阀来调节发动机的进气量，从而调整怠速转速。怠速控制阀有步进电机式和脉冲电磁阀式两种。

发动机怠速运转时，节气门全闭，节气门位置传感器内的怠速开关触点闭合，EMS根据这一信号，开始进行怠速自动控制，如图 5-13 所示。怠速时的进气是通过一条绕过节气门的旁通气道进入发动机的，旁通气道的流通截面由怠速控制阀控制。在怠速自动控制过程中，EMS 不断地从发动机转速传感器得到发动机的实际转速信号，并将这一实际转速与控制程序中设定的最佳怠速转速相比较，最后按实际转速和设定转速的偏差，向怠速控制阀发出控制信号来调整阀开度的大小。

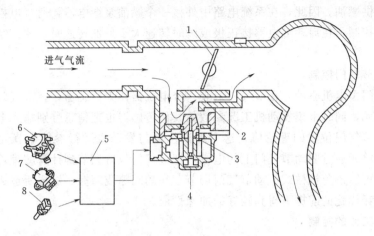

图 5-13　怠速自动控制

1—节气门；2—旁通气道；3—旁通阀；4—怠速控制阀；5—EMS；6—转速传感器；

7—节气门位置传感器；8—水温传感器

通常情况，怠速控制阀内的步进电动机有 3～4 个绕组，分别与 EMS 连接。改变这几个绕组发出脉冲信号的顺序和个数，即可改变步进电动机转动的方向和转角，从而改变怠速控制阀的开度，调整旁通空气量。由于这一部分旁通空气已经过空气流量计的计量，因此喷油量也会随旁通空气量的大小作出相应的变化。通过调整旁通空气量就可使怠速转速得到调整。例如，当实际转速低于理论设定转速时，EMS 使怠速控制阀开大，增加旁通进气量，使转速上升，直至测得的实际转速和设定转速相一致为止；反之，当实际转速高于设定转速时，EMS 使怠速控制阀关小，减少旁通进气量，使转速下降，直至测得的实际转速再与设定转速一致为止。

三、增压压力的控制

增压汽油机可以通过降低增压压力阻止爆震燃烧。由于增压发动机上的排气温度较高，单纯地用点火调节来控制爆震的可能性很小，若单一地通过降低增压压力来防止爆震，又可能引起发动机的运行性能降低。通常采用点火定时调节与降低增压压力相结合的方法，即可获取较好的效果。控制系统应该进行的调节是，当鉴别到爆震之后，即刻把点火提前角向延迟方向推移，同时又平行地降低增压压力。在点火提前角改变已经生效时，充量增压压力可以慢慢地撤去。随着增压压力的降低，通过爆震调节又控制点火提前角推移向最佳值。

四、超速制器

为了防止发动机超速，在发动机转速达到允许的最高转速时，电控单元便抑制喷射脉冲，这样既可以减小燃油消耗，也可减少有害排放物。通常电控单元根据实际转速值与程序中储存的某转速限值 n_0 相比较后，当超过此最高转速限值 n_0 后，就由微机指令通过抑制喷射脉冲与切断喷油，来限制转速的进一步升高。当转速低于 n_0 后，再行恢复喷油。

五、燃油泵的控制

在燃油供给系统中，电动燃油泵只在启动过程和发动机运行时才输供燃油，在发动机停车时不供给燃油。在点火开关已打开，发动机却停车的场合，出于安全的考虑，要保证燃油泵也不输供燃油。因此，在系统电路中外接一个燃油泵继电器，通过电控单元中的一个功率管进行控制，在启动继电器接正极或瞬时转速大于最低转速时，才控制燃油泵运行供油。

六、电子节气门控制

电子节气门由电机驱动，在节气门上装一个电位器作为传感器，将节气门位置的信号传输给电控单元，同时采集发动机工况参数的其他传感器也把信息分别输入电控单元，经过微机计算出节气门位置的理论值，这个理论位置与发动机运行参数、节气门的位置有关。随后电控单元通过驱动节气门上的电机，把节气门位置调节到计算的理论值处。用这种电子节气门可以避免机械式手动节气门调节存在的间隙或摩擦、磨损所造成的误差，也可以在燃油消耗优化的前提下得到较好的加速性能。

七、停缸工作的控制

汽车发动机尤其是高级轿车发动机的输出功率很大，有较高的功率储备，其在城市内行驶时，多数是处在部分负荷下运行，这时汽油机的效率不高。为了克服这一弊病，当汽油机处于部分负荷下运行时，控制管理系统就指令切断几个气缸的燃油供给，停止这几个气缸的工作，从而使汽油机的负荷率增大，以提高热效率、降低燃油消耗。而当发动机需要增大功率输出时，再使各停缸的气缸分别或同时加入工作。

控制管理系统从空气流量计与节气门位置传来的负荷信号中可以识别何时需要进行停缸转换。停缸转换的关键是对过渡转换平顺性的控制，可以从一个工况向另一个工况连续地过渡转换。在转换后，即使发动机只用半数气缸运行，对操控者来说应该是感觉不到的。

电控管理系统在部分负荷下的停缸控制是把供油和进气同时切断，只在工作的气缸内充入混合气；不工作的气缸中，则没有新气进入，也没有喷油。这样汽油机在小负荷运行时，不可避免的进气节流损失也可得到一定程度的减小。此外由于在停缸中有部分灼热的排气冲刷，发动机总可保持一定的运行温度，使发动机的总摩擦功不致增加很多。

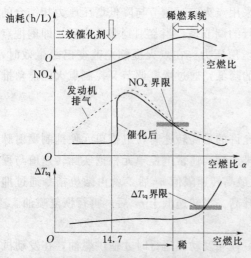

图 5-14　稀薄燃烧空燃比的控制

八、稀薄燃烧空燃比的控制

汽油机分层稀薄燃烧时 CO 和 HC 排放很小，所以控制稀薄燃烧的主要目的就是精确控制稀薄燃烧时的混合气浓度，以提高经济性。但如果稀燃混合气浓度限控制不当，不仅经济性改善效果不明显，反而会使 NO_x 排放量增多。若稀薄限空燃比设定得过大，会造成汽油机输出转矩变动大，工作不稳定。因此，稀薄燃烧控制技术的关键，就是如图 5-14 所示，将稀薄燃烧的空燃比精确地控制在使转矩变动值在允许的界限范围内，同时满足经济性最佳、NO_x 排放量最低的稀混合气浓度上。

为了精确控制稀薄燃烧的空燃比，常采

用空燃比反馈控制或气缸压力反馈控制。空燃比反馈控制稀薄燃烧系统，是通过稀燃空燃比传感器检测空燃比，由此反馈控制循环喷油量，使实际空燃比控制在事先标定的目标稀薄空燃比上。稀燃空燃比传感器的测量原理是，在固体 ZrO_2（氧化锆）上施加电压时，使固体 ZrO_2 内产生与排气中的 O_2 含量成比例的氧离子移动，从而形成离子电流。通过检测稀燃空燃比传感器的电信号，并根据传感器的标定特性，即可求得稀燃空燃比的大小。并由此对喷油量进行反馈控制，实现稀薄燃烧。

气缸压力反馈控制稀薄燃烧系统，是采用气缸压力传感器来检测每循环气缸压力，并求出循环输出转矩的变动量，以转矩变动量作为控制目标进行空燃比的反馈控制，由此确定燃油喷射控制量，将实际转矩变动量限制在允许的范围之内。

这种气缸压力传感器反馈控制方法与稀燃空燃比传感器反馈控制方法相比，可实现更稀薄混合气的燃烧。但气缸压力传感器成本相对较高。

第三节　电控点火子系统

一、点火系统的功用及要求

汽油机点火系统的功用主要有两个方面：①将电瓶的低电压转换为高电压，为缸内的火花塞提供电脉冲，产生电火花；②将电火花适时、按次序地送到各个气缸中，点燃压缩混合气使发动机做功。

为实现上述功能，点火系统应在汽油机各种工况和使用条件下都能在合适的时刻产生能量足够强的电火花以保证可靠而准确的点火。为此，对点火系统主要有以下几点要求：

（1）点火电压。发动机运行条件不同对点火电压的要求也不同，为了实现点火功能，点火系统的点火电压必须有一定的高压储备，以便在不同运行条件下均能产生电火花。但是，过高的次级电压将会造成绝缘困难，使点火系成本增高。

（2）点火能量。为使发动机可靠点火，点火能量必须足够大。不同运行工况对点火能量有不同的要求，发动机起动、怠速以及加速运转时，需要较高的点火能量。闭合角是影响点火能量的重要因素。当断电器触电闭合时，点火线圈初级绕组中的电流不能立即从零上升到最大值。因此，要使初级电流足够大，断电触点必须闭合足够长的时间。但闭合时间如果太大，可能引起点火线圈过热。在机械分电器的点火系统中，闭合角由分电器凸轮与活动触点臂之间的配合控制。当发动机转速升高时，尽管闭合角是一定的，但触点闭合的时间随着转速的升高而变短，使得初级绕组中的电流可能来不及达到最大值，其结果是导致次级绕组中的电压降低，点火能量减小。

（3）点火时刻。气缸内混合气的燃烧质量与点火时刻密切相关，点火系统必须在合适的时刻点燃混合气，以满足发动机不同工况对动力性、经济性及尾气排放的不同要求。

二、电控点火系统的组成

电控点火系统，也称数字点火系统或计算机控制点火系统，它可以灵活的实现对点火时刻与点火能量的多目标控制。电控点火系统一般由传感器、各种接口电路、微型计算机以及点火控制器等部分组成。

1. 传感器

在电控点火系统中，要有正确测量发动机运行状态的各种传感器，以把表征发动机运行工况的各种信号转换成计算机能够识别的数字信号。然后才能经过微型计算机进行处理、判断与运算，确定输出对发动机进行点火控制。各种点火系统所使用的传感器类型、数量有所不同，但其作用大同小异。主要有以下几种：曲轴转角传感器、上止点位置传感器、发动机转速传感器、进气压力传感器、空气流量传感器、进气温度传感器、冷却水温度传感器、节气门位置传感器、爆震传感器以及各种开关量输入。其中，大部分传感器与燃油喷射、怠速转速控制等共用。

2. 电控单元

电控单元是点火控制的核心部分，用来接收上述各种传感器的信号，经判断和运算后给点火控制器输出最佳点火提前角和闭合角的控制信号。

3. 点火控制器

点火控制器为电控点火系统的功率输出级，接受电子控制单元输出的点火控制信号，进行功率放大，并驱动点火线圈工作。

三、汽油机的电控点火

影响汽油机点火控制的因素很多，如转速、负荷、进气压力、进气温度、大气压力等。汽油机电控点火的实用系统，有开环控制与闭环控制两类。

1. 开环点火控制

汽油机电控点火在多数工况是开环控制。开环点火控制一般有两方面的功能：①对点火提前角进行控制，使发动机气缸中的混合气能在适当的时候燃烧；②对点火闭合角进行控制，使点火系统具有足够的点火能量以及合适的电压输出。

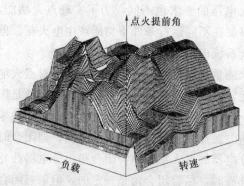

图 5-15 电控管理系统的点火提前角脉谱

（1）点火提前角的控制。在电控点火系统中，点火提前角由程序控制。将汽油机各种运行工况下的最佳点火提前角，制成点火脉谱作为发动机转速与负荷的函数，事先以表格的形式存入控制管理系统的存储器中。点火提前角脉谱，如图 5-15 所示，图中各条曲线的交点，即为相应转速与负荷下的最佳点火提前角。它是在进行汽油机管理系统设计时，对被控汽油机进行了大量的台架试验，使其动力性、排放性、燃油经济性等达到最佳值时的点火提前角数值。在汽油机实际运行时，根据各种传感器的信号，电控单元经过查询脉谱、插值计算出点火时刻。同时，电控管理系统还将根据冷却水温、节气门开度、进气温度以及海拔高度等信息，对点火提前角进行适当修正。

暖车时，可以用点火定时来控制怠速转速。这时发动机没有负荷，点火可以稍迟后些，以维持理想的怠速转速，这样发动机散热较多，可以便于燃烧室壁面保持温度，从而也可以减少碳氢化合物的排放。随着负荷的加大，点火时刻应提前，以产生较大的功率与转矩，同时也可以提高燃油经济性。在节气门接近全开，发动机温度或进气温度较高时，就容易发生爆震情况，应适当推迟点火定时。发动机加速，节气门开度瞬时加大，应适当推迟点火，但在加速后期要逐渐地恢复到加速之前的点火时刻，这样既可减少爆震，又能降低 NO_x 的排放量。

（2）点火闭合角的控制。闭合角影响点火线圈存储的能量，为了使点火系统在各种发动机工况及蓄电池电压的情况下，都有足够的点火能量，必须对闭合角进行控制。同时，对点火闭合角的控制也可以减少点火系统中不必要的能量消耗以及减少线圈中的过热。

与点火时刻的控制相似，闭合角也可以根据闭合角调节特性脉谱进行控制。闭合角的调节特性，如图 5-16 所示。点火线圈初级绕组中的电流由初级绕组的接通时间和蓄电池的电压决定，而其实际值最后是由闭合角控制的，它可以保证点火系统有足够的点火能量。图中闭合角作为蓄电池电压和发动机转速的函数形成三维脉谱图，并以表格的形式存入控制管理系统的程序存储器中。

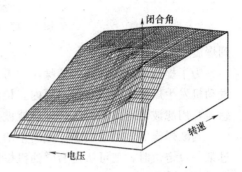

图 5-16　闭合角调节特性脉谱

点火的开环控制方式，控制程序简单、运算速度快。但其控制精度取决于各传感器的精度以及修正计算模型的适用程度。传感器所产生的任何偏差都有可能使发动机偏离最佳点火时刻和点火能量工作。不能对一些使用因素和发动机使用中磨损等对点火产生的影响加以修正，从而影响其控制精度。

2. 闭环点火控制

闭环控制不受发动机零部件磨损、老化以及有关使用因素的影响，控制精度高。点火系统典型的闭环控制是采用爆震传感器，对汽油机的爆震进行检测控制的系统。它可以控制汽油机在爆震界限附近区域工作，是改善动力性能的一种手段。

爆震燃烧是由于燃烧室内的末端混合气被压缩自燃的一种异常燃烧现象。爆震产生时，在燃烧室内产生强度很大的压力波，其频率大约为 $3\sim10kHz$，该高频压力波传给缸体后会使机体产生振动，同时还可以听到尖锐的金属敲缸声。爆震的检测一般可用几种方法：①检测气缸压力作为反馈信号；②检测发动机机体的振动；③直接检测发动机的燃烧噪声等。目前使用的方法是通过爆震传感器检测机体的振动。检测爆震信号时要求：①所选择爆震传感器的信噪比要高；②因为工作环境恶劣，使用传感器的耐久性要好；③传感器安装与拆卸要方便等。

在一定条件下，因为燃料辛烷值的不同，气缸冷却效果的变化以及制造加工等误差引起的发动机压缩比变化等原因，汽油机工作中可能发生爆震。为了控制汽油机爆震，而又使点火提前角一直处于最佳值，在发动机管理系统中，常应采用爆震传感器作为信号反馈，以便在测得有爆震迹象时，通过控制点火系统及时推迟点火提前角来消除爆震。爆震反馈控制点火系统，如图 5-17 所示。

爆震传感器一般安装在发动机上易于测得高频振动的地方。在爆震传感器的输出信号中，常叠加有机械振动的噪声以及点火等外加电气噪声。当爆震信号较小，与背景外加的噪声水平相当时，信噪比就变坏。这就要求爆震传感器，在信噪比较低时，也能良好地测

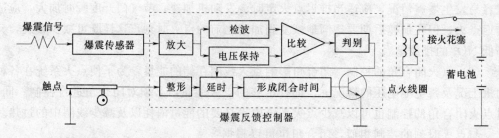

图 5-17 爆震反馈控制点火系统

到爆震。

为了提高爆震传感器的信噪比,可以在时域和频域两方面上采取措施。在时域内,在发动机发生爆震的曲轴转角范围内,检测爆震信号。在频域内,考虑应用共振型的爆震传感器,用滤波器对所测的信号进行滤波,以排除各种干扰的影响。

判断爆震的方法也很多,最简单的办法是测量爆震传感器输出信号的峰值,若其值超过某一设定值时,就可认定为汽油机爆震。爆震强度的测量可以在点火后一定时间内,测定爆震传感器输出信号的峰值,并将测量值与设定值相比较,由信号峰值超过设定基准的次数,来判断爆震的强度。

根据爆震传感器检测得到的信号,发现爆震后,再按其爆震的强度来控制点火提前角的推迟程度,当爆震消除后,还应逐步将点火提前角复原,以将发动机的点火定时控制在爆震界限以内。

在使用的爆震控制系统中,最常用的是控制点火提前角或控制增压压力,在爆震时要减小点火提前角,或降低增压压力。

汽油机点火的电子控制除了上述点火时刻和点火能量(闭合角)的控制外,还有如下的附加控制功能。

3. 燃料品质变化的控制

当使用低辛烷值汽油时,为避免爆震在控制系统中设置一个开关来选择相应燃料的使用,而且还编制有相应的程序,当使用低辛烷值燃料在较大负荷和全负荷工况运行时,可自动调节,推迟点火提前角。

4. 静止电流的切断

当发动机转速降低到某一定值后,控制单元就指令切断点火输出级以中断点火。因为在点火开关被打开,而发动机又处于停车的情况下,电路中仍可能通过电流,点火输出级与点火线圈上会产生不必要的发热。因此,电控单元要确保在发动机转速降低到比设定的最低转速值低约 30r/min 时就切断点火输出级,以防止静止电流通过。

四、无分电器电控点火系统

电控点火系统的优点之一是取消了传统的分电器。电控点火系统具有无运动件,无需维护管理,可抑制电磁干扰,点火正时可变范围大,点火系统的高压线长度变短,高压线的容性效应降低,火花塞电压增加等优点。

取消分电器可用两种方法来实现:一种是每缸用一个点火线圈;另一种是每两缸用一个线圈。图 5-18 表示一种无分电器的点火系统简图。在此点火系统中,汽油机每两缸配有一个点火线圈，两个火花塞的极性刚好相反。图中是四缸汽油机，配有两个点火线圈。点火时，两个火花塞都产生电火花：一个火花在发动机压缩接近终了时产生，为有效点火；另一个火花在发动机排气行程时产生，为无效点火。排气行程中，由于气缸压力低，电火花所需的电压较低，这样能有效地保证压缩行程终了时的点火有足够高的电压。图中的电控系统将根据不同的输

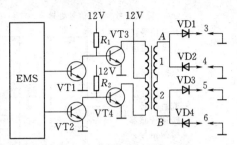

图 5-18　无分电器电控点火系统
1、2—点火线圈；3、4、5、6—四个气缸的火花塞

入信号，确定输出量，输出 1 缸、4 缸或 2 缸、3 缸的点火信号。对应 1 缸、4 缸或 2 缸、3 缸点火信号，将在点火线圈中产生具有相应极性的高压。例如：当 1 缸、4 缸有点火信号时，图中的上部电路工作，由于 A 点的电位比 B 点高，二极管 VD1、VD4 中有电流流过，使 1 缸、4 缸点火。因 VD2、VD3 反向，无电流流过，2 缸、3 缸就无火花产生。当 2 缸、3 缸有点火信号时，图 5-18 中的下部电路工作，B 点的电位将比 A 点高，VD2、VD3 中有电流流过，使 2 缸、3 缸点火，而 VD1、VD4 反向，无电流流过，1 缸、4 缸就无火花产生。

这种点火系统被用在气缸数为偶数的汽油机中，点火线圈的个数为气缸数目的 1/2。但是，这种无分电器式点火系统也有一定的缺点：①产生的点火火花成对出现，使点火的次数加倍，能量的消耗有所增大；②由于双火花点火，它不适合应用在气缸数为奇数的发动机上；③需要有两个功率输出级触发，电路较复杂。

第四节　电　控　单　元

电控单元，习惯上称 ECU（Electronic Control Unit），是电控管理系统的控制中枢，其功能结构如图 5-19 所示。

ECU 接受信息采集传感器发来的信号，经过运算处理后，向受控部分各执行元件发出指令，使发动机按照执行元件的动作进行运转。ECU 同时还能在传感器发生故障的情况下，仍能按照存储数据脉谱，继续向执行元件发出指令，以维持发动机继续运转。此外还有安全电路，一旦因杂波干扰而导致控制失常时，能立即探测出异常，并使控制程序返回正常状态，即具有所谓的失效保险功能。

电控单元 ECU 与电控管理系统故障自诊断接口相连，在采集各个传感器传送信号的同时，还不断地将这些信息与预先储存在内存中的限值进行比较，以检查信号的可靠性和可能发生的故障，如果实测信息值超过设定限值，则 ECU 就能在相应的故障存储单元记录下故障信息。在自诊断接口接上故障诊断仪，即可读出故障和故障代码。

管理系统只能读出 ECU 的故障代码，而发动机本身的故障，不能由电控单元 ECU 的自诊断接口读出。

电控单元 ECU 根据各种传感器送来的信号，确定满足发动机运转状态的喷油量、点火正时和怠速转速等，根据这些参量去控制相应的执行。ECU 的内部构成简图，如图 5-

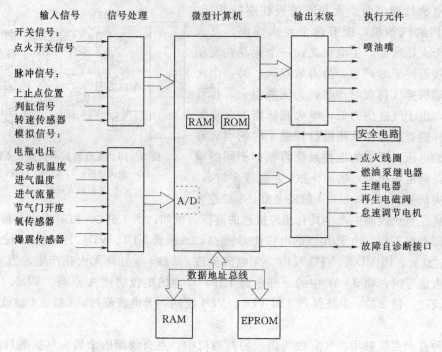

图 5-19　电控单元 ECU 工作原理

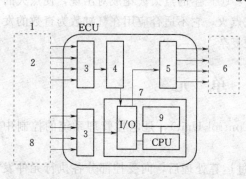

图 5-20　ECU 的内部构成
1—传感器；2—模拟信号；3—输入回路；4—A/D
转换器；5—输出回路；6—执行元件；7—微型
计算机；8—数字信号；9—存储器

20 所示，它主要由输入回路、A/D 转换器、微型计算机和输出回路等组成，其中以微型计算机为核心。

1. 输入回路

输入回路是接收传感器传送的信号并输入 ECU。

输入 ECU 的传感器信号有两种：一种是模拟信号，例如：进气压力、进气温度、冷却水温度，还有来自氧传感器的电压信号等；另一种是数字信号，如发动机转速和曲轴转角等信号。信号形态不同，ECU 的处理方法也不同。

对于数字信号可直接输入微型计算机，而对模拟信号则必须经 A/D 转换器转换成微型计算机能够识别的数字信号后才能输入。

2. 微型计算机

微型计算机简称微机，它能根据需要，把各种传感器送来的信号利用内存的程序和数据进行运算处理，把处理结果（例如燃油喷射信号、点火信号等）送往输出回路。

微机的内部构造如图 5-21 所示，它是由读出命令并执行数据处理任务的中央处理器 CPU（Central Processing Unit）、储存程序和数据的存储器以及执行数据传送任务的输入/输出装置 I/O（Input/Output）等构成。

（1）中央处理器（CPU）。CPU 是整个控制单元 ECU 的核心，它通过接口可向系统各个部分发出指令，同时又可对系统需要的各个参数进行检测、数据处理、控制运算与逻辑判断。

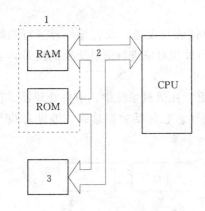

图 5-21　微机的内部构成
1—存储器；2—信息传送通道；
3—输入/输出

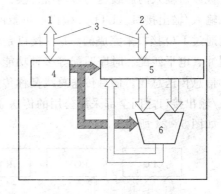

图 5-22　CPU 的内部构成
1—控制信号；2—数据；3—信息传送通道；
4—控制器；5—寄存器；6—运算器

图 5-22 是 CPU 的内部构成，主要有进行数据算术运算和逻辑运算的运算器、暂时存储数据的寄存器、按照程序进行各种装置之间信号传送及控制任务的控制器等。

CPU 的计算工作是顺次迅速进行的，如图 5-23 所示的框图。首先，根据最新信息，每隔约 10ms 定时计算基本喷油量。其次，与发动机的转速同步，每隔 120°曲轴转角，输出点火时间和闭合时间的控制信号。再每隔 360°曲轴转角进行一次喷油脉宽的修正计算，按计算结果输出喷油脉宽控制信号。另外，还要计算怠速控制信号，并把计算结果输出。剩下的时间计算并输出增压压力的控制信号，还要对点火提前角进行计算等，并输出计算结果。

（2）存储器。存储器具有记忆程序和数据的功能。如图 5-21 所示，它有两种：一种叫只读存储器（Read Only Memory，简称 ROM）；另一种叫随机存储器（Random Access Memory，简称 RAM）。ROM 是读出专用存储器，内容一次写入后就不再变更，可以调出使用。当切断电源时，ROM 中的储存信息不会消失，通电后，可以立即使用。因此，适用于存放永久性的程序和不变的常数，例如储存发动机控制程序以及点火脉谱和喷油脉谱、特性数据等预定的控制参数。RAM 是既能读出也能写入记忆在任意地址上数据

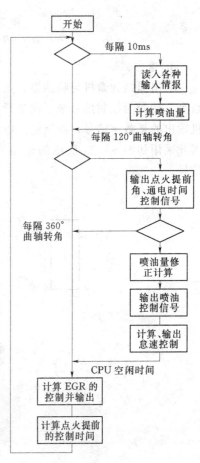

图 5-23　CPU 的计算框图

的存储器。但是，如果切断电源，记忆的数据就全部消失。所以 RAM 适用于中途处理数据的暂时保留，例如，各传感器输入的数据信息，可以暂时保存起来，直到被 CPU 调用，或者被以后输入的后续运行数据所代换。

（3）输入/输出接口（I/O）。微机所进行的信息接收与发送以及它与外界进行的数据交换都是通过 I/O 接口来完成的。I/O 接口是微机与被控对象进行信息交换的纽带，它起着数据缓冲、电平匹配、时序匹配等多种功能。

（4）信息传送总线。信息传送总线又称传送通道。在微机系统中，中央处理器、存储器、输入/输出接口之间全部采用公用的传送总线连接。它包括数据总线、地址总线与控制总线，如图 5-24 所示。

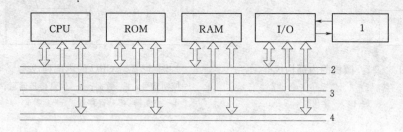

图 5-24　微机系统的传送总线
1—输入/输出设备；2—数据总线；3—地址总线；4—控制总线

3. 输出回路

输出回路为微机与喷油器、点火控制器等执行器件之间的联系，它将微机做出的决策指令，转变为控制信号来驱动执行器进行工作。它起着控制信号的生成与放大等功能，微机输出的是数字信号，而且输出电压也低，用这种输出信号一般不能直接驱动执行器件，因此采用如图 5-25 所示的输出回路，将其转换成可以驱动喷油器等执行器件的输出信号。

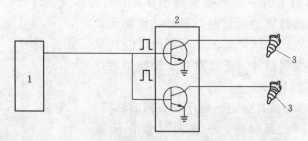

图 5-25　输出回路
1—微机；2—输出回路；3—喷油器

第六章　柴油机混合气形成与燃烧

第一节　柴油机的混合气形成方式

一、柴油机混合气形成的特点

由于柴油机所用燃料—柴油的黏度较大，不易挥发，因此必须借助喷油设备（喷油泵和喷油器等）将其在接近压缩行程终了时喷入气缸。因此，柴油机是采用内部混合的方式形成可燃混合气。柴油通过喷油器的高压喷射，被分散成数以百万计的细小油滴，这些细小的油滴在气缸中与高温、高压的热空气混合，经过一系列物理化学准备，然后着火燃烧。在着火前气缸内已形成了一部分不均匀的预混合气。

柴油机着火后，混合气的形成和燃烧便重叠进行，同时喷油、混合和燃烧。这一过程既有不均匀的预混合燃烧，又有扩散混合燃烧，两种混合和燃烧形式同时存在，并且相互影响。

为了保证柴油机良好的性能，燃烧过程应尽可能在上止点附近迅速完成。为此，要求喷油持续时间极为短促，一般全负荷时的供油持续时间仅在 $15 \sim 35°CA$ 之间，对转速 1500r/min 的柴油机来说，也就是只有 $1.7 \sim 4ms$。在这样短的时间，如果不采取适当的措施来保证及时形成比较均匀的混合气，不可能获得良好的燃烧效果，所以柴油机的混合气形成与燃烧是紧密联系的。可以认为，柴油机的混合气形成对燃烧过程有决定性的影响。

为了及时形成比较均匀的混合气，除了需要利用喷油设备来促使柴油雾化外，还必须依靠喷油油束与燃烧室形状的配合以及组织燃烧室内必要的空气运动，使柴油在整个燃烧室空间得到均匀的分布，并与空气充分混合，这是保证柴油机在较小的过量空气系数下进行完善燃烧的重要条件。

二、混合气形成的基本方式

柴油机混合气的形成基本上有两种形式，即空间雾化混合和油膜蒸发混合。

1. 空间雾化混合

空间雾化混合是直接将柴油喷射到燃烧室空间，使柴油与空气形成混合气的一种混合方式。在这里柴油和空气的混合，主要是靠柴油的喷散，蒸发以及油束动能对空气的卷吸作用。但是，柴油分子的扩散范围是有限的，只能与它附近的空气相混合。为了充分利用燃烧室内的空气，并使混合迅速而均匀，一般需采用两个措施：一是必须采用高的喷射压力和雾化质量较好的多孔式喷油器，并使喷射油束与燃烧室的形状相配合，将雾状柴油尽可能均匀地喷射到整个燃烧室空间，如图 6-1 所示，这种混合气形成方式对喷油系统的要求较高；二是在燃烧室内适当地组织空气运动，利用气流运动来促进柴油与空气的混合，这对于改善高速柴油机的燃烧过程，提高柴油机的性能是十分重要的。

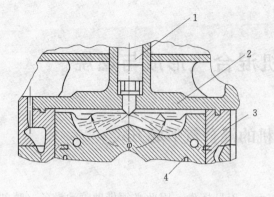

图 6-1 直接喷射式燃烧室中的空间雾化混合
1—喷油器；2—气缸盖；3—气缸套；4—活塞

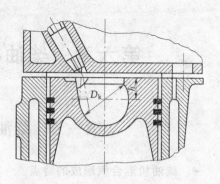

图 6-2 油膜蒸发混合的球形燃烧室

2. 油膜蒸发混合

油膜蒸发混合的理论是由德国人 S. Meurer 创立提出的。其思想是将绝大部分柴油喷射到燃烧室壁面上，形成一层均匀的油膜，而只有少量的柴油是直接喷射在燃烧室内的空气中，这一小部分柴油在空间气化，并与空气混合，作为着火源而首先燃烧。随着燃烧过程的进行，燃烧室的温度迅速升高，在强烈的进气涡流作用下，覆盖在燃烧室壁面上的油膜迅速蒸发并与空气形成均匀的混合气，从而保证燃烧过程得以迅速而有效地进行。采用油膜蒸发混合的球形燃烧室，如图 6-2 所示，其对喷油系统和燃油品质的要求不高。

应指出，在小型高速柴油机中，柴油或多或少地会喷到燃烧室壁上，所以两种混合方式都兼而有之，只是多少，主次各有不同。随着燃料喷射系统的技术进步，目前多数柴油机都是以空间雾化混合为主。

空间雾化混合和油膜蒸发混合的特点对比见表 6-1。

表 6-1 　　　　　　　　　　　　两种混合方式的对比

空 间 雾 化 混 合	油 膜 蒸 发 混 合
1. 绝大部分燃料以较高的压力被喷射到燃烧室空间中，散布于空气中； 2. 燃料在空气中呈细小油滴状； 3. 细小油滴以液相与空气混合，形成不均匀混合气； 4. 大量细小油滴受热汽化，在着火延迟期内形成的混合气数量较多，形成多点同时着火，初期燃烧强度较大； 5. 初期燃烧的放热速率较高，以后逐渐减慢	1. 利用强烈的空气涡流将大部分燃料涂布到燃烧室壁面上； 2. 燃料在壁面上形成油膜； 3. 油膜蒸发，燃油蒸气与空气混合，形成相对均匀的混合气（气相混合）； 4. 散布在空间的少量燃油，在着火延迟期内形成少量混合气，着火点相对较少，初期燃烧强度较小； 5. 受油膜蒸发速率的影响，燃烧放热速率理论上可呈前低后高的规律

三、柴油机气缸内的空气运动

缸内的空气运动，是影响柴油机燃料空气混合和燃烧过程的主要因素之一。组织良好的缸内空气运动对柴油机而言，它可以促进燃烧过程中空气与未燃燃料的混合（热混合作用），提高燃烧速率。缸内的空气运动包括涡流、挤流和紊流。

1. 进气涡流

在进气过程中形成的绕气缸轴线有组织的气流运动，称为进气涡流。由于存在气流间的内摩擦和气流与缸壁之间的摩擦耗损，将使进气涡流在压缩过程中逐渐衰减，一般情况下在压缩终了时初始动量矩约有 $1/4 \sim 1/3$ 损失掉。当活塞接近上止点，大量空气被迫进入位于活塞顶的燃烧室内，使凹坑内的切线速度有所增加。进气结束时，气缸内旋流速度的分布表明，小于某一半径，切线速度随半径的增加而增大，速度分布呈刚体流分布；超过这一半径，切线速度随半径的增加而减小，速度分布呈势流分布。当活塞接近于上止点时，刚体流动明显增强，势流运动明显减弱，可以认为此时燃烧室凹坑内的旋流运动为刚体流。研究表明，进气过程所产生的旋流可以持续到燃烧膨胀行程。进气涡流的大小主要由进气道形状和发动机转速而决定，其产生的方法如图 6-3 所示。

（1）采用带导气屏的进气门如图 6-3(a) 所示。强制空气从导气屏的前面流出，依靠气缸壁面约束，产生旋转气流。由图 6-4(a) 可知，导气屏占据的气门周长范围内气流不进入气缸，增大了导气屏对面的气流速度，从而形成对气缸中心的动量矩。显然，改变导气屏包角 β 的大小和导气屏安装角 α ［导气屏对称中心线与气缸中心到气门中心的连线 OO' 的夹角，见图 6-4(a)］ 的大小，均可改变涡流强度，β 角一般常选 $80° \sim 120°$，α 角在 $90°$ 与 $270°$ 附近可望形成较强的涡流（两者产生的涡流转动方向相反）。

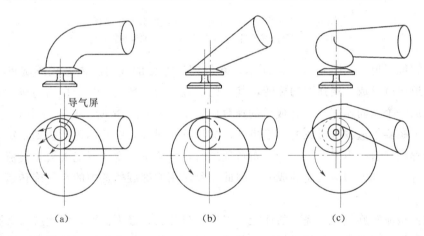

图 6-3　产生进气涡流的方法
(a) 导气屏；(b) 切向气道；(c) 螺旋气道

导气屏在试验时调整比较方便，常在单缸机上作调试用，为新气道的设计提供参考数据，现在已很少在产品机上使用。其缺点有如下几点：

1）由于导气屏减小气流流通截面，使流动阻力增加，充量效率降低。

2）气门上有导气屏，为保证工作时气流的旋转方向和强度，进气门必须有导向装置，以防工作时转动，使结构复杂。

3）气门盘刚度不均匀、变形大，气门在工作时又不能转动，使气门容易偏磨，不利于密封。

（2）切向气道，如图 6-3（b）所示。切向气道形状比较平直，在气门座前强烈收缩，引导气流以切线方向进入气缸，从而造成气门口速度分布的不均匀，它相当于在均匀速度分布的基础上，增加一个沿切向气道方向的速度 v，如图 6-4（b）所示。切向气道结构简单，在进气涡流要求低时，流动阻力不大；但当涡流要求高时，由于气门口速度分布过于不均匀，气门流通面积得不到充分利用，气道阻力将很快增加。因此切向气道仅适用于要求进气涡流强度不高的柴油机上。切向气道对气口的位置较敏感，铸造泥芯误差对气道的质量影响较大。

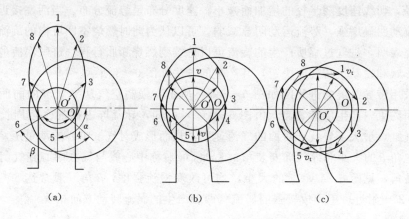

图 6-4　各类气道气门出口处的速度分布示意图
(a) 带导气屏的进气门；(b) 切向气道；(c) 纯螺旋气道

（3）螺旋气道，如图 6-3（c）所示。在气门座上方的气门腔内做成螺旋形，使气流在螺旋气道内就形成一定强度的旋转，其气门口处气流的情况相当于在均匀速度分布的基础上，增加一个切向速度 v_t，合成后的速度图，如图 6-4（c）所示是一个中心对称图形。因此，除了螺旋气道本身形成的动量矩外，速度分布对气缸中心不再形成动量矩，这种气道称为纯螺旋气道。由于在气缸盖上布置气道时，螺旋室高度值不能太大，气流流入气缸时必然会含有一部分切向气流的成分，因此实际使用的螺旋气道中的空气旋转运动均由两部分组成。

采用强涡流螺旋气道燃烧室的性能与气道质量的关系极为密切，因此就大大提高了对铸造工艺和加工的要求，例如对气道沙芯的变形、定位、气道出口和气门座圈的同心度等必须严格控制。

2. 压缩挤流

在压缩过程后期，活塞表面的某一部分和气缸盖彼此靠近时所产生的径向或横向气流运动称为挤压流动，又称压缩挤流。压缩挤流的强度主要由挤气面积和挤气间隙的大小决定。当活塞下行时，燃烧室中的气体向外流到环形空间，产生膨胀流动，称为逆挤流。逆挤流在柴油机上有助于将燃烧室内的混合气流出，使其进一步与气缸内的空气混合和燃烧，对改善燃烧和降低排放十分有利。缩口形燃烧室可充分利用较强的压缩挤流和逆挤流。

在压缩过程中形成的有组织的空气旋转运动，称为压缩涡流。如涡流室柴油机在压缩过程中，气缸内的空气通过与涡流室相切的通道被压入涡流室，形成有组织的旋流运动。这种压缩涡流可促进喷入涡流室中的燃料与空气的混合。涡流强弱由涡流室形状、通道尺寸、位置和角度决定。

3. 紊流

在气缸内形成的无规则气流运动称为紊流，是一种不定常气流运动。紊流可分为两大类：即气流流过固体表面时产生的壁面紊流和同一流体不同流速层之间产生的自由紊流。内燃机中的紊流主要是自由紊流，其形成的方式很多，既可在进气过程中产生，也可在压缩过程中利用燃烧室形状产生，还可因燃烧而产生。由于不规则性和随机性是紊流最主要的特征，因此常常用统计方法来描述紊流特性参数，在统计定常的紊流场中，某一方向上的当地瞬时流速 U 可以写为

$$U(t) = \overline{U} + u(t)$$

式中　$\overline{U}$——平均速度；

　　$u(t)$——流速的脉动分量。

$$\overline{U} = \lim_{\tau \to \infty} \frac{1}{\tau} \int_{t_0}^{t_0+\tau} U(t)\,dt$$

式中　τ——平均积分时间；

　　t_0——起始时间。

紊流强度 u' 定义为脉动速度分量的均方根值，即

$$u' = \lim_{\tau \to \infty} \left[\frac{1}{\tau} \int_{t_0}^{t_0+\tau} u^2(t)\,dt \right]^{\frac{1}{2}}$$

此外，还可使用一些长度尺度和时间尺度来表征紊流特性，如描述紊流场中大涡特征的积分尺度和积分时间尺度，描述小尺寸涡特征的 Kolmogorov 长度尺度和时间尺度，以及描述微观涡特征的 Taylor 微观长度尺度和时间尺度。

在柴油机中紊流可以改善燃油与空气的混合，提高扩散燃烧速度；而汽油机中紊流能促进火焰面附近已燃气体和未燃气体的交换，扩大火焰前锋表面积，从而提高火焰传播速率和燃烧速度。

第二节　柴油机的燃烧过程

一、着火的条件和特点

压缩行程的末期柴油喷入燃烧室后，即喷散成许多细小的油滴，这些细小油滴经过加热、蒸发、扩散与空气混合等物理准备以及分解、氧化等化学准备阶段后，便自行着火燃烧。实验研究表明，燃料着火需要具备两个基本条件：

(1) 在形成的混合气中，燃料蒸气与空气的比例要在着火界限的范围内。如果混合气过浓或过稀而超出着火界限，就不能着火。但着火界限不是一成不变的，随着温度升高，分子运动速度增加，反应速度大大加快，将使着火界限扩大。

(2) 混合气必须加热到某一临界温度，低于这个温度，燃料也不能着火。不同的燃料其自燃性能是不同的，着火温度并不是燃料本身所固有的物理常数，它与介质压力、加热

条件及测试方法等因素有关。例如，当压力升高时，着火温度就降低。

由于柴油机燃烧室内各处的着火条件并不相同，根据以上分析，其着火情况有以下特点：

（1）首先着火点是在油束核心与外围之间混合气浓度适当的地方。

（2）由于形成合适浓度的混合气及温度条件相同的地方不止一处，因此往往是多处同时着火。

（3）由于每个循环的喷油情况与温度状况不可能完全相同，从而使每个循环的着火点也不相同。

（4）火焰传播的路径和速度取决于混合气形成的情况及空气扰动等因素。如果火焰在传播的过程中遇不到合适浓度的混合气，则火焰传播即行中断。同时，由于其他地点混合气形成发展及准备阶段的完成，又会产生新的着火核心，使燃烧继续进行。

柴油机是热效率最高的一种热机。目前，船用大型柴油机的有效热效率有的已达50%以上。此外，与汽油机相比，它还具有 CO，HC 有害排放物较少的优点。柴油机热效率高的原因主要在于其压缩比较高，泵气损失较低（无节气门）以及可燃混合气较稀，能获得高效率的非均相燃烧。

二、燃烧过程

燃烧过程是影响柴油机动力性、经济性和排放特性的关键因素。对柴油机燃烧的研究可通过高速摄影、示功图分析、燃烧光谱分析和气缸取样分析以及建立燃烧数学模型等方法。柴油机的燃烧包括预混合燃烧和扩散燃烧两部分，以扩散燃烧为主。扩散燃烧是燃料和氧化剂未预先混合的燃烧过程，其燃烧速率受可燃混合气形成速率的控制。

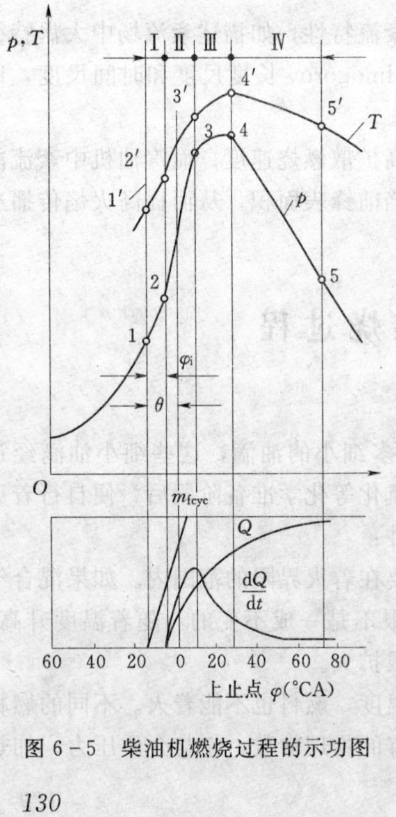

根据柴油机燃烧过程中气缸压力的变化特点（图 6-5），将燃烧过程人为地划分为以下四个阶段。

（1）着火延迟期或滞燃期（图 6-5 中 1—2 段）。自开始喷油到开始着火，或自开始喷油到缸内压力脱离纯压缩线开始急剧上升为止的一段时期，称为着火延迟期。

着火延迟期通常以曲轴转角 φ_i 或滞燃时间 τ_i 表示。即

$$\tau_i = \frac{60\varphi_i}{n \times 360} = \frac{\varphi_i}{6n} \quad (s)$$

一般柴油机的 $\tau_i = 0.001 \sim 0.005s$。由于燃料不断喷入气缸，着火延迟期内缸内积累的燃料量一般占循环喷油量的 $30\% \sim 40\%$，低速柴油机约为 $15\% \sim 30\%$。所以着火延迟期越长，其间喷入气缸的燃料量越多，形成的可燃混合气也就越多。一旦着火，则下一阶段（急燃期）的燃烧越急剧，导致缸内压力迅速升高，造成柴油机燃烧过程噪声较大，部件承受的机

图 6-5 柴油机燃烧过程的示功图

械负荷也较大。

（2）急燃期（图6-5中2—3段）。缸内压力急剧上升的阶段，称为急燃期。在此阶段中，火焰迅速形成，不但将着火延迟期喷入气缸的燃料几乎全部燃烧，而且还使本阶段进入气缸而又完成燃烧准备的部分燃料进行燃烧，是柴油机中的预混合燃烧阶段。加之活塞靠近上止点，气缸容积较小，因此燃烧的等容度高，气缸中压力升高极快。一般用每度曲轴转角的压力升高值，即压力升高率 $\mathrm{d}p/\mathrm{d}\varphi$ 来表示压力升高的急剧程度。通常采用的是整个急燃期的平均压力升高率 $\Delta p/\Delta\varphi$，即

$$\Delta p/\Delta\varphi=(p_3-p_2)/(\varphi_3-\varphi_2)$$

式中　　p_2、p_3——图6-5中2点和3点的压力；

　　　　φ_2、φ_3——2点和3点所对应的曲轴转角。

从混合加热理论循环的分析中可知，当压力升高比增加时，循环热效率提高。因此，压力升高率大，表明预混合燃烧的混合气量多，有利于提高柴油机的动力性和经济性；但其工作粗暴，燃烧噪声和振动大，NO_x 排放量多。为了保证柴油机运转的平稳性并兼顾动力性和经济性，$\Delta p/\Delta\varphi$ 一般不宜超过 0.4MPa/℃A。

由于急燃期内的燃烧主要取决于着火延迟期内燃料的喷入量及其物理化学准备情况，所以控制着火延迟期 τ_i 的长短和 τ_i 内喷入气缸的燃料量或 τ_i 内形成的可燃混合气量是改善柴油机燃烧过程的重要手段。

（3）缓燃期（图6-5中3—4段）。从缸内压力急剧升高的终点（3点）到压力开始急剧下降的4点的阶段，称为缓燃期。柴油机通常在缓燃期仍在继续喷射燃料，但在缓燃期内喷射过程结束。缓燃期喷入的燃料是在气缸容积逐渐增加、缸内空气量减少而燃烧产物不断增加的条件下燃烧，主要为扩散燃烧，燃烧速率取决于混合气形成的速度，相对缓慢，因此称为缓燃期。如果这一阶段所喷入的燃料处于火焰面上或高温废气区域，则燃料因得不到氧气，易于裂解而产生碳烟；如果燃料喷到有氧气的地方，则因燃烧室中温度很高，着火延迟期大为缩短，若此时氧气的输送不及时，则过浓的混合气也容易裂解生成碳烟。缓燃期是柴油机燃烧过程中控制碳烟排放和节能的重要环节。如何通过组织燃烧室内的气流运动配合喷射，加速向燃料供给氧气以改善燃料喷射，促进混合气形成的速度，是加速燃烧，提高柴油机的经济性、动力性和降低碳烟排放的关键。柴油机气缸内最高温度可达 2000～2400K，一般在上止点后 20～35°CA 时出现。

（4）后燃期（图6-5中4—5段）。从缓燃期终点（4点）开始到燃料基本燃烧完毕时（5点）为止，称为后燃期。这一阶段的终点很难确定，实际上有时很可能一直延续到排气开始。在有的高速柴油机中，特别是在高负荷时，由于过量空气少，混合气形成和燃烧时间短促，后燃现象比较严重，后燃期可能占整个燃烧时间的 50% 左右。

在后燃期内，因为活塞下行，燃料在较低的膨胀比下放热，所放出的热量难于有效地利用，反而使柴油机零件的热负荷增加，排气温度升高，传给冷却水的热损失也增加，柴油机的经济性下降，所以后燃期应尽可能地缩短。缩短柴油机后燃的措施是加强燃烧室内的气流运动，改善燃料喷射，促进混合气的形成，减少缓燃期内的喷油量，并提高缓燃阶段的扩散燃烧速度。

根据以上对燃烧过程的分析可知，为保证柴油机的着火（尤其是冷起动的着火可靠

性），应保证气缸内具有很好的着火条件；为使柴油机工作柔和、降低燃烧噪声，急燃期的压力升高率和最高燃烧压力不应超过一定限度，为此应尽量缩短着火延迟期，减少着火延迟期内的喷油量和形成的混合气量；为使燃烧完全、及时，提高柴油机的动力性和经济性，减少排气冒黑烟，应改善和加速缓燃期中燃料与空气的混合，提高扩散燃烧速率，并减少后燃。

柴油机的燃烧过程可划分为预混合燃烧和扩散燃烧两部分，其中预混合燃烧的速度较快，其强度取决于着火延迟期内形成的可燃混合气量；而扩散燃烧的速度相对缓慢，主要取决于可燃混合气形成速度。但理想中的放热规律（燃料的放热量随曲轴转角的变化规律），是希望燃烧先缓后急。即开始放热要适中，以控制压力升高率和最高燃烧压力，满足运转柔和、降低机械负荷的要求；随后燃烧要加快，以减少碳烟生成，使燃烧尽量在活塞接近上止点附近完成，降低传给冷却介质的散热损失，并使工质得到较充分的膨胀，有利于提高柴油机的经济性。

对柴油机燃烧放热过程的希望与现实之间存在着矛盾，往往难于协调。对于柴油机这种不均匀的混合气形成与燃烧方式，要使其燃烧完全最简单的办法就是选择较大的空燃比，这样就降低了空气利用率，这正是柴油机强化程度低于汽油机的主要原因。因此，改善燃料与空气的混合，在尽可能小的过量空气系数下，使燃料完全燃烧，综合解决柴油机的动力性能、经济性能、排放性能及运转平稳性之间的矛盾是柴油机燃烧过程研究的基本任务。

三、影响燃烧过程的因素

1. 柴油十六烷值

柴油的十六烷值越高，其自燃性能越好，相应滞燃期就愈短，则柴油机的运转平稳，启动也容易。但是，如果十六烷值过高则柴油的热稳定性变差，喷入气缸的柴油往往还来不及与空气充分混合就可能着火燃烧，造成柴油在高温下裂解生成炭烟，经济性也随之下降。相反，如果柴油的十六烷值过低，则会使柴油机工作粗暴。

2. 喷油规律

燃烧过程的放热规律在很大程度上取决于燃油系统的喷油规律。为此，可以通过调节喷油规律来获得较理想的放热规律。采用合适的喷油规律，主要是指采用最佳的喷油提前角，并且通过正确地设计燃油系统中喷油泵、喷油器、高压油管及喷油泵凸轮型线等结构参数，来控制各个时期的喷油量，使喷油速度与所要求的燃烧速度相适应。

比较理想的喷油规律与燃烧放热规律相同，也应是"先缓后急"，在着火延迟期内喷入气缸的燃料量不宜过多，以控制速燃期内的压力升高率，保证柴油机平稳运转。而当着火燃烧以后，则应使燃料以较短的时间尽快地喷入气缸，以缩短燃料喷射的持续时间，使燃料尽量在上止点附近完成燃烧。图 6-6 表明了喷油规律对燃烧过程的影响。图中 q_f 为每循环喷油量，两种喷油规律的喷油提前角 θ 及着火延迟期 τ_i 均相同。但曲线 1 如图 6-6 所示的喷油规律开始喷油很急，在着火延迟期中喷入气缸的燃料量较多，因此压力升高率和最高燃烧压力都较大，工作较粗暴，而曲线 2 的喷油规律比较符合"先缓后急"的要求，当喷射持续期保持不变时，燃烧比较柔和。

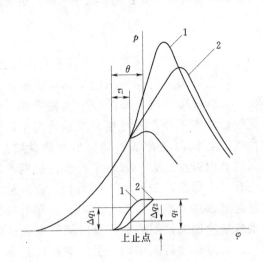

图 6-6　喷油规律对燃烧过程的影响

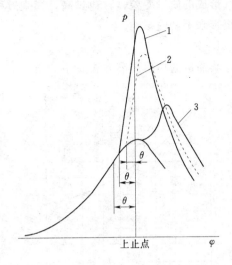

图 6-7　喷油提前角对燃烧过程的影响
1—θ 过大；2—θ 合适；3—θ 过小

喷油提前角 θ 对柴油机的燃烧过程、压力升高率和最高爆发压力也有直接的影响，如图 6-7 所示。如果喷油提前角 θ 过大，则喷油时因气缸内的压力及温度较低，使着火延迟期延长，不仅使压力升高率和最高燃烧压力迅速升高，而且还增加了压缩负功，这样不但使柴油机的动力性和经济性均下降，而且还会造成难于启动和怠速不稳定；如果喷油提前角 θ 过小，则燃料不能在上止点附近迅速燃烧，后燃增加，虽可使最高燃烧压力有所降低，但造成排气冒黑烟，柴油机过热，使柴油机的动力性和经济性也随之下降。

对于柴油机的每一种工况，均有一个最佳喷油提前角。通常，柴油机的最佳喷油提前角是通过实验确定的。

3. 转速

当转速升高时，燃烧室内的空气运动加强，柱塞式喷油泵系统的喷油压力提高，有利于燃料的蒸发、雾化以及与空气的混合。同时转速升高时，由于传热损失和活塞环的漏气损失减小，使压缩终点的温度和压力增高，这些都使以秒计的着火延迟期 τ_i（ms）和燃烧持续时间均有所缩短。但是由于每循环所占的时间按比例缩短更多，故在一般情况下，随着转速的升高，以曲轴转角计的着火延迟期 φ_i 和燃烧持续时间增加，如图 6-8 所示。为了保证燃料在上止点附近迅速燃烧，最佳喷油提前角也应随转速的升高而增大。由于车用高速柴油机的工作转速变化范围较大，常装有喷油提前角自动调节器，以使喷油提前角随柴油机转速而变化。

一般情况，转速过低或过高时，都会使燃烧状况有所下降。转速过低，空气运动减弱，使混

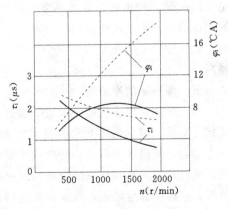

图 6-8　转速对着火延迟期的影响
……直接喷射；——涡流室

133

合气形成的质量变差；转速过高，燃烧过程所占的曲轴转角加大，充量效率下降，也会给燃烧带来不利的影响。

4. 负荷

柴油机的功率调节方法属于"质调节"，即进入气缸的空气量基本上不随负荷而变化，改变功率只需调节每循环供油量。如转速保持不变，而负荷增加时，每循环供油量增加。由于充气量基本不变，故过量空气系数减小，使单位气缸容积内混合气燃烧放出的热量增加，引起气缸内温度上升，缩短了着火延迟期，使压力升高率降低，柴油机工作柔和。负荷对着火延迟期 φ_i 的影响，如图 6-9 所示。随着每循环供油量的加大，使喷油持续时间和燃烧过程延长，从而导致后燃增加，引起柴油机经济性下降。

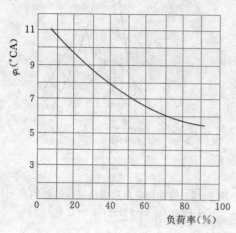

图 6-9　负荷对着火延迟期 φ_i 的影响

四、着火延迟与燃烧噪声

噪声由振动引发，根据振动源的不同内燃机噪声可以分为燃烧噪声、机械噪声、进气噪声、排气噪声等。但从内燃机的工作原理看，燃烧噪声则是最原始的，其他噪声都是由于燃烧噪声的存在而存在，只不过各噪声源对发动机总噪声的影响程度不同。

燃烧噪声是由气缸内压力的急剧变化而产生，而且这种压力变化直接作用于气缸体使其振动而对外辐射噪声。因此，燃烧噪声的大小与气缸压力升高率 $dp/d\varphi$（或 $\Delta p/\Delta\varphi$）成正比，而 $dp/d\varphi$ 大表示急燃期的预混合燃烧量多，亦即着火延迟期内形成的可燃混合气量多，这也有利于 NO_x 排放物的产生。通常，着火延迟期 τ_i 越长，则在 τ_i 内喷入燃烧室的燃料就会越多，在着火前形成的预混合燃烧混合气量就越多，导致急燃期的 $dp/d\varphi$ 大，燃烧噪声大，也使缸内压力、温度迅速增加，NO_x 排放量随之增加。所以，从燃烧控制上降低燃烧噪声的措施，一般也是降低 NO_x 排放的措施。而燃烧控制的关键之一就是合理控制 τ_i 内形成的可燃混合气量的多少，即以何种喷射方式将一定量的燃油按怎样的规律喷入气缸，从而控制压力升高率在合理的范围。如采用二次喷射，即在压缩行程后期，在主喷射之前先喷入少量的燃料，由此缩短主喷射后的着火延迟期，从而降低燃烧噪声。

五、柴油机的冷启动

综上所述，柴油机燃烧取决于混合气形成和自燃着火的条件。当冷启动时柴油机的温度状态最低，可达到零下几度到十几度。这样的环境温度会给柴油机的冷启动带来困难，一方面，环境温度的降低，使缸内压缩始点温度低，传热损失大，而且启动时发动机转速低、漏气量大，从而造成压缩终点温度和压力较低，不利于自燃；另一方面，当环境温度低时，燃料的黏度增大，蒸发和雾化特性变差，不利于形成混合气。通常要求柴油机无论何种环境温度，都应能顺利启动。因此，冷启动性是柴油机重要的性能指标。

在低温冷启动（或急速）时，由于燃料未完全蒸发和燃烧，所以排气中 HC 和 CO 排放增多，而且未完全蒸发的燃料以液体状态排出，由于液滴直径不同，在光照射下产生不同的颜色，形成了白烟和蓝烟。

改善冷启动性的措施主要有两个方面：一是提高压缩终了温度，使其超过柴油的自燃温度，为此应尽可能提高压缩比，或采用电热塞加热进入气缸的空气；二是改善燃油喷雾的雾化条件，使其在低温下也能易于形成可燃混合气，为此应采用高压喷射，以强制雾化。

由于冷启动或怠速时，缸内压缩压力和温度低，滞燃期延长，而且此时燃料的轻馏分首先着火，所以压力升高率大，造成柴油机的惰转噪声。随着柴油机转速的增加这种惰转噪声会自动消除。

第三节　柴 油 机 的 排 放 控 制

一、柴油机有害排放物的生成机理

柴油机的有害排放物主要有 CO、HC、NO_x 以及微粒（碳烟）等。其中 CO 和 HC 排放的产生机理与汽油机相同。由于柴油机总是在平均过量空气系数 $\alpha > 1$ 的稀混合气下运行，所以 CO 排放量相对汽油机低得多；而且柴油机是在接近压缩上止点附近才开始喷油压燃，燃油停留在燃烧室中的时间较短，从而混合气受气缸壁面激冷效应、狭隙效应、油膜吸附、沉积物吸附作用小，所以 HC 排放也很低。柴油机未燃 HC 排放物，多发生在柴油喷注外缘混合气过稀的地区，而且与喷油器的雾化特性有关。因此，只要改善喷油器的雾化特性并使喷注与燃烧室良好匹配，可以有效地控制 HC 排放。

目前对柴油机排放控制的焦点问题，就是 NO_x 和微粒 PM（主要是碳烟）排放量的控制。但是，一般控制 NO_x 排放的机内技术措施均使微粒 PM 增加，燃料经济性恶化，两者互为矛盾。为了更有效地控制 NO_x 和 PM 排放，掌握它们的生成机理十分重要。

1. NO_x 生成机理

柴油机燃烧过程中，易产生高温富氧条件，所以不可避免地生成 NO_x，而在膨胀过程中的低温条件下，部分 NO 被氧化而形成少量的 NO_2。根据燃料及其混合气形成方式的不同，将燃烧过程中生成的 NO 分为热力 NO（Thermal NO）、快速 NO（Prompt NO）和燃料 NO（Fuel NO）三种形态。其中，燃料 NO（Fuel NO）主要是由燃料中所含有的氮化合物分解而产生的中间产物 NH_2、NH、N、HCN、CN 等参与反应而生成的产物。由于柴油燃料中基本不存在氮的化合物，所以柴油机 NO 排放中的燃料 NO 可忽略不计，而主要是热力 NO 和快速 NO。热力 NO 主要是空气中的 N 和 O 在火焰通过后的高温下化学反应而生成的产物，其生成机理与汽油机相同，用扩大的 Zeldovich 原理描述。快速NO 主要是在燃料过剩的浓混合气燃烧过程中，由火焰带内超过化学平衡浓度以上的 O、OH 等活性中心为主的中间生成物、燃料中的碳氢化合物，以及 HCN、CN、NH 等中间反应物参与反应而产生。

（1）热力 NO。柴油机在预混合燃烧过程中，当局部燃烧温度超过 1800K 以上时，空气中的 O_2 分解成 O 原子后与空气中的 N_2 在高温下化合而形成热力 NO。这种热力 NO 生成的反应机理与汽油机完全相同。

　　柴油机平均空燃比较大，因此控制预混合燃烧阶段热力 NO 的基本措施就是尽可能降低燃烧温度，同时减小氧的含量，并缩短在高温燃烧带内滞留的时间。EGR 不仅可降低燃烧温度，而且可减小混合气中氧的含量，因此柴油机采用 EGR 降低 NO 的效果比汽油机更明显。采用高压喷射技术的目的在于有效推迟喷射时刻，并在高温下实现快速喷射混合燃烧，由此缩短了燃气在高温下的滞留时间和整个燃烧持续期。

　　（2）快速 NO。快速 NO 是空气中的 N_2 在高温下与 O_2 反应的结果，是在 HC 燃料较浓的火焰区急速生成的。HC 化合物分解而产生的活性化合物（如 CH、CH_2）与 N_2 进行的一系列反应为

$$CH + N_2 \Longrightarrow HCN + N$$
$$CH_2 + N_2 \Longrightarrow HCN + NH$$
$$C_2 + N_2 \Longrightarrow 2CN$$

　　这种反应的活化能小，反应速度快，而且在火焰中生成 HCN、NH、N 等中间产物，这些中间产物中的 N 易分解，很容易与 O 结合而生成快速 NO。所以，HCN 是快速 NO 生成的重要中间产物。

　　与热力 NO 不同，快速 NO 是在碳氢燃料较浓的混合气下燃烧时，在火焰带前急速生成，而对温度的依赖性小，与混合气浓度直接相关，而且快速 NO 的生成速度比热力 NO 快。在柴油机燃烧室中，当局部过量空气系数 $\alpha > 1$ 时，主要生成热力 NO，此时快速 NO 生成量很少；而在局部 $0.7 < \alpha < 1$ 范围内，快速 NO 和热力 NO 共存；当局部 $\alpha < 0.7$ 时，则主要生成快速 NO。抑制快速 NO 生成的有效措施就是控制 CH 活性分子与 N_2 的反应，这就需要供给足够的氧气，阻止 HCN 的生成反应，以减少 HCN、NH_2 等中间产物。通过加速混合气形成过程和对喷油规律的控制，可以有效限制 HCN、NH_2 等中间产物和燃烧温度，由此实现低 NO 排放的燃烧过程。

　　另外，研究结果表明，柴油机几乎所有的 NO 都是在燃烧开始后 20℃ A 内生成的。因此，推迟喷油是降低柴油机 NO_x 排放的有效方法。但代价是燃油消耗率有所提高，排气烟度增加。

　　2. 碳烟的生成机理

　　（1）碳烟的生成过程。微粒状物质（碳烟）可分为可溶性有机成分（SOF）和不可溶成分两种，主要由燃烧时生成的含碳粒子及其表面上吸附的多种有机物组成。在高温环境下由于热分解而形成的低级碳氢化合物中，没有再与空气接触的部分最终变成微粒。其生成过程如图 6-10 所示，可分为成核过程、表面增长和凝聚过程，以及氧化过程。成核过程由燃料中的 HC 化合物生成微粒核的化学反应过程构成；表面增长和凝聚过程主要表示所生成的微粒核聚合成微粒的物理生长过程；而氧化过程，是指在燃烧后期已生成的碳烟在膨胀过程

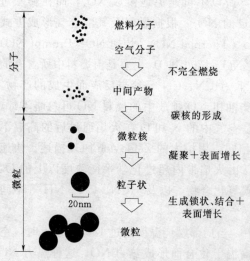

图 6-10　微粒的生成过程

中进一步氧化的过程。

固体碳粒子的能量水平很低，但并不是在燃烧过程中的生成物直接转换成碳粒子，而是经过由化学动力学支配的反应过程中间产物的凝聚和成长形成碳烟。

（2）碳烟的生成条件。碳烟生成的基本条件是缺氧和高温。因此，碳烟生成的第一个条件是燃烧时的混合气浓度。研究表明碳烟一般在空燃比为 5.25～5.65 的比较狭窄的范围内形成。在这种条件下，当预混合气接近火焰带时，受到火焰面高温热辐射的影响而形成高温缺氧的局面，此时燃料中的烃分子在高温缺氧条件下，发生部分氧化和热分解而生成各种低级的不饱和烃类，如乙烯、乙炔及其较高的同系物和多环芳香烃。它们不断脱氢、聚合成以碳为主的直径为 2nm 左右的碳烟核心。气相的烃和其他物质在这个碳烟核心表面上凝聚，以及碳烟核心互相碰撞而发生凝聚，使其增大成直径为 20～30nm 的碳烟基元。最后经过聚集作用被堆积成直径为 $1\mu m$ 以下的球团状或链状聚集物。

碳烟产生的另一个条件就是温度场。对预混合火焰，在 1700～2200K 的温度范围碳烟生成量最大。当火焰温度超过该温度范围时，从化学平衡角度碳原子很难在此高温下凝集成碳烟；同时在高温下已经形成的碳烟在从火焰排出之前有可能被氧化，因此碳烟生成量反而减少。在火焰温度比较低的条件下，低级碳氢化合物的颗粒就会变得粗大，形成多环芳香族碳氢化合物（PAH），在反应过程中生长成平均直径为 50nm 程度的巨大碳烟颗粒。而在高温下由于碳氢化合物的脱氢反应，使得转换成碳蒸气的速度比低温时快，并快速聚合而形成碳烟。所以，碳烟的生成过程与温度有着密切的关系，如图 6-11 所示。

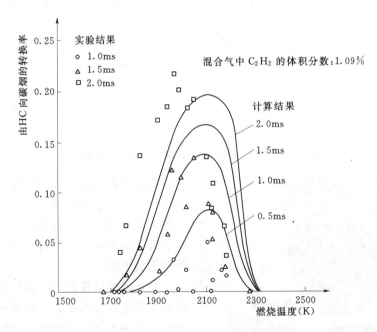

图 6-11　碳烟生成与温度的关系

（3）碳烟生成的特点。由于柴油机边喷油边燃烧的混合气形成和燃烧方式的特点，缸内混合气极不均匀，尽管总体上是富氧燃烧，但是其局部地方高温缺氧是导致柴油机产生碳烟的主要原因。因此，在边喷油边燃烧期间碳烟生成量迅速增加，当喷油结束后不久，碳烟达到峰值，在膨胀过程中已生成的碳烟被氧化使其浓度迅速下降。碳烟（微粒）表面的氧化速度与温度和氧分压有关。当火焰温度为 2100K 以下时，随火焰温度的升高碳烟氧化速度加速，当火焰温度超过 2100K 时，碳烟的氧化速度变得缓慢。氧的分压越高，碳烟的氧化速度就越快。柴油机燃烧室内碳烟及 NO_x 排放物等的浓度随曲轴转角的变化规律，如图 6-12 所示，Soot 指可溶性碳烟。由此可见，一般碳烟的生成过程早于 NO_x 的生成，而碳烟的最终排放量取决于膨胀过程中碳烟的氧化程度。但是，由于碳烟的氧化条件和 NO_x 的生成条件基本相同，所以加速碳烟的氧化措施，往往同时带来 NO_x 排放量的增加。

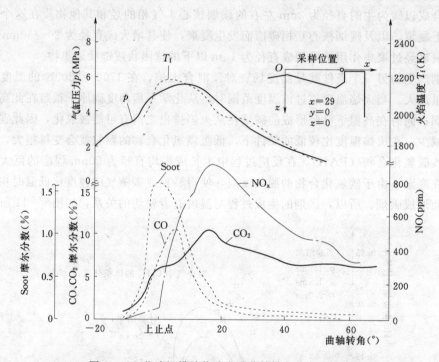

图 6-12　柴油机排放物浓度随曲轴转角的变化情况

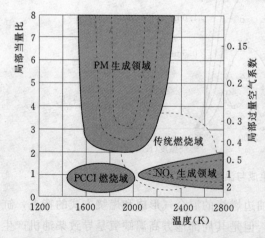

图 6-13　柴油机 NO_x 与 PM 的生成区域

由于柴油机的 NO_x 和碳烟的生成均与其混合气的形成和燃烧过程密切相关，对一定的燃烧室结构，柴油机的喷油系统直接影响混合气的形成，所以对喷油系统的控制显得越来越重要。

（4）碳烟的控制。柴油机燃烧的火焰温度和局部混合气浓度是影响碳烟生成的主要因素。柴油机 NO_x 和微粒（PM）的生成区域，如图 6-13 所示。由图可见，控制碳烟的两条基本途径就是：①提高火焰温度，但是这种方法与控制 NO_x 排放互为矛盾，不可取；②控制火焰区域内的混合气浓度，避免局部过浓状态的发生。为此,需要组织燃烧室内的气流运动,促进紊流混合,同时加强喷雾的微粒化。对预混合火焰,需要供给充分的氧气,这同时有利于抑制快速 NO 的生成;而对扩散火焰,需要促进混合气的形成。具体措施是喷射速率的高速化和高压喷射,以此促进喷雾的微粒化,这对控制燃烧初期的局部混合气浓度和燃烧中后期的紊流扩散火焰是一种很有效的方法。改进燃烧室结构,有效组织燃烧室内的气流运动,保证涡流强度具有一定的保持性,是提高扩散燃烧速率和促进碳烟氧化的有效措施。

二、柴油机排放的机内控制

根据柴油机混合气形成和燃烧的特点以及其有害排放物的产生机理,对柴油机有害排放物的控制策略,主要体现在对燃烧放热规律的控制上,如图 6-14 所示。从控制柴油机 NO_x 排放及燃烧噪声的角度,应尽可能降低预混合燃烧阶段的放热速率;从改善碳烟排放、提高动力性和经济性的角度,应加快扩散燃烧速度,即前面提到的"先缓后急"。由此缩短整个燃烧持续时间,使燃烧过程完全、及时、轻声并无烟。

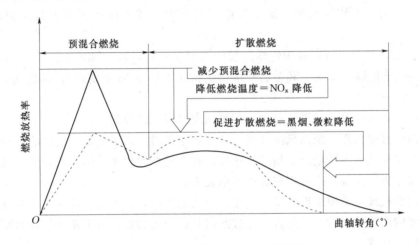

图 6-14 燃烧放热规律的控制策略

控制柴油机排放,实现"先缓后急"放热规律的主要措施有如下几点:

(1)电控高压喷射技术。如高压共轨、泵喷嘴等,能使喷射压力高达 $100\sim200$MPa,可实现预喷射和多脉冲喷射,由此提高燃烧放热规律控制的自由度,有效地限制了预混合燃烧放热率,提高了扩散燃烧速率。

(2)推迟喷射时期。配合高压喷射技术,有效地推迟喷射时期,由此缩短着火延迟期;同时,通过高压喷射的强制雾化,结合燃烧室内的气流运动提高扩散燃烧速率,缩短整个燃烧时间,从而在不降低经济性的条件下,有效降低 NO_x 排放。

(3)缩口型低排放燃烧室。结合燃烧室的结构形状,利用压缩过程和膨胀过程中燃烧室内的气流组织,保证扩散燃烧阶段具有较强的涡流强度,提高扩散燃烧速率。

(4)EGR 技术。通过 EGR 和高压喷射技术以及喷射时刻控制的优化匹配,可以有效地抑制预混合燃烧阶段的放热速率,降低燃烧温度,达到控制 NO_x 的目的,同时结合高压喷射及燃烧室内的气流运动加快扩散燃烧,由此改善经济性和碳烟排放。

(5)可变增压技术。可变增压的目的就是使柴油机在不同转速下都能达到最佳的增压效果。增压提高了进气密度，不仅增加压缩终了的压力和温度，有利于缩短着火延迟期，而且对于一定的喷油系统，增压后油束喷注的锥角加大，贯穿距离缩短，这更有利于燃油的雾化。因此，增压与高压喷射系统的优化，可进一步改善放热规律。

总之，所有改进柴油机性能的机内措施，都是通过放热规律的控制来实现的。

三、尾气排放的后处理

（一）微粒捕集器

目前，消除柴油机微粒污染的主要方法是采用微粒捕集器（也称微粒过滤器 DPF，Diesel Particulate Filter）。性能良好的微粒捕集器除了要有较高的过滤效率外，为了确保发动机的效率和输出功率，还应具有较低的排气背压；所用材料应耐高温，并有较长的使用寿命；在满足上述性能要求的同时，还应尽可能减小 DPF 的体积。

1. 微粒捕集器的过滤材料及工作原理

柴油机微粒捕集器的主要工作部分是滤芯，即过滤材料，它是决定微粒捕集器的捕集效率、压力损失、工作可靠性、使用寿命以及再生技术的使用和再生效果好坏的关键所在。

DPF 的过滤材料，可以是陶瓷蜂窝载体（如堇青石，$Mg_2Al_4Si_5O_{18}$）、陶瓷纤维编织物（如 $Al_2O_3—B_2O_3—SiO_2$）和金属纤维编织物（如 $Cr—Ni$ 不锈钢），其结构如图 6 - 15 所示。

微粒捕集器芯体是通过以下过滤机理来捕集排气中微粒的：

（1）惯性碰撞机理。柴油机排气流经微粒捕集器时，由于捕集器设计的结构特点使排气在捕集器中流动时不断地发生拐弯，这样在拐弯处惯性较大的微粒脱离流动轨迹，与捕集器单元发生碰撞而吸附或沉积在捕集器单元中。

（2）拦截机理。柴油机排出废气流经微粒捕集器时，发生两种情况：一是直径大于过滤材料孔径的微粒被截流；二是直径比过滤材料孔径小的微粒由于相互粘着和聚合成直径较大的微粒被截流。

（3）扩散机理。柴油机排出废气中的微粒由于气体分子的热运动而做布朗运动，微粒越小，这种运动越明显，由于布朗运动造成了扩散效应，当尾气流经捕集器单元时，纤维状的捕集器单元对微粒的运动起到了汇集的作用，造成微粒浓度梯度，引起微粒的扩散输运，从而可使微粒被捕捉。

（4）重力沉降机理。当柴油机排出的废气运动较缓慢地流经微粒捕集器时，由于废气滞留的时间比较长，较大的微粒可能由于重力作用而脱离原来的流动轨迹沉积在捕集器单元上。

表 6 - 2　　　**DPF 与催化剂载体的对比**

结构参数	微粒捕集器	催化剂载体
孔数（孔/英寸²）	100	400
孔边长（μm）	2	1.1
壁厚（mm）	0.4	0.17

目前应用最多的是美国康宁（Corning）公司和日本 NGK 公司生产的壁流式蜂窝陶瓷颗粒捕集器，其结构如图 6 - 15(a) 所示，主要结构参数以及与催化剂载体的对比如表6 - 2所示。与一般催化剂用的陶瓷载体不同的是，壁流式蜂窝陶瓷载体孔径粗且壁厚大，壁面是多孔陶瓷，每相邻的两个通道中，一个通道的出口侧被堵住，而另一通道的进口侧被堵

住。这就迫使排气由入口敞开的通道进入,穿过多孔陶瓷壁面进入相邻的出口敞开通道,而颗粒就被过滤在通道壁面上。壁流式颗粒捕集器对颗粒的过滤效率可达90％以上。可溶性有机成分SOF(主要是高沸点HC)也能被DPF部分捕集。但这种捕集作用受温度的影响很大,排气温度较低时沉积在壁面的HC成分将在排温升高时重新挥发出来,并排向大气。

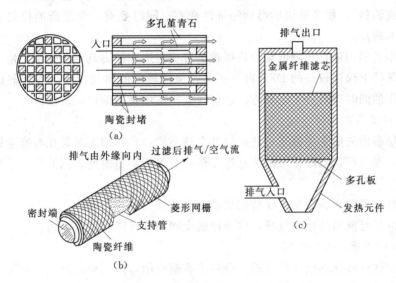

图 6-15 微粒捕集器的过滤材料
(a) 陶瓷蜂窝载体;(b) 陶瓷纤维编织物;(c) 金属纤维编织物

2. 微粒捕集器的再生

DPF只是一种物理的降低排气微粒方法,把微粒从柴油机的排气中过滤出来,沉积在滤芯内,它本身并不能清除微粒。在DPF中积聚的微粒会逐渐增加排气的流动阻力,增大柴油机排气背压,降低功率输出,增加燃油消耗。因此,必须及时清除DPF中积聚的微粒,以恢复到接近原来的低阻力特性,这个过程称为DPF的再生,是DPF中的关键技术。

DPF再生的方法是使微粒氧化,而微粒氧化的要素是高温、富氧和氧化时间。例如,在氧浓度5％以上,排气温度650℃以上,微粒的氧化要经历2min。实际柴油机只有在全速全负荷运行时,排气温度才能达到600～650℃,而车用柴油机大多在中小负荷运行,排温一般不超过400℃,特别是一些城市公交车的排温甚至在300℃以下,而排气流速在各种工况下都很高。如果调整发动机工作参数来提高排温,往往会导致燃油经济性的恶化。积存在DPF中的微粒,其主要成分是碳(C),在合适的温度和富氧环境中一旦开始氧化燃烧,温度可高达2000℃以上,很容易将陶瓷载体烧熔。如果考虑到寿命问题,陶瓷载体的最高工作温度一般应控制在1000℃以下。总之,如何控制再生温度是一个关键技术,温度过低微粒不起燃,温度过高会造成DPF烧熔或增加DPF的热应力以致产生破裂。对于转速和负荷都在频繁且大幅度变化的车用柴油机,要将其排气温度控制在这样一个狭窄的范围内确非易事。实际上,要在车用柴油机上实际使用条件下自动实现DPF的再生是不可能的。

目前 DPF 再生多采用强制再生技术，可分为两类，即断续加热再生和连续催化再生。所谓断续加热再生是指在 DPF 每工作一段时间后，由外界提供附加能源，提高滤芯的温度，使沉积在滤芯中的微粒燃烧，恢复滤芯的洁净状态。目前断续加热再生方式有电加热式再生法、燃烧器加热再生法、反吹式再生法和微波再生法。这些强制加热方式需要消耗能量（电能或燃料），使柴油机的燃油经济性变差；同时要有一套复杂的控制系统，使得结构复杂成本较高。

催化再生是利用催化剂降低柴油机微粒的着火温度和提高其氧化速率，使之能在柴油机实际使用条件下保证较高的 DPF 再生概率，保持较低的排气背压。连续催化再生在微粒捕集器工作的同时进行再生，该方法目前尚处于实用化前的中试阶段。

3. 微粒捕集器的失活

微粒捕集器的失活主要源于过热或局部受热不均。典型的工况是在高速运行时突然刹车进入怠速，发动机在低的排气流下怠速运转，造成捕集器温度急剧升高。采取以下的措施可缓解捕集器的失活：

（1）控制合理的再生频率，保持捕集器上有较低的颗粒负载。

（2）保持尽可能高的排气流量，以冷却捕集器，并且降低停留时间。

（二）NO_x 还原催化转化器

尽管三效催化转化器已在汽油机上得到了普遍应用，但在柴油机上却无法应用，而针对柴油机开发还原催化转化器是一项难度极大的研究工作，这主要存在以下原因。

（1）在柴油机排气这样氧含量很高的氧化环境中进行 NO_x 还原反应，对催化剂性能要求极高。

（2）柴油机排温明显低于汽油机排温。

（3）大型柴油机排气中含有大量 SO_x 和颗粒，容易导致催化剂中毒。

表 6-3 列出了柴油机与汽油机主要排气成分的对比。作为妨碍 NO_x 还原反应进行的氧含量，柴油机是汽油机的 30 倍左右；而作为还原反应不可缺少的还原剂（如 HC，CO，H_2 等），柴油机约是汽油机的 1/10。因此，为保证较高的还原效率，往往要从外部添加还原剂，或者开发受氧影响小的还原催化剂。

表 6-3　　　　　　　　　　柴油机与汽油机主要排气成分对比

类　别	排气成分及含量 (%)				
	NO_x	O_2	HC	CO	H_2
汽油车排气	0.05～0.15	0.2～0.5	0.03～0.08	0.3～1.0	0.1～0.3
柴油车排气	0.04～0.08	6～15	0.01～0.05	0.01～0.08	0.01～0.05

目前，对柴油机 NO_x 后处理方法主要有以下三种：

（1）选择性催化还原（Selective Catalytic Reduction，简称 SCR）。

（2）选择性非催化还原（Selective Noncatalytic Reduction，简称 SNCR）。

（3）非选择性催化还原（NonSelective Catalytic Reduction，简称 NSCR）。

SCR、SNCR 和 NSCR 方法已在治理发电厂锅炉 NO_x 排放中得到了成功的应用，对大型固定工况运转的柴油机也有不少应用实例。目前，SCR 方法在一些车用柴油机上得到应用，以减少其 NO_x 排放。

选择性催化还原技术 SCR 是指利用氨、尿素或烃类为还原剂，在氧浓度高出 NO_x 浓度两个数量级以上的条件下，在催化剂的作用下，高选择性地优先把 NO_x 还原为 N_2。目前多以尿素作为还原剂，它具有便于储存、运输的优点，而且本身无毒、经济性好。尿素的缺点在于其冰点只有 $-11℃$，在温度较低的情况下，可能会产生结晶，但这可以通过对其采取保温措施予以解决。催化剂的作用是降低反应的活化能，使反应温度降低至合适的温度区间。SCR 催化剂一般用 $V_2O_5-TiO_2$ 以及含有 Cu、Pt、Co 或 Fe 的人造沸石（Zeolite）等。

载体是承载催化助剂和催化剂的一种支撑体。NH_3 与 NO_x 就是通过附着在这种载体表面上的活性催化剂相互作用，而加速排气中污染物的氧化还原反应从而达到净化排气中有害成分的目的。载体形式主要有陶瓷载体和金属载体，如图 6-16 所示。目前，世界上催化器载体的 80% 是陶瓷载体，其余为金属载体。

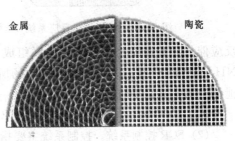

图 6-16　两种载体

1. SCR 化学反应与机理

以尿素水溶液作为还原剂的 SCR 系统，真正起还原作用的物质还是氨气 NH_3，尿素水溶液喷入排气管后，发生热解和水解，生成的氨气与 NO_x 进行催化还原反应。SCR 去除柴油机排气中 NO_x 的反应是一种气、固非均相催化反应，其化学反应模型是 SCR 催化反应器设计、运行的基础。

尿素-SCR 系统化学反应可用下面的反应式来进行描述。

（1）尿素溶液的蒸发

$$(NH_2)_2CO(液) \longrightarrow (NH_2)_2CO(气) + H_2O$$

（2）尿素的热解

$$(NH_2)_2CO \longrightarrow NH_3 + HNCO$$

（3）氢氰酸的水解

$$HNCO + H_2O \longrightarrow NH_3 + CO_2$$

（4）SCR 反应

$$4NH_3 + 4NO + O_2 \longrightarrow 4N_2 + 6H_2O \qquad 标准 SCR 反应$$

$$4NH_3 + 2NO + 2NO_2 \longrightarrow 4N_2 + 6H_2O \qquad 快速 SCR 反应$$

$$4NH_3 + 6NO \longrightarrow 5N_2 + 6H_2O \qquad 慢速 NO-SCR$$

$$4NH_3 + 3NO_2 \longrightarrow 3.5N_2 + 6H_2O \qquad 慢速 NO_2-SCR$$

反应过程中 NH_3 的非选择性氧化反应为

$$4NH_3 + 5O_2 \longrightarrow 4NO + 6H_2O$$

标准 SCR 反应在 $300 \sim 400℃$ 有较高的反应效率，但在 $250℃$ 以下效率较低。而在 NO_2 与 NO 等量存在时，SCR 反应的速度要快得多，所以称为快速 SCR 反应。在低温条件下，快速 SCR 反应的反应速率至少是标准 SCR 反应的反应速率的 10 倍。如果 NO_2 过量，即超过 50％时，会有 NO_2 反应，该反应比标准 SCR 反应还要慢。

2. SCR 系统结构

SCR 系统的结构可大致分为催化反应系统、控制系统、检测系统和系统再生四个部分。

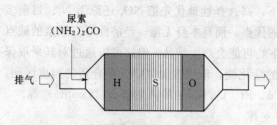

尿素
$(NH_2)_2CO$

排气

H S O

图 6-17　SCR 催化反应系统

（1）催化反应系统。目前的 SCR 系统所采用的催化反应系统的形式，多数是由几个不同功能的催化器串联起来，在每个催化器中安装不同的催化剂，使各催化器内发生不同的化学反应，以提高 SCR 系统的转化率。基本型 SCR 系统的结构如图 6-17 所示，它由尿素水解催化器 H，SCR反应催化器 S 和氧化催化器 O 串联组成。其中，H 的作用是加速尿素水解为氨气；S 是 NH_3 和 NO_x 发生选择性还原反应的场所；O 的作用主要是将多余的 NH_3 氧化，防止氨泄漏。氨的氧化反应为

$$4NH_3 + 3O_2 \longrightarrow 2N_2 + 6H_2O$$

（2）SCR 控制系统。控制系统主要指还原剂喷射控制系统，SCR 系统的 NO_x 转化性能除了受催化剂本身性能影响外，还受还原剂喷射量、空气速度和排气温度等运行参数的影响。因此，在柴油机实际运行过程中，随着工况的不断变化，必须对还原剂的喷射量进行控制。一般在催化反应系统前供给相当于燃料量 3％～5％的还原剂—32.5％浓度的尿素。

还原剂喷射控制系统有两种控制方式：开环控制方式和闭环控制方式。

开环控制是指 SCR 装置后不安装 NO_x 传感器，发动机传感器将测得的发动机转速和转矩值传送给 ECU，ECU 通过读取预先制定的发动机各个工况喷射脉谱图，来确定所需还原剂的喷射量。此种方式不对 SCR 装置后的实际 NO_x 浓度值进行监控，故此种控制方式简单易行，成本低。

闭环控制方式是指 NO_x 浓度传感器可以将测得的 NO_x 浓度值随时反馈给 ECU，ECU 将此 NO_x 浓度值与目标 NO_x 浓度值做比较，进而对尿素的供给量进行实时修正。此方式引入了反馈，故使控制较开环控制方式复杂，并且由于 NO_x 传感器的引入，增加了 SCR 的成本。

（3）SCR 检测系统。为了检验 SCR 系统工作的情况，必须在 SCR 系统中安装检测装置，如增加温度传感器和 NO_x 传感器及液位传感器。

温度传感器用来监测尿素水溶液本身及其注入时排气的温度，尿素水溶液温度的变化会影响尿素水溶液的密度，从而影响计量装置量取的尿素实际质量。

液位传感器是用来监测尿素罐中的尿素水溶液的液位，当尿素的液位低于设定值时，便会将此信号送给 ECU，提醒添加尿素。

NO_x 传感器是用来检测 NO_x 的浓度是否达到了排放标准和是否发生了 NH_3 泄漏。

（4）SCR 系统再生。SCR 催化剂中毒后会导致 NO_x 转化率降低，此时需要对 SCR催化剂进行再生，目前的方法有：水洗再生、热再生和热还原再生等。

水洗再生过程为：首先通过压缩空气冲刷，然后用离子水冲洗，最后再用压缩空气干

燥。用此方法处理的催化剂活性能从 50％ 恢复到 83％ 左右。

热再生过程为：在惰性保护气体氛围下，以一定速率升高催化剂温度，保持一段时间，然后降温，整个过程惰性气体可以防止氧化反应发生。热再生，再次分解积累在催化剂表面的硫铵化合物，可将催化剂表面吸附的铵盐分解形成 SO_2。

热还原再生过程与热再生过程类似，在惰性气体中混合一定比例的还原性气体，在高温环境中利用还原性气体与催化剂表面的硫酸盐发生反应，实现催化剂的脱硫再生过程。

3. 氨泄漏

以尿素作为还原剂的 SCR 系统，有可能会出现氨泄漏的问题。尿素喷入排气管后，经过热解和水解生成 NH_3 和 CO_2。由于 NH_3 在流经催化剂时会吸附在催化剂上，且这种吸附的能力会随着温度的升高而下降，因而当柴油机从启动到全负荷的过程中，排气温度逐渐升高。这时，吸附在催化剂上的 NH_3 便会减少，以致这部分 NH_3 无法与 NO_x 进行反应而直接排出，导致氨泄漏。

四、柴油机排放污染物净化方案

为了满足日益严格的排放法规（见表 1-1 和表 1-2），在柴油机上采取的排放治理措施也需要根据不同阶段法规的要求进行组合应用。针对柴油机排放，主要是控制 NO_x 和微粒的排放量。为达到欧 II 排放标准，采用机械式喷油泵的直喷式柴油机典型的净化方案是采用涡轮增压中冷技术来减少微粒和 NO_x 排放。

为达到欧 III 排放标准，典型的净化方案是在增压中冷直喷式柴油机基础上，采用电控高压喷射系统，使喷射压力达到 120MPa 以上，由此降低微粒排放；NO_x 排放则通过喷油时刻的优化进行控制。另外一种达欧 III 的净化方案是在增压中冷直喷式柴油机基础上，适当提高喷油压力，来满足微粒排放要求；同时采用电控 EGR 或内部 EGR 来降低 NO_x 排放。

在满足欧 III 的电控高压喷射系统净化方案基础上采用微粒捕集器，可进一步降低微粒排放；采用多级中冷废气再循环或选择性催化还原（SCR），可进一步降低 NO_x，一般能使柴油机达到欧 IV 和欧 V 排放标准。其典型的净化方案如图 6-18 所示。

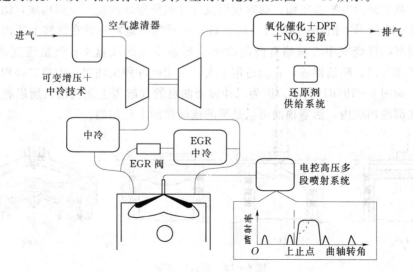

图 6-18 欧 IV 和欧 V 排放标准柴油机排放控制措施

要满足规定的排放标准限值，除柴油机本身需采取上述各种技术措施外，还要求使用无铅低含硫量的柴油。对于柴油机，欧Ⅱ标准要求使用含硫量 0.05% 以下的柴油，欧Ⅲ标准要求使用含硫量 0.02% 的柴油，而欧Ⅳ和欧Ⅴ标准要求使用含硫量 0.0055% 的柴油。

第四节　柴油机燃烧室

柴油机混合气形成和燃烧与燃烧室有密切关系，燃油喷射系统和进排气系统必须与燃烧室配合才能获得较好的性能指标。根据混合气形成和燃烧室结构特点，柴油机燃烧室可以分为两大类：直接喷射式燃烧室和分隔式燃烧室。

直接喷射式柴油机可按其燃烧室形状、燃油喷射方式和气流运动组成各式各样的燃烧系统。按照活塞顶部燃烧室凹坑的深浅，直接喷射式燃烧室可分为开式和半开式两类；依照缸内气流运动情况则又可分为无涡流和有涡流两种。通常，气缸直径越大，燃烧室就越浅。开式燃烧室不组织进气涡流或利用弱进气涡流，而半开式燃烧室一般都组织比较强的进气涡流。一般来说，无涡流或弱涡流开式燃烧室多用在缸径大于 200mm 的中、低速大功率柴油机上，而有较强涡流的半开式燃烧室则在缸径小于 200mm 的中、小型高速柴油机上得到了广泛的应用。

直接喷射式燃烧室与分隔式燃烧室相比，具有结构简单、有效燃油消耗率低、起动容易等优点。随着其性能的不断完善和提高，直接喷射式柴油机以其良好的经济性在各种场合都具有很大的吸引力。但是，直接喷射式燃烧系统也存在一些不容忽视的缺点，如最大爆发压力较高，喷油系统易出故障，噪声大及排放指标欠佳等。为了解决这些问题，人们从直接喷射式燃烧室燃烧本质和混合气形成机理出发，极力寻求空气运动、喷油特性和燃烧室几何形状三者之间的最佳配合，在有效控制压力升高率和爆发压力的情况下，尽可能缩短扩散燃烧期，保证柴油机运转平稳，减少燃油消耗率和有害物的排放。

一、开式燃烧室

整个燃烧室是由气缸盖底面、活塞顶面及气缸壁所形成的统一空间构成，结构十分简单，如图 6-19 所示。图 6-19(a)、(b)、(c) 所示的燃烧室布置在活塞上顶内，凹坑较浅，活塞顶部的燃烧室中心呈略有凸起的浅 ω 形或平底的浅盆形；气缸盖底面是平的，适于布置进排气门、喷油器等，它们适用于大、中型四冲程柴油机。大型二冲程增压柴油机燃烧室，如图 6-19(d) 所示。因为二冲程柴油机的气缸盖上无气门，所以燃烧室布置在气缸盖底部的凹坑内，活塞顶面可以是平的或略微向上凸出的。

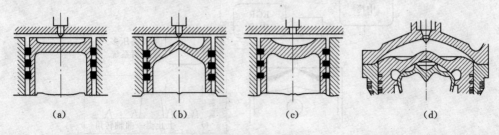

(a)　　　　　(b)　　　　　(c)　　　　　(d)

图 6-19　开式燃烧室

开式燃烧室是无空气涡流或弱空气涡流的燃烧室,混合气形成一般属于空间雾化混合;主要依靠燃油的喷散雾化,对喷雾质量要求高,采用多孔喷嘴及较高的喷油压力,以使燃油喷散雾化并均匀地分布于整个燃烧室中。孔数为 6～12 个;孔径一般在 0.25～0.5mm 之间。针阀开启压力达到 20～40MPa,最高喷油压力可达 100MPa 以上,因此对燃油供给系统要求较高。

为了增加燃油与空气接触的机会,要求喷雾与燃烧室形状很好地配合,使燃料尽可能地分配到整个燃烧室空间。喷油夹角应根据燃烧室形状及喷油嘴喷孔伸出气缸盖底面的程度而定。从而增加喷雾同空气的接触机会,提高燃烧室四周的空气利用率。在燃烧室中一般不组织涡流或仅仅组织弱涡流的情况下,通过高压喷射形成油束扩展促使燃油与空气混合。高速喷出的油束与空气之间的动量交换,使被卷入油束的空气产生加速运动,从而形成了如图 6-20 所示的空气运动,促进了油束与其周围空气之间的热交换与混合。缸径较大、转速较低的柴油机油束较长,且燃烧时间也比较长,这样的混合方式对中、

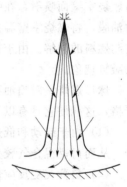

图 6-20 开式燃烧室无涡流混合气形成示意图

后期的燃烧进程起着十分重要的作用。而且为了保证燃料充分燃烧和利用扫气减轻燃烧室热负荷,需要在较大的过量空气系数下工作,一般 $\alpha = 1.6～2.2$。

浅盆形燃烧室相对散热面积(燃烧室表面与其容积的比值)小,热损失小;燃烧室中不组织气流运动,无节流损失,因此燃油消耗率比任何其他燃烧室都低,且容易起动。浅盆形燃烧室工作过程组织的关键是燃油喷射和燃烧室形状之间的合理配合。

由于燃料是在均匀的空间雾化混合,在滞燃期内形成较多的可燃混合气,因此最高燃烧压力和压力升高率都较高,工作较为粗暴、噪声大。并且运动零件直接承受较大的机械负荷,另外燃烧温度高使排气中 NO_x 生成量较高,也容易冒烟。这种燃烧室随着缸径的增大和增压度的提高,可将最高燃烧压力和压力升高率控制在适当范围,烟度和 NO_x 的排放也可相对降低。

二、球形油膜蒸发燃烧室

小型高速柴油机转速高(有的可达 4000r/min 以上),混合气形成和燃烧的时间极短,每循环供油量又很小,单靠雾化混合,则喷孔直径必须做得很小,喷油压力需要很高。这对喷油系统和燃油品质提出了较高要求;另外,小型高速柴油机实现增压的技术难度也大。为了提高强化程度,获得较好的动力性和经济性指标,就要求在较小的过量空气系数时有完全、及时的燃烧,显然开式燃烧室无法达到这一要求。这便出现了有涡流的半开式燃烧室,其结构特点是:活塞顶凹坑部分的开口面积比开式燃烧室要小,燃烧室深度增加,其形状十分多样。

但是,在燃油品质、喷油系统和涡轮增压器技术难以满足小型高速柴油机要求的技术条件下,半开式燃烧室燃油空间雾化混合气形成方式的弱点得到突显。燃油空间雾化混合气形成方式存在两个缺点:一是散布在燃烧室空间的燃料量较多,导致着火延迟期内形成较多的可燃混合气,使柴油机工作粗暴;二是为防止工作粗暴需推迟喷油,导致后续喷入

气缸的燃油在着火延迟期缩短的情况下不能充分混合,容易引起燃油的热裂解而冒烟,所以一般来说形成良好的混合气和防止柴油机敲缸是相互矛盾的,这一矛盾对于高速柴油机尤为突出。为了解决这一问题,德国人 S. Meurer 提出了油膜蒸发混合气形成的燃烧过程。

油膜蒸发燃烧系统的燃烧室设在活塞上,形状为球形,故称为球形燃烧室,如图6-2所示。它是深坑形燃烧室的一种,其混合气形成主要是油膜蒸发混合,将燃油顺气流方向沿燃烧室壁面喷射,在强烈的进气涡流作用下,燃油被摊布在燃烧室壁上,形成一层很薄的油膜。将燃烧室壁温控制在 $200 \sim 350 ℃$,使壁面上的燃油在比较低的温度下蒸发,以控制燃料的裂解。由于初期可燃混合气量很少,这就抑制了燃烧初期压力迅速上升所产生的敲缸现象。

球形燃烧室对喷油系统和燃料的要求不高,但对进气涡流强度和燃烧室壁温控制要求严格,这就使它具有以下明显的缺点:

(1) 由于起动和低速时,燃烧室壁面温度较低以及涡流强度较弱,散入空间的油量又少,从而可燃混合气较少,造成其冷起动困难,低速性能不好。

(2) 负荷突变反应慢,易产生加速冒黑烟;并且低负荷时冒蓝烟,HC 大量增加。

正是由于上述原因,使得球形燃烧室在柴油机上未能得到很大的推广,主要在一些小型农用柴油机上部分应用。但 S. Meurer 所提出的油膜燃烧理论,突破了过去认为只能在空间混合的片面,展现了燃烧室壁面对混合气形成和燃烧的较大作用,使柴油机混合气形成与燃烧的研究沿着正确的道路发展,其理论意义重大。

三、分隔式燃烧室

分隔式燃烧室也是在喷油系统和燃油品质不高的情况下,为进一步提高柴油机强化程度,降低过量空气系数,并针对燃油空间雾化混合气形成方式存在的缺点而提出的,它包括涡流室和预燃室两类。分隔式燃烧室的特点是整个燃烧室被分隔成主燃室和副燃室两个部分,主燃室位于活塞顶与气缸盖之间,副燃室位于气缸盖内,两者之间用通道连接在一起。燃油直接喷入副燃室内,燃料喷射压力较低为 $10 \sim 12MPa$,对雾化质量要求不高。利用主副燃烧室中的压缩涡流和燃烧涡流来促进混合气形成和燃烧。

分隔式燃烧室柴油机具有高速性能好、噪声和烟度低、空气利用率高($\alpha = 1.2 \sim 1.3$)及对喷油系统要求低等优点,曾广泛应用在车用柴油机和维护要求低的高速农用柴油机上。但其燃烧室的相对散热面积大,传热损失较多,主副燃烧室连接通道的节流损失也较大,因此使有效燃油消耗率高于直喷式柴油机,起动性能较差。为了保证冷起动,分隔式燃烧室的压缩比很高,可达 $20 \sim 24$。

1. 预燃室

预燃室构造如图 6-21(a) 所示。整个燃烧室由位于气缸盖内的预燃室和活塞上方的主燃室组成,两者之间用一个或数个孔道相连,喷油嘴安装在预燃室中心线上。预燃室柴油机的混合气形成主要依靠在压缩行程中气缸内部分空气被压入预燃室,由于连接孔道不与预燃室相切,所以在预燃室中并不产生有组织的强烈涡流,而是产生强烈的紊流,使空气与一部分燃料雾化混合。一部分燃油在预燃室中预先燃烧,预燃室压力和温度迅速升高,已燃烧的燃油与未燃烧的燃油和空气一起从喷孔高速喷入主燃室。并在主燃室里造成强烈的涡流,促使大部分燃料在主燃烧室混合燃烧。

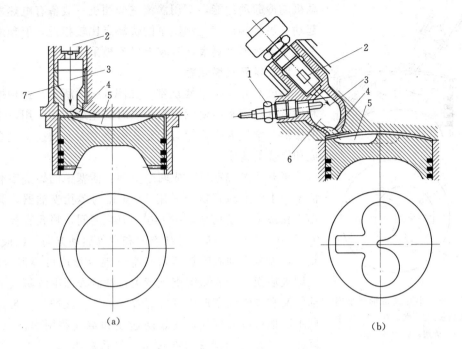

图 6-21 分隔式燃烧室

(a) 预燃室；(b) 涡流室

1—电热塞；2—喷油器；3—喷油方向；4—通道；5—主燃室；6—涡流室；7—预燃室

这种燃烧室对供油系统要求不高，可在较小的过量空气系数（$\alpha=1.2\sim1.6$）下工作。另外，转速对混合气形成质量影响较小，可在较大的转速范围内获得良好的性能。预燃室通道面积产生的气体节流，使着火后主燃烧室的压力升高率和最高燃烧压力降低，工作比较柔和，NO_x 和烟度也较低。但预燃室存在较大的散热损失和节流损失，所以其经济性较差，燃油消耗率要比直喷式柴油机高。

2. 涡流室

涡流室的结构如图 6-21(b) 所示。整个压缩容积分为两部分：一部分在气缸盖与活塞顶之间，称为主燃室；另一部分在气缸盖上，称为涡流室；主燃室和涡流室通过一个或多个通道相连，通道方向与活塞顶成一定角度，对准活塞顶上的导流槽并与涡流室相切。喷油器安装在涡流室内，顺涡流方向喷射。

在压缩行程中气缸中的空气从通道被推挤进入涡流室，在其内部将形成强烈的空气涡流运动，促使喷入涡流室中的燃油与空气迅速充分混合。当混合气在涡流室中着火燃烧后，由于压力升高，涡流室中气流便带着燃气和空气以及尚未燃烧的燃油流入活塞顶上的主燃烧室，形成所谓二次涡流；与主燃烧室中的空气进一步混合燃烧。

由于涡流室只能布置在气缸盖一侧而使大功率增压柴油机所必需的四气门无法布置，不宜用于大功率柴油机上。涡流燃烧室的压缩涡流随柴油机的转速升高而加强，使油、气混合加速，所以涡流室的高速性能比预燃室更佳，在车用柴油机上应用较为广泛。由于涡流室、预燃室柴油机的节流损失和散热损失较大，起动困难，常常采用辅助装置来保证发

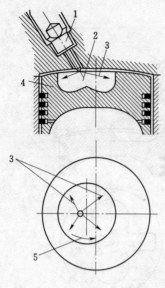

图 6-22　半开式 ω 形燃烧室
1—喷油器；2—燃烧室；3—喷注；
4—活塞；5—空气涡流

动机的冷起动性能，车用涡流室柴油机一般备有电热塞辅助起动。虽然涡流室与预燃室的优缺点比较相近，但预燃室的节流和散热损失更大，基本上已不被采用。

四、半开式燃烧室

传统半开式 ω 形燃烧室，如图 6-22 所示，这种燃烧室利用进气涡流和活塞到达上止点时的压缩挤流作用，使雾化的燃油与空气混合，相对于开式燃烧室大大加速了混合气形成和燃烧的速度。

半开式燃烧室可分成两个空间：活塞中的燃烧室容积及活塞顶上的余隙容积。采用 4～6 孔的多孔喷油器，其中采用 4 孔最多，喷孔锥角在 $140°～160°$ 之间，喷孔直径一般为 $0.15～0.35mm$。喷雾运动方向和空气运动方向大约成 $90°$ 角相交，喷雾中油滴吸热蒸发与空气混合形成可燃混合气后，立即被后面吹来的新鲜空气带走；油滴表面继续蒸发的新鲜油气又和空气混合形成可燃混合气，然后又被气流带走。如此不断地形成混合气，使燃烧速度和空气利用率得以提高。因此，半开式燃烧室可在过量空气系数为 $1.3～1.8$ 的情况下得到良好的燃烧，并保持燃油消耗率低和启动容易的优点。所以，在小型高速柴油机上获得广泛应用。

燃烧室尺寸、油束射程及涡流强度之间的配合影响燃料的空间分布与壁面分布比例及油束的落点位置，从而影响混合气形成和燃烧过程。当燃烧室口径较小，油束射程较大，而进气涡流较弱时，就有相当多的燃油直接喷到燃烧室壁上。如果进气涡流较强，或者燃烧室口径较大，油束射程较小，则喷到壁面上的燃油减少，甚至油束达不到壁面，这时空间分布的燃料增多。

最佳涡流强度与燃烧室尺寸、转速范围、喷油特性等因素有关，常常根据经验、数值模拟预测和试验调整的方法对这些因素作最佳折中。缸内流场特性的分析方法，有试验法和模拟计算分析法。前者为了测量实际流场特性，常采用光学发动机利用示踪粒子的激光高速摄影法，其特点是直观地展示气缸内流场的瞬态分布特性和流动特性。缸内流场的模拟计算分析法是采用计算流体动力学（CFD）专用软件，对燃烧室空间的三维流场进行模拟计算，得出气缸内流场的三维空间瞬态分布特性，并以此为基础计算出表示流场特性的各种物理量。典型的 CFD 软件有 KIVA-T、FIRE 和 STAR-CD 等。

在车用柴油机使用转速范围很宽的情况下，由于传统的 ω 形燃烧室涡流强度与柴油机转速成比例，因此如果低速时涡流适当，那么高速时就过强。较难同时兼顾高速和低速工况的性能。以往的方法是，适当照顾高、低转速而追求较好的标定转速性能。

为了较好地解决柴油机在低转速和高转速下涡流与喷雾都能相匹配的问题，产生了在传统 ω 形燃烧室基础上改进的四角形燃烧室。如图 6-23 所示，燃烧室做成中间有凸起，周边呈四角形的凹坑。

这种燃烧室的特点是：在燃烧室内除形成主涡流外，在四角部分还会因气流分离和逆流而产生微涡流，这种微涡流对燃油与空气的混合十分有利。这些特殊设计的边角、凸凹对空气涡流有阻尼作用，而且这种阻尼作用与空气涡流速度的平方成正比，这对提高柴油机的转速适应性，解决深坑燃烧室中存在低速涡流太弱，高速涡流太强的问题是有利的，特别适合于柴油机在宽广的转速范围内工作的情况。另外，这种燃烧室形状的设计还易于实现燃油喷射与燃烧室之间所要求的动态配合特性。喷油嘴的安装要求通常是使 4 个喷孔大致对着燃烧室的四个角，低速时喷孔到四角的距离较大，喷雾偏转又小，能改善喷雾穿透过度的情况；高速时喷雾偏转增大，从喷孔到四边的距离也较近，不至于穿透不足。因此，四角形燃烧室在从低速到高速较宽的转速范围内，均可获得较好的燃烧性能。但是，四角处流动阻尼作用的存在，就需要相对较强的进气涡流配合，这会影响充量效率，从而影响柴油机的动力性。

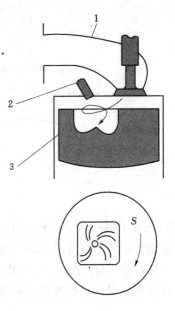

图 6-23　四角形燃烧室形状
1—进气道；2—火花塞；3—活塞

五、缩口低排放燃烧室

　　尽管上述半开式燃烧室和分隔式燃烧室分别在中、重型柴油机和轻型高速柴油机上得到广泛应用，但随着节能和排放法规的日趋严格，在车用柴油机普遍采用废气涡轮增压的情况下，这两类燃烧室均很难满足现代车用柴油机节能与排放法规的要求，而不得不逐渐退出车用柴油机市场。主要问题在于，半开式燃烧室混合气形成过程主要依靠进气涡流，而采用废气涡轮增压后进气涡流被部分减弱了，使其很难保持到压缩行程末期，无法有效保证扩散燃烧速度，使柴油机燃烧不是 NO_x 排放高就是碳烟排放大，两者难以协调；而分隔式燃烧系统虽然具有混合气形成速度对转速适应性好的优点，但其燃烧室的散热损失多，经济性差，同时为了保证冷启动性而提高压缩比，使得缸内压力和温度升高，不易于增压和进一步降低 NO_x 排放。

　　柴油机电控技术及高压喷射技术的发展，为实现理想的喷油规律控制提供了技术基础。配合高压喷射系统，有效组织适应柴油机转速的燃烧室内气流特性，是加速扩散燃烧过程，提高空气利用率的重要手段。柴油机高压电控喷射技术的发展，可有效地控制喷油规律，因此从经济性角度而言，车用柴油机燃烧室直喷化已成为发展趋势。

　　20 世纪后期开发出来的哑铃形缩口低排放直喷式燃烧室，是将传统的半开式燃烧室的优点和涡流燃烧室的优点集于一体的一种新型燃烧室。它将直喷式燃烧室改进设计成如图 6-24 所示的燃烧室底部凸起的双涡流型。通过这种设计，原涡流室燃烧室内随转速同步变化的压缩涡流，变为这种燃烧室内随转速同步变化的压缩滚流。应用这种燃烧室，采用废气涡轮增压中冷技术，结合传统的机械式燃油喷射系统，通过适度推迟喷油提前，实现有效降低柴油机的碳烟和 NO_x 排放，为车用柴油机满足欧Ⅰ、欧Ⅱ排放法规作出了重要贡献。

　　日本小松公司在四角形燃烧室的启发下，研制出一种凹坑的上部为四角形，下部为圆形，上下部连接处经切削加工，过渡圆滑的缩口微涡流燃烧室（Micro Turbulence Com-

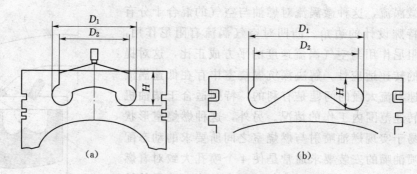

图 6-24　哑铃形缩口燃烧室
(a) 深坑式；(b) 浅坑式

bustion Chamber，简称 MTCC），如图 6-25 所示。其主要目的是利用燃烧室内的微涡流来增加扩散燃烧阶段的混合速率，以便推迟喷油提前角，使预混合燃烧阶段的放热尖峰减小，降低 NO_x 排放，缓和燃油消耗率和 NO_x 排放的矛盾。与传统半开式燃烧室相比，缩口微涡流燃烧室燃油消耗率降低，烟度下降，在低速时性能的改善尤为明显。

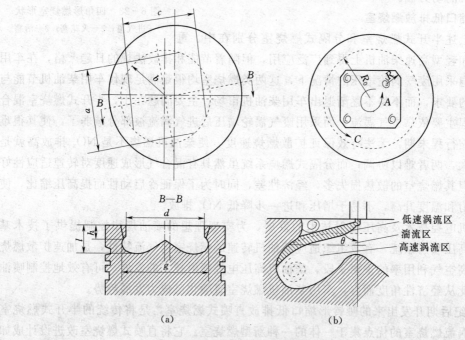

图 6-25　MTCC 微涡流燃烧室
(a) 结构示意图；(b) 空气运动情况

为适应日趋严格的节能与排放要求，目前车用增压柴油机的燃烧室结构大体上分为如图 6-24 所示的两种类型，即气缸直径小于 120mm 的中小型柴油机，由于其使用转速较高，所以采用深坑式燃烧室（H 值较大），以便随转速的提高，加强燃烧室内的压缩滚流，加快混合气的形成和扩散燃烧速度；而气缸直径大于 120mm 的重型柴油机，其使用转速较低，所以采用浅坑式燃烧室（H 值较小）。

第七章　柴油机燃料喷射与雾化

第一节　燃料喷射系统概述

由柴油机燃烧过程的分析可知，燃料的喷射规律及其雾化特性是制约柴油机混合气形成和燃烧的重要因素。为了保证柴油机在动力性、经济性、排放及噪声等方面达到良好的性能，对其燃料喷射系统应提出以下要求：

（1）能够产生足够高的喷射压力，保证柴油良好的雾化混合。

（2）对柴油机的每一运转工况，精确控制循环喷油量，且循环喷油量能够随工况变化自动调整。对于多缸柴油机，应保证各缸喷油量相同。

（3）在柴油机运行工况范围内，保证最佳的喷油时刻、喷油持续期和喷油规律。

柴油机上传统的柱塞式喷油泵喷油系统如图 7-1 所示。整个系统由低压油路（油箱、输油泵、燃油滤清器及油管）、高压油路（喷油泵、高压油管、喷油器）和调节系统（喷油提前器和调速器）组成。其核心部分是高压油路组成的喷油系统，被俗称为泵—管—嘴系统。

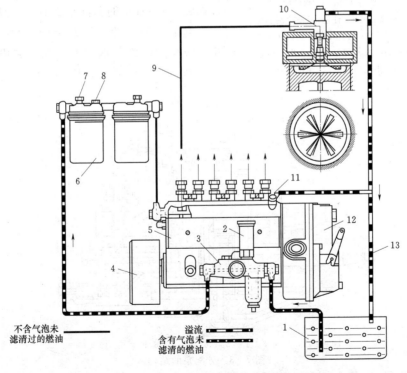

图 7-1　柱塞式喷油泵喷油系统简图

1—油箱；2—手动泵；3—输油泵；4—喷油提前器；5—喷油泵；6—滤清器；7—放气旋塞；
8—加油螺塞；9—高压油管；10—喷油器；11—回油阀；12—调速器；13—回油管

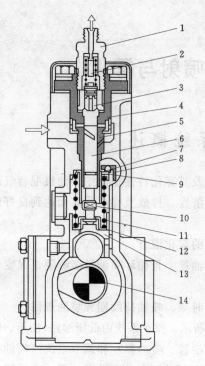

图7-2　直列柱塞泵的结构

1—出油阀座；2—滤清元件；3—出油阀；4—吊装法兰；5—柱塞套；6—柱塞；7—控制套筒；8—球头杠杆臂；9—油量控制齿条；10—柱塞控制臂；11—柱塞回位弹簧；12—弹簧座；13—滚轮挺柱；14—凸轮轴

在泵—管—嘴系统中，喷油泵的主要作用是定时、定量地经高压油管向各缸的喷油器周期性地供给高压燃油，常见的有直列柱塞式喷油泵（见图7-2）和分配式喷油泵（见图7-3）两种类型。对于柱塞式喷油泵，每个柱塞偶件对应一个气缸，多缸柴油机所用的柱塞数与气缸数相等且合为一体，构成直列柱塞式喷油泵；对于单缸机和大型多缸柴油机，常采用每个柱塞偶件独立组成一个喷油泵，称为单体泵。分配式喷油泵是用一个或一对柱塞产生高压油向多缸柴油机的喷油器供油，这种泵广泛应用于车用柴油机上，与直列柱塞式喷油泵相比，分配式喷油泵具有结构紧凑、体积小、质量轻，能在较高转速下工作，制造成本较低的优点，但达到较高的供油压力较困难，在使用中对燃油的质量要求较高。

直列柱塞式喷油泵的喷油量调节是通过控制喷油泵的齿杆位置，由此改变喷油泵柱塞的周向位置，以改变其有效压油行程来实现的（见图7-4）。如图7-3所示的分配泵只有一个柱塞，与固定在一起的平面凸轮6同时旋转；此时，由平面凸轮型线与滚轮之间的相互作用，完成柱塞的往复与旋转运动，同时实现压油和向各缸分配燃油

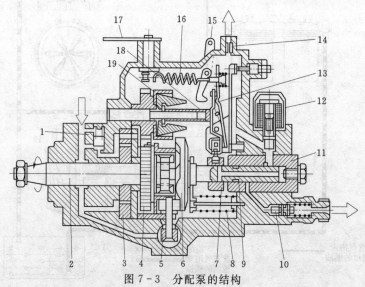

图7-3　分配泵的结构

1—调压阀；2—驱动轴；3—滑片式输油泵；4—驱动齿轮；5—喷油提前器；6—平面凸轮；7—油量调节滑套；8—柱塞弹簧；9—柱塞；10—出油阀；11—柱塞套；12—断油阀；13—杠杆；14—溢流节流孔；15—停油手柄；16—调速弹簧；17—调速手柄；18—调速套筒；19—飞锤

的任务，平面凸轮数与气缸数相等。机械式分配泵供油量的控制，是通过操作者或调速器调节油量调节滑套的位置来完成。当油量调节滑套位置向柱塞压油方向（图中右向）移动时，柱塞的压油行程延长，供油量增多；反之，控制油量调节滑套左移时，柱塞压油行程缩短，供油量减小。

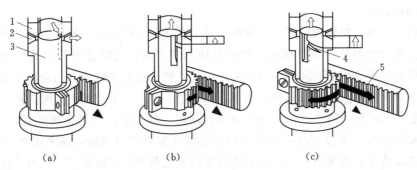

图 7-4　喷油泵的工作原理
(a) 停油位置；(b) 部分负荷供油位置；(c) 全负荷供油位置
1—柱塞套；2—进、回油孔；3—柱塞；4—螺旋槽；5—油量控制齿条

另外，在大型柴油机中，泵喷嘴也有应用。泵喷嘴是把喷油泵和喷油器合为一体，置于气缸盖上，省去了高压油管，用类似于驱动配气机构的方法，由凸轮来驱动泵喷油器，易于实现较高的喷油压力，消除了不正常喷射现象产生的可能性。同时，泵喷嘴也较易于实现电控喷射。泵喷嘴的主要缺点是传动较为复杂，而且可能会使柴油机的总高度有所增加。

喷油器的主要作用是将喷油泵供给的高压燃油喷入柴油机燃烧室内，使燃油雾化成细微的油粒，并按一定的要求适当地分布在燃烧室空间。喷油器有孔式喷油器和轴针式喷油器两类，如图 7-5 所示。孔式喷油器用于直喷式燃烧室中，喷孔的数目、直径及角度与具体的燃烧室形状和空气运动等因素有关，同一喷油器各喷孔的直径及角度也不一定相同。喷孔直径越小，对燃油的雾化效果越好；但易引起堵塞等故障，对加工要求高，目前最小孔径可达

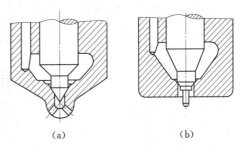

图 7-5　孔式喷油器和轴针式喷油器
(a) 孔式喷油器；(b) 轴针式喷油器

0.15mm。轴针式喷油器用于分隔式燃烧室中，针阀喷孔头部的轴针有圆锥体和圆柱体等不同的形状，轴针在喷孔内上下运动（其间的环状间隙约为 0.05～0.25mm），可起到自清洁作用。

在上述传统的机械式泵—管—嘴燃油喷射系统中，由于有高压油管的存在，使喷油系统在柴油机上的布置比较方便、灵活，加上已经积累了长期制造与匹配的理论与经验，因此目前仍广泛应用于各种柴油机上。然而，也正是由于高压油管的存在，降低了供油系统高压油路部分的液力刚度，难于实现理想的喷油规律（即与理想的放热规律相对应的喷油规律）和很高的喷射压力，从而使得该喷射系统正逐渐被高压共轨、泵喷嘴和单体泵等高

压、电控喷射系统所取代。

第二节　传统机械式泵—管—嘴系统的燃料喷射

一、喷射过程

柴油机工作时，曲轴通过正时齿轮驱动喷油泵运转，燃油从油箱经输油泵加压到喷油泵的低压油腔。如图7-6(a)所示，当挺柱体总成的滚轮在喷油泵凸轮基圆时，柱塞腔与低压油腔通过进、回油孔联通，向柱塞腔供油；喷油泵凸轮转动，凸轮推动挺柱体总成克服柱塞弹簧力向上运动。当柱塞顶面上升到与进、回油孔上边缘平齐时，进、回油孔关闭，柱塞腔与低压油腔隔离。当柱塞再向上运动时，柱塞腔内的燃油被压缩，压力升高。喷油泵柱塞腔内燃油压力较高，高压下燃油的可压缩性不可忽略，喷油系统周期性工作时，压力波以音速在系统内传播，碰到流通截面突变和管道封闭端时，压力波将发生部分或全部反射，沿不同方向传播的压力波相遇时相互叠加，这给喷油规律的控制带来了困难。喷射过程是指从喷油泵开始供油直到喷油器停止喷油的过程。实测的喷射过程中喷油泵端燃油压力、喷油器端燃油压力以及喷油器针阀升程的变化情况，如图7-6(b)所示。为便于分析，将整个喷射过程分为三个阶段，即喷射延迟阶段、主喷射阶段和喷射结束阶段。

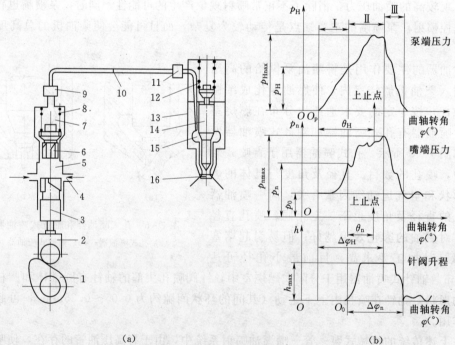

(a)　　　　　　　　　　　　　　(b)

图7-6　泵—管—嘴燃油喷射系统的喷油过程

(a) 喷油系统结构；(b) 喷油过程

1—凸轮；2—挺柱体；3—柱塞；4—进、回油孔；5—柱塞腔；6—出油阀；7—出油阀腔；
8—出油阀弹簧；9、11—压力传感器；10—高压油管；12—针阀弹簧；
13—喷油器体；14—针阀；15—针阀腔；16—喷孔

（1）喷射延迟阶段。图7-6(b)中，Ⅰ段对应的曲轴转角，它是从柱塞上控制边缘或顶面刚遮盖进油孔的供油始点 O_p 到针阀开启的喷油始点 O_o 的一段曲轴转角。在该阶段，柱塞上升，柱塞腔压力不断增加，压迫出油阀，当其作用力超过高压油管剩余压力及出油阀弹簧的预紧力时，出油阀开启，燃油流向高压油管，同时压力波以当地音速向喷油器端传播。当针阀腔内压力超过针阀开启压力时，针阀开启。喷油滞后阶段的长短与燃油的可压缩性，高压油管的长度和刚性，高压容积大小，针阀的开启压力，高压油管剩余压力，喷油泵转速等因素有关。

（2）主喷射阶段。图7-6(b)中，Ⅱ段对应的曲轴转角，它是从喷油始点 O_o 起到喷油泵回油造成喷油器端的燃油压力开始下降的时刻为止的一段曲轴转角。针阀开启后，一部分燃油喷入燃烧室，针阀上升也让出一定容积，但此时柱塞高速上移，柱塞腔的燃油迅速供给喷油器，使针阀腔内压力不断上升，每循环的大部分喷油量在该阶段喷入燃烧室。影响主喷射阶段的主要因素有：柱塞的直径和上升速度，喷油嘴的流通面积和针阀升程，高压油管中的压力波动及喷油泵转速等。

（3）喷射结束阶段。图7-6(b)中，Ⅲ段对应的曲轴转角，是指从喷油器端的燃油压力开始降低的时刻起到喷油器针阀完全落座停止喷油为止。这时，喷油泵停止供油，柱塞腔压力下降，出油阀落座，此时高压油管中的燃油压力仍较高，喷射还会持续一段时间。由于这种喷射系统是通过喷油泵的回油来降低喷油器端的油压，由此控制针阀落座，所以针阀的落座速度取决于喷油器端的压力降低速率。此阶段喷射压力降低，燃油雾化特性变差。

二、供油规律和喷油规律

供油规律是单位时间内（或1°喷油泵凸轮轴转角内）喷油泵供油量随时间（或喷油泵凸轮轴转角）的变化关系。它纯粹是由喷油泵柱塞的几何尺寸和运动规律确定的。喷油规律则是喷油速率，即单位时间内（或1°喷油泵凸轮轴转角内）喷油器喷入燃烧室内的燃油量随时间（或喷油泵凸轮轴转角）的变化关系。

如图7-7所示，泵-管-喷嘴系统的供油规律和喷油规律之间存在着明显的不同，除了供油始点和喷油始点的差别外，喷油持续时间较供油持续时间长，最大喷油速率较最大供油速率低，曲线的形状也有一定的变化。

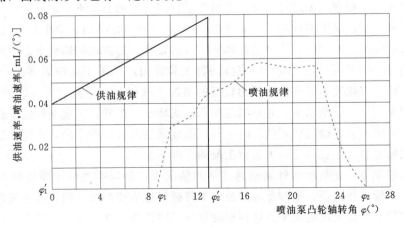

图7-7 供油规律和喷油规律

燃油的可压缩性在高压下变得较为明显，使系统内产生压力波的传播，高压油管的弹性变形引起高压容积的变化，再加上压力波的往复反射和叠加作用，是引起柴油机供油规律和喷油规律不一致的主要原因。喷油规律主要取决于喷油器喷孔的总开启面积和喷射压力。而喷油器端的喷射压力与喷油泵的供油速率和高压油管中的压力波动等有关。所以，虽然供油规律影响喷油规律，但两者不相同。

三、喷油泵速度特性及其校正

喷油泵油量控制机构（齿条或拉杆）位置固定，循环供油量随喷油泵转速变化的关系称为喷油泵速度特性。对于柱塞式喷油泵，如图7-6（a）所示，当喷油泵柱塞向上运动中柱塞上端面还未完全关闭进油孔时，由于流通截面很小而时间极短，被柱塞挤压的燃油来不及通过油孔流出，泵油就已经开始，结果使出油阀相对提早开启；同理，当柱塞向下运动回油孔刚刚开启时，柱塞上部的燃油不能立即通过油孔流出，使出油阀相对滞后关闭，这就是油孔处的节流作用。转速越高，油孔处节流作用的影响也越大，因此，随着转速的上升，循环供油量呈略有增大的趋势，如图7-8所示。

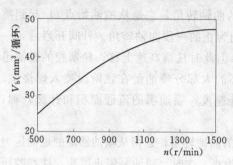

图7-8　喷油泵的速度特性

在较高的使用转速范围内，一般柴油机的充气效率随转速的上升而下降，而循环供油量随转速的上升而增大，使空气量与供油量不相匹配。若在低速下固定供油量，则会造成高速供油量过多，使柴油机燃烧不完全而冒黑烟；若在高速下固定供油量，则会造成低速供油量不足，使柴油机的做功潜力得不到充分发挥。因此，柱塞式喷油泵所固有的速度特性通常并不理想，特别对于车用柴油机，因此需要对其进行必要的校正。常用的油量校正方法有出油阀校正和调速器校正。

四、不正常喷射与穴蚀破坏现象

喷射系统内的压力高、变化快，在高速和高强化程度时尤为突出，泵—管—喷嘴系统有出现一些不正常喷射现象的可能性。常用测量针阀升程的方法来判定有无不正常喷射现象存在，各种喷射情况下的针阀升程如图7-9所示。不正常喷射现象主要包括以下几种：

（1）二次喷射。喷射终了喷油器针阀落座以后，在压力波动的影响下，喷油器端的油压有可能超过其启喷压力，此时将造成针阀再次升起而产生不正常喷射现象，如图7-9（b）所示。由于二次喷射是在燃油压力较低的情况下喷射的，导致这部分燃油雾化不良，会产生燃烧不完全，碳烟增多，并易引起喷孔积炭堵塞。此外，二次喷射还使整个喷射持续时间拉长，进而使燃烧过程不能及时进行，造成柴油机经济性下降，零部件过热等不良后果。二次喷射易发生在高速、大负荷工况的条件下。

（2）滴油现象。在喷油器针阀密封正常的情况下，如果喷油终了喷油泵不能迅速回油，则喷射系统残压过高，喷油器端的油压下降缓慢造成喷油器针阀不能迅速落座而关闭不严，出现仍有燃油流出的现象。这种在喷射终了时流出的燃油速度及压力极低，难以雾化，易生成积炭并使喷孔堵塞。

（3）断续喷射。由于在某一瞬间喷油泵的供油量小于从喷油器喷出的油量和填充针阀上升空出空间的油量之和，造成针阀在喷射过程中周期性跳动的现象如图7-9(c)所示。这时喷油泵端压力及针阀的运动方向不断变化，易导致针阀副的过度磨损。

（4）不规则喷射和隔次喷射。供油量过小时，循环喷油量不断变动甚至出现有的循环不喷油的现象如图7-9(d)所示。不规则喷射和隔次喷射易发生在柴油机怠速工况下，造成怠速运转不稳定、工作粗暴，并限制了柴油机的最低稳定转速。

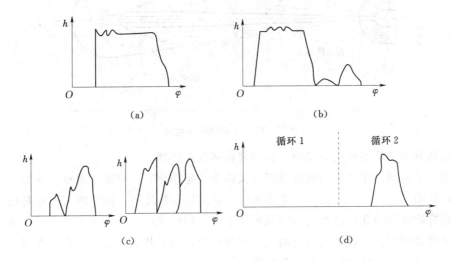

图7-9 不同喷射情况下的针阀升程
(a) 正常喷射；(b) 二次喷射；(c) 断续喷射；(d) 隔次喷射

为避免出现不正常喷射现象，应尽可能地缩短高压油管长度，减小喷射系统高压部分容积，以降低压力波动，并合理选择喷射系统的参数，如喷油泵柱塞直径、凸轮廓线、出油阀形式及尺寸、出油阀减压容积、高压油管内径、喷油器喷孔尺寸、针阀开启压力等。

喷射系统中的穴蚀破坏出现在系统内与燃油接触的金属表面上。穴蚀产生的机理是，在高压容积内产生压力波动时，由于出现极低的压力（低于燃油的蒸气压）而形成气泡，以及随后压力迅速升高使气泡爆裂而产生冲击波，这种冲击波多次作用于金属表面则引起穴蚀。穴蚀破坏会影响到喷射系统的工作可靠性和使用寿命。

五、燃油的雾化与油束特性

燃油的雾化是指燃油喷入燃烧室内后被粉碎分散为细小液滴的过程。燃油的雾化可以大大增加其与周围空气接触的蒸发表面积，加速从空气中的吸热过程和液滴的汽化过程，对混合气的形成起到重要的作用。例如，假设 $1mL$ 的燃油为一球体，则其表面积约为 $483.6mm^2$，若雾化为直径 $40\mu m$ 的均匀球状油滴，可产生油滴约 3×10^7 个，其总的表面积约为 $1.5\times10^5 mm^2$，约增加为原来的 310 倍。

燃油被压缩后在极高压力 $20\sim200MPa$ 的作用下以极高的速度（$100\sim400m/s$）及在高度紊流状态下从喷油器的喷孔喷射入燃烧室内。燃油在高速流动中，在与燃烧室内高压空气的相对运动中及紊流的作用下，被逐步粉碎分散为直径约 $2\sim50\mu m$ 的液滴，由大小不同的液滴组成了油束。如图 7-10 所示为在静止的高压空气中喷射过程某一时刻的油束结构示意图。油束核心部分液滴非常密集且液滴直径较大，液滴运动速度较高，空气极少；油束外围部分则与之相反，液滴稀少且液滴直径较小，液滴运动速度较低。

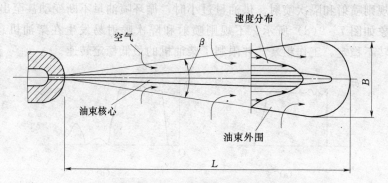

图 7-10 油束结构示意图

可以从几何形状和雾化质量两个方面来描述油束特性。

油束的几何形状主要包括油束射程（又称为贯穿距离）L 和喷雾锥角 β 或油束的最大宽度 B，如图 7-10 所示。此外，贯穿率也是常用的参数之一。贯穿率为一相对值，是指油束的贯穿距离与喷孔口沿喷孔轴线到燃烧室壁距离的比值。贯穿率若大于 1，则意味着有一部分燃油喷射到了燃烧室的壁面上。影响油束几何形状的主要因素有：喷射压力，喷油器喷孔的长度直径比和空气与燃油密度比等。

油束的雾化质量一般是指油束中液滴的细度和均匀度。细度可以用液滴平均直径来表示。液滴平均直径越小，意味着油束雾化得越细。液滴平均直径的大小受到多种因素的影响，减小喷油器喷孔直径，增大燃油喷入时的流速，空气密度的增大以及燃油黏度和表面张力的减小，都会使平均油滴直径减小。均匀度是指油束中液滴大小相同的程度以及液滴在油束内分布的均匀程度。如图 7-11 所示，为喷射压力与喷雾细度及柴油机排气烟度的关系。由图可见，当喷射压力超过 100MPa 时，油滴平均直径接近 $10\mu m$ 左右，此时柴油机的烟度极低。

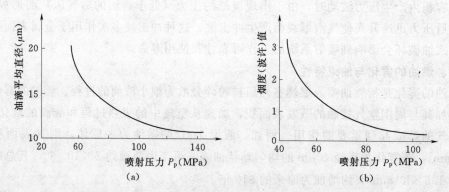

图 7-11 喷射压力与喷雾细度及排气烟度的关系
（a）喷射压力与喷雾细度的关系；（b）喷射压力与排气烟度的关系

综合上述可知，传统机械式泵—管—嘴喷射系统存在以下几个问题：

（1）由于高压油管的存在，使得喷油泵的供油规律和喷油规律不同，即通过供油规律不能精确控制喷油规律，因此难于实现理想的喷油规律。

（2）由于高压油管中压力波动的影响，有可能产生不正常喷射现象，从而使得喷射压力的提高受到限制（喷射压力小于30MPa）。

（3）由喷油泵速度特性决定了循环喷油量和喷射压力是随转速而变化的，从而导致油束的雾化质量也将随转速而变化。

（4）机械控制的自由度小，无法同时满足现代柴油机对动力性、经济性、排放和噪声的要求。

因此，传统机械式泵—管—喷射系统很难满足日趋严格的节能与排放法规要求，使得其应用前景受到限制。

第三节　电控燃油喷射系统

为改善柴油机的经济性、动力性，降低有害排放和噪声水平，并提高可靠性，应尽可能实现理想的喷油规律。一方面，更高的喷射压力和喷油速率以及更短的喷油持续时间已是喷射技术发展的一个明显趋势。例如，对中、小型高速直喷式柴油机，希望将喷油持续时间控制在25°曲轴转角或1ms内。此外，特别希望在低速工况下能有较高的喷射压力和喷油速率，以利于改善雾化质量；另一方面，为避免柴油机工作粗暴，又希望实现"先缓后急"的喷油规律。如图7-12所示，就是对于直喷式柴油机在不同转速和负荷下较为理想的喷油规律的示意图。由图可见：希望喷油速率在喷射初期（即滞燃期内）较小，然后迅速加大。随着转速的增大，这一转变更为迅速，这主要是为避免高转速时过长的喷射持续时间。

如图7-12所示，随着负荷的下降，喷射持续时间相应缩短，这主要是喷油量减少的原因。随着转速的下降，希望通过提高喷射压力来使喷油速率提高，喷射持续时间也相应缩短，这是要保证低转速时的雾化质量。

此外，在所有的工况下都希望在喷射结束阶段能尽可能迅速地结束喷射，以避免低的喷射压力或低的喷油速率使雾化质量变差。

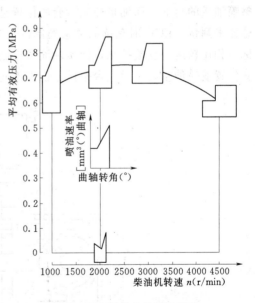

图7-12　理想中的喷油规律

实际上，这样理想的喷油规律用常规的喷射系统是难以实现的，而只可能通过电控喷射系统来实现。新一代电控喷射系统可以提高喷油压力和控制喷油规率，具有极大的控制自由度。

柴油机喷射过程的电子控制主要是控制每循环喷油量和喷油开始时间。目前的柴油机电控喷射系统从控制部件分为电控喷油泵和电控喷油器；从控制方式分为位置控制和时间控制。从发展顺序上讲，首先发展的是位置控制系统，因此通常称它为第一代电控喷射系统，而将随后发展的时间控制系统称为第二代电控喷射系统。

一、位置控制式电控喷射系统

位置控制系统的特点是不仅保留了传统机械式喷油系统的泵一管一嘴，而且还保留了原高压油泵中的齿条、柱塞副、柱塞斜槽等控制油量的机械构件和要素。通过在喷油泵上增设由传感器、执行器和微处理器所组成的两个位置控制系统，分别对喷油量和喷油定时进行调节。燃油量的计量按位置控制方式，即以柱塞压送燃油的供油始点和供油终点之间的物理长度，即有效行程决定。

电控位置式分配泵是在机械式分配泵的基础上，对油量控制机构和喷油时刻的控制机构进行了改动，取消了原机械式调速机构，增设了转速传感器、控制油量调节滑套位置的比例电磁阀、油量控制滑套位置传感器、控制喷射时期的定时控制阀、喷射定时器位置传感器等，如图 7-13 所示。电磁阀由线圈、铁芯和回位弹簧等组成，电控单元 ECU 通过占空比（在控制脉冲一周期内接通持续时间所占的比值）控制流经线圈的电流大小，由此控制电磁阀磁场的强弱。可动铁芯在该磁场力和回位弹簧力的作用下，保持其轴向平衡点位置。当流经线圈的电流变化时，原磁场力和弹簧力的平衡状态被破坏，铁芯沿轴向移动到达新的平衡点。当铁芯轴向移动时，通过杠杆机构带动油量控制滑套移动，由此达到调整喷油量的目的。而油量控制滑套的位置是靠安装在可动铁芯前端的油量控制滑套位置传感器来测量。ECU 时刻读取油量控制滑套位置传感器的信息，并与储存在 ROM 中的目标值相比较进行反馈控制，使实际油量控制滑套位置尽可能接近目标值。目标油量控制滑套位置或喷油量，是通过台架试验根据不同的转速与负荷标定获取的。

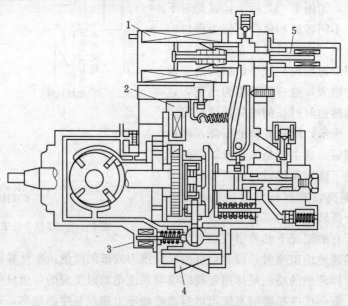

图 7-13 电控位置式分配泵
1—电磁阀；2—转速传感器；3—喷射定时位置传感器；
4—定时控制阀；5—油量控制滑套位置传感器

电控直列柱塞泵（Timer Injection Control System，简称 TICS）是在原机械泵的基础上进行改进的，如图 7-14 所示。TICS 泵保留了机械泵的油量控制齿杆机构，但在柱塞偶件上增加了一个控制滑套，取代了机械泵中的固定柱塞套。通过控制滑套相对柱塞的上下位移，改变柱塞的供油始点，即供油预行程，由此在一定范围内可实现供油时刻的任意控制，如图 7-15 所示。TICS 泵与机械式喷油泵不同点就是油量控制齿杆的位置是通过电子调速器（线性步进电动机或磁电动机）来控制的。齿杆位置信息通过传感器传送到控制单元 ECU，并通过发动机转速等信息判定工况后，根据标定的电子调速器的控制 MAP 图，并结合齿杆位置传感器信息，反馈控制齿杆位置，以提高喷油量的控制精度。

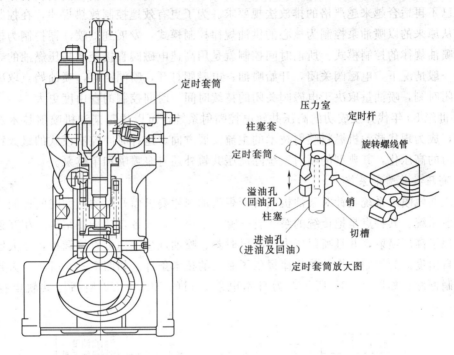

图 7-14 TICS 泵剖面图

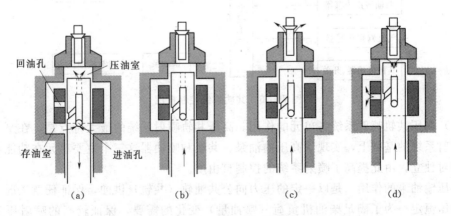

图 7-15 TICS 泵的泵油原理

(a) 进油过程；(b) 压油开始；(c) 压送过程；(d) 回油过程

位置控制的电控喷射系统在现有柴油机上实施方便。作为执行器的电磁阀、旋转电磁铁等技术成熟，是商品化程度极高的产品。但位置控制电控喷射系统通过执行机构的连续式位置伺服调节对喷射过程实现间接控制，其执行响应慢，控制频率低，控制精度不稳定，而且不能改变传统喷射系统固有的喷射特性。这直接制约了对喷油规律和放热规律的精确控制，无法实现理想的喷油规律。因此，这种喷射系统满足不了日趋严格的节能与排放法规要求。

二、时间控制式电控喷射系统

位置控制的电控喷射系统仍以喷油泵控制为核心，通过供油规律间接控制喷油规律的方式，已不再适合越来越严格的排放法规要求。为了更有效地控制放热规律，在控制策略上，已从原来的以喷油泵控制为核心的供油规律控制模式，发展到以喷油器控制为核心直接控制喷油规律的控制模式。所谓时间控制就是用高速电磁阀直接控制高压燃油的导通与关断。一般情况下，电磁阀关闭，开始喷油；电磁阀打开，喷油结束，喷油始点取决于电磁阀关闭时刻，喷油量取决于电磁阀关闭的持续时间。时间控制的自由度更大。

20 世纪 80 年代开发成功的高压共轨电控喷射系统，可以说是柴油机喷射技术发展的里程碑，成为现代柴油机燃料喷射技术的主流发展方向。这种时间控制模式的最大特征是喷射压力的高压化，其典型的喷射系统除高压共轨外还有泵喷嘴和单体泵。

1. 高压共轨喷射系统

高压共轨喷射系统是针对柴油机实现理想喷油规律要求而开发的新型时间控制式电控燃油喷射系统。其特点是把传统的泵—管—嘴三个单元，按各自功能在结构上相互独立起来，实现了高压喷射，并且喷射压力、喷射时刻、喷油规律达到可直接调控，极大地提高了控制自由度。为控制燃烧放热规律提供了必要的技术条件。如图 7-16 所示，为共轨系统的控制框图；如图 7-17 所示，为日本电装公司的 ECD-U2 型高压共轨电控喷射系统。

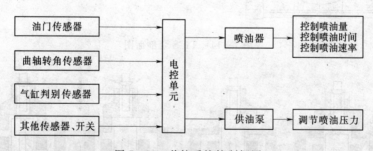

图 7-16　共轨系统控制框图

（1）高压共轨喷射系统各单元的作用。高压共轨喷射系统的最大特点是，在泵—管—嘴型喷射系统的基础上，实现了高压输油泵、共轨和喷油器这三个主要单元在功能和控制上的相对独立，由此提高了喷射系统的控制自由度。

高压输油泵的作用，是以一定的压力向公共油轨（共轨）供油，保证任意工况下共轨中的油压恒定。为了满足柴油机负荷（喷油量）变化的需要，保证较高的喷射压力（轨压），要求输油泵具有足够的供油速率。为此，在 ECD-U2 型高压共轨喷射系统中，采用了如图 7-18(a) 所示的柱塞型多山凸轮高压输油泵。这样，凸轮轴每转一圈，凸轮工

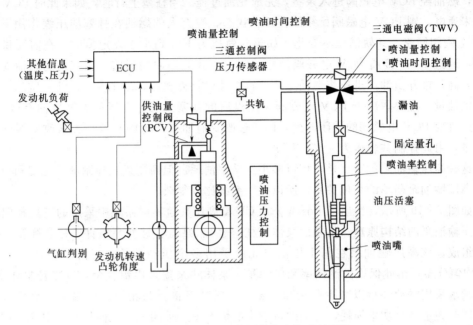

图 7-17 ECD-U2 高压共轨电控喷射系统

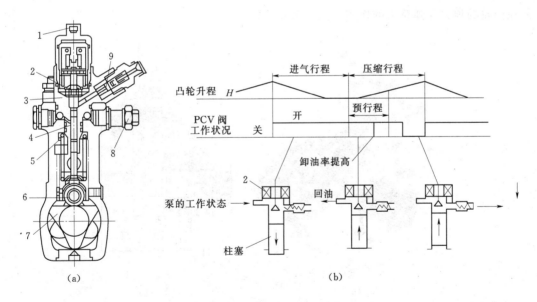

图 7-18 ECD-U2 系统高压输油泵及其工作原理
（a）高压输油泵结构；（b）高压输油泵的控制
1—接头；2—PCV电磁阀；3—柱塞套；4—柱塞；5—柱塞弹簧；
6—挺柱；7—多山凸轮；8—溢出阀；9—出油阀

作三次，由此提高每缸输油泵的供油频率，对应每缸喷油，共轨油压可得到及时的补充。为了获得平缓而稳定的共轨压力，要求高压输油泵的供油频率与发动机喷射频率相一致。同时，对高压输油泵每一缸都设置一个 PCV 电磁阀。当喷油泵柱塞下行时，PCV 电磁阀打开，燃油经 PCV 电磁阀进入泵室，完成充油过程。当柱塞上行时，如果此时 PCV 电磁阀尚未通电，则 PCV 电磁阀始终处在开启状态。被充入的燃油在柱塞的压缩作用下，经 PCV 电磁阀回流，共轨油压不变化。如果共轨压力下降到小于设定值时，在需要供油的时刻，通过 ECU 接通 PCV 电磁阀使之关闭，由此关闭回油通路，则室内的燃油受压而压力升高，推开出油阀迅速将燃油送往共轨中及时补充轨压，如图 7-18(b) 所示。输油泵的供油量，主要取决于 PCV 电磁阀关闭以后的柱塞升程，此行程称为供油有效行程。可通过改变 PCV 电磁阀的关闭时刻，即通过改变输油泵凸轮的有效行程来改变输油泵的供油量，由此控制共轨压力。

这种高压输油泵的特点是，可以减小其功率消耗。但需要确定控制脉冲宽度和控制脉冲与高压输油泵凸轮的相位关系，所以控制系统比较复杂。

如图 7-19 所示，给出了 Bosch 公司 CR 型高压共轨喷射系统中采用的三缸径向柱塞式高压输油泵的结构原理。主要由泵体（柱塞缸）、泵盖、柱塞泵组件、柱塞弹簧、凸轮轴等组成。该高压输油泵在每个压油单元中采用多个压油凸轮，三缸径向柱塞泵相隔 120°均匀分布，由此保证供油频率和供油量。泵体和泵盖采用铝合金，以减轻整体重量，凸轮轴承采用滑动轴承以减少凸轮和凸轮轴之间的摩擦。凸轮轴前后端采用油封以防漏油，同时为了减小功率损耗，在喷油量较小的情况下，关闭三缸径向柱塞泵中的任意一个压油单元，使供油量减少。柱塞弹簧的作用是保证柱塞底部经挺柱始终与凸轮表面接触，并在凸轮的顶力和弹簧力的作用下完成泵油任务。

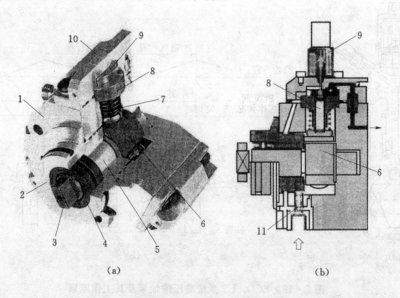

图 7-19 Bosch 公司三缸径向柱塞式高压输油泵

(a) 泵体解剖；(b) 结构示意图

1—泵体；2—外壳；3—凸轮油；4—油封；5—滑动轴承；6—凸轮；7—柱塞弹簧；
8—柱塞泵组件；9—电磁阀；10—泵盖；11—进油口柱塞阀

由于共轨系统中喷油压力的产生与燃油喷射过程无关，且喷油时刻也与高压油泵的供油时刻无关，因此高压油泵的压油凸轮可以按照接触应力最小和耐磨性原则来设计。

　　共轨的作用是将高压输油泵提供的高压燃油进行蓄压后，按恒定的压力均匀分配到各缸喷油器中。确定共轨容积时，应考虑能削减高压输油泵的供油压力波动和每个喷油器因喷油过程引起的压力振荡，使高压共轨中的压力波动控制在5MPa以内。但是为了保证共轨有足够的压力响应速度，以便快速响应柴油机工况的变化，其容积又不能太大。ECD-U2高压共轨系统中，高压输油泵的最大循环供油量为600mm³，其共轨容积约为94000mm³。

　　在高压共轨上一般都安装轨压传感器、液流缓冲器（限流器）和压力限制器。压力传感器是用来向ECU提供高压共轨中的油压信号；液流缓冲器（限流器）是用来保证在喷油器出现燃油泄漏故障时，切断向喷油器供油，同时减小共轨和高压油管中的压力波动；压力限制器的作用是当高压共轨出现压力异常时，能迅速地将高压共轨中的压力泄掉。

　　喷油器的作用是根据ECU的控制指令完成定量喷油、喷油雾化及喷油规律。喷油量是通过喷油器的开启持续时间（通电脉宽）来控制，并通过喷油器的开启时刻控制喷油时刻。喷雾质量主要取决于喷射压力（取决于轨压）和喷孔总截面积以及燃烧室内的气流状态。高压共轨喷射系统的特点之一是通过喷油器的电控化实现喷油规律的直接控制，其控制精度主要取决于喷油器的响应特性。影响喷油器响应特性的主要因素有高频电磁阀的特性和针阀的惯性质量。ECD-U2系统中采用的是一种三通电磁阀式喷油器，如图7-20所示，主要由针阀偶件、液压柱塞、节流阀以及三通电磁阀（TWV）等组成。三通电磁阀的通电时刻决定喷射时刻，而其通电持续时间决定喷油量的大小。由于高压输油泵的供油过程和喷油器的喷射过程分别进行，喷射压力主要取决于共轨压力，所以可实现喷射压力和喷射过程的任意控制，有利于放热规律的控制，而不受二次喷射等不正常喷射现象的限制。

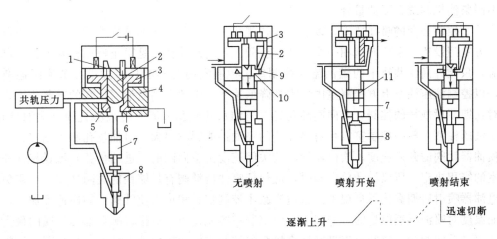

图7-20　ECD-U2系统喷油器结构

1—弹簧；2—内阀；3—外阀；4—阀体；5—A座；6—B座；7—液力活塞；
8—喷油器；9—内座；10—外座；11—小孔通道

　　（2）高压共轨系统的工作原理。柴油机工作时，高压输油泵始终处于泵油状态。如图7-17所示，当共轨需要增加压力时，由ECU控制高压输油泵上的PCV阀关闭而及时供油，否则，打开 PCV 阀使柱塞的泵油过程变为回油状态。ECU 根据柴油机的不同工况，控制喷油器上三通电磁阀的接通和断开时刻，由此控制喷射时刻和喷射量。轨压控制是根据设置在共轨上的压力传感器，通过 ECU 控制 PCV 阀将轨压反馈控制在柴油机不同工况所要求的最佳值上。

　　如图 7-20 所示，三通电磁阀的内阀是一个自由活塞，外阀与电磁线圈的衔铁做成一体，由线圈的通电方式控制其上下运动，而阀体是用来支承外阀的。这三个部件的配合精度很高，分别形成 A、B 两个密封面，在结构设计上使 A、B 两个密封面不能同时接通。密封面 A 控制液压柱塞顶部的控制室与高压共轨的连通，而密封面 B 则控制液压柱塞顶部的控制室与泄油孔连通。在 ECU 的控制下，接通三通电磁阀时，在电磁阀线圈中产生的磁场力作用下外阀上移，关闭密封面 A，使共轨中的高压燃油无法进入液压柱塞顶部的控制室。此时密封面 B 打开，液压柱塞顶部控制室内的高压油，经密封面 B（泄油孔），向燃油箱泄油，造成液压柱塞顶部的油压迅速降低，喷油器针阀在其承压锥面上的高压燃油作用下，克服液压柱塞及其弹簧力而升起，开始喷油。当三通电磁阀断电时，磁场消失，外阀在其弹簧力的作用下下移，关闭密封面 B，此时密封面 A 被打开。这样，来自共轨中的高压燃油进入喷油器针阀的承压锥面室的同时，也进入液压柱塞顶部的控制室。液压柱塞在高压燃油和弹簧力的作用下，使针阀落座，停止喷油，完成高压喷油过程。

　　三通电磁阀的接通和断开时刻，是根据事先通过发动机台架试验标定的不同工况下的目标控制脉谱（MAP）图，由 ECU 进行工况判断、演算之后确定控制量进行控制的。这里，液压柱塞顶部控制室容积的大小决定喷油器针阀开启的灵敏度。如果该容积过大，针阀在喷油结束时不能实现快速断油，使后期的燃油雾化不良；否则，控制容积过小，就不能给针阀提供足够的有效行程，使喷射过程的流动阻力加大。因此，对控制室容积也应根据不同柴油机的最大喷油量合理选择。

　　为了控制初期的喷油速率，以控制放热规律，适应降低柴油机排放的要求，在液压柱塞上方专门设置一个单向阀和一个小孔节流阀。单向阀的作用是阻止液压柱塞上方的燃油回流，只允许高压共轨中的燃油流入控制室。控制室内的燃油只通过小孔节流阀逐渐泄油，以控制液压柱塞上方控制室内压力的降低速率，由此控制喷油器针阀的升起速度，实现对初期喷射规律的控制。单向阀的孔径（进油量孔）和节流阀的最小直径（泄油量孔）以及液压柱塞上部的控制室容积对喷油器的喷油性能影响很大。泄油量孔和控制室容积决定喷油器针阀的开启速度。喷油器针阀的关闭速度由单向阀的（进油量孔）流量特性和控制室的容积决定。所以设计单向阀时，应保证喷油器针阀有足够快的关闭速度，以避免出现喷油器喷射后期雾化不良现象。若适当减小控制室容积可以使针阀的响应速度加快，使燃油温度对喷油器喷射量的影响减小。但控制室容积过小，直接影响喷油器针阀的最大升程。而且单向阀和节流阀的流量特性直接影响控制室内油压的动态特性，从而影响针阀的运动规律。

　　一般三通电磁阀的开启响应时间为 0.35ms，关闭响应时间为 0.4ms，全负荷状态下能量消耗约为 50W。

　　由于高压共轨喷油系统的喷射压力非常高，因此其喷油器喷孔截面积很小，如 Bosch 公司开发的六孔喷油器，喷孔直径为 0.15mm，在如此小的喷孔直径和高的喷射压力下喷射时，燃油流动处于极端不稳定状态，油束喷雾锥角变大，燃油雾化更好，但贯穿距离变小，因此可适当改善燃烧室内的气流强度以及燃烧室结构形状，以确保最佳的燃烧过程。

高压共轨喷油系统对喷油规律的这种精确柔性控制，可实现对燃烧速率的精确控制。现阶段高压共轨喷油系统向多阶段（多脉冲）喷射方式发展。这种喷射方式，将每循环燃油喷射量分成多阶段进行喷射，由此精确控制燃烧室内的温度和压力，达到既提高循环热效率又有效降低排放和燃烧噪声的目的。如图 7-21 所示，是将一个循环喷油量分成 6 次喷射的高压共轨六阶段喷射模式。主喷射阶段采用主喷射量分两次喷射的方式。通过这种方式可有效地降低缸内最高燃烧温度，由此抑制 NO_x 的生成。其中，先导喷射是指进气终了或压缩初期的某一时刻进行的少量喷射过程。目的是快速提高压缩行程中燃烧室内的温度和压力，由此缩短柴油机启动暖车时间，降低怠速惰转噪声，减小暖机运行时的碳烟排放，改善柴油机的低速转矩特性。这种先导喷射方式只在柴油机冷态下使用。预喷射是指在主喷射之前某一时刻进行的少量的事先喷射过程。其主要作用是提高燃烧室内的温度，为主喷射作准备，即由此缩短主喷射的着火延迟期，降低燃烧温度，抑制 NO_x 的生成，降低燃烧噪声。后喷射是指主喷射之后在膨胀过程中的某一设定时刻进行的少量的喷射过程。其目的是保证膨胀过程中缸内温度降低速率不至于过快或保持足够高的温度，以改善废气在膨胀过程中的氧化环境，由此减少燃烧过程中生成的 PM 排放，同时提高排气温度有利于后处理装置的催化反应。最后一个阶段的喷射称为迟后喷射，是在柴油机排气过程中进行的少量的喷射过程，其目的是由此增加排气中的 HC 含量，以提高 NO_x 催化还原装置的转化效率。

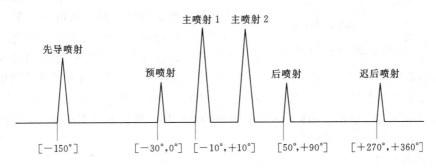

图 7-21 高压共轨六阶段喷射模式示意图

对多阶段喷射方式，需要根据柴油机实际情况确定的因素有：确定分几个阶段进行喷射、每个阶段喷射起始点、喷射持续期以及各喷射阶段之间的时间间隔等。特别是预喷射和主喷射之间的间隔，对柴油机的燃烧过程以及性能比较敏感。

为进一步提高喷油器控制喷射速率的能力，在上述电磁式高压共轨喷射系统的基础上，又开发研究出压电式高压共轨喷射系统。与原高压共轨系统的区别仅在于将喷油器由电磁阀式改为压电式，其他部分相同。这种压电式高压共轨喷射系统的主要特点是，将原用于高频电磁阀驱动针阀的机电一体化喷油器，改为压电喷油器，即喷油器的阀芯直接用压电晶体制成。这样，由于压电石英晶格的变形速度在 0.1ms 以内，所以压电喷油器的开关响应速度比电磁阀更快，对于同样的燃油喷射量，只需要较短的喷油持续时间。同时，采用压电晶体块取代电磁线圈，可进一步减小喷油器内整个喷射控制链上的累积误差，从而提高喷射精度，更精确地控制燃油喷射量。而且通过压电晶体阀芯的变形运动替代针阀的喷油开启运动，避免了机械式针阀在喷射过程中落座开启时的冲击振动噪声和摩擦损失。

压电喷油器的这些特点不仅有助于提高发动机的功率，减少氮氧化物和微粒（PM）等有害排放物，而且其运动部件数和重量也比电磁式高压共轨系统少。到目前为止，只有压电喷油器能够实现对喷油器针阀的直接驱动，而这种功能是实现燃油喷射规律有效控制所必不可少的。因此，压电式电控喷油器是发展趋势，具有更大的潜力。

（3）高压共轨系统的特点。高压共轨电控喷射系统，其共轨压力波动很小，没有常规喷射系统中存在的因压力波而产生的难控区、失控区等问题，喷射压力完全独立于转速和负荷，可根据柴油机的工况要求任意调节，所以可以实现柴油机所需要的理想喷油规律。

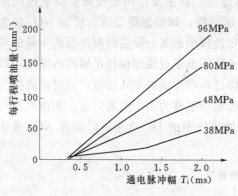

图 7-22　喷油量与喷油脉冲宽度的关系

高压共轨系统通过三通电磁阀、单向阀和节流阀等，可控制液压柱塞顶部的油压，所以易实现初期喷射速率低、快速停止喷射的"△"形（三角形）喷射速率控制。此外，也可以很容易实现多阶段的脉冲喷射过程。

高压共轨系统的喷油量仅取决于共轨压力和喷油器电磁阀的通电脉冲宽度。如图 7-22 所示，为不同共轨压力条件下随通电脉冲宽度变化的喷油量特性。对一定的喷油量，共轨压力越高，喷射时间（通电脉宽）越短，而且在整个喷射过程中始终保持一定的喷射压力。高压共轨系统在喷射时期、喷油量、喷射压力以及喷射速率等方面都具有柔性控制机能，而且喷射时期的控制范围宽，所以整个系统的响应特性和适应性好。

但是，高压共轨系统由于长时间维持系统内的高压，所以驱动高压输油泵的机械损失增加，而且存在高压密封等问题。

2. 电控泵喷嘴系统

电控泵喷嘴系统是直接将柱塞偶件和喷油器偶件集成在一个壳体内的一种柴油机燃料喷射系统，相当于在泵—管—嘴系统中取消了高压油管，避免了高压共轨高压密封等问题。由于无高压油管，所以柱塞泵油产生的高压燃油直接进入喷油器的承压环槽内。如图 7-23 所示，为电控泵喷嘴的结构，主要由泵喷嘴体、控制电磁阀、柱塞以及针阀等组成。泵喷嘴体实际上就是将喷油泵和喷油器做成一体，而且在喷油泵柱塞上取消了普通的机械式喷油泵柱塞上用于控制供油量的螺旋槽。喷油定时和喷油量是通过高速电磁阀控制泵喷嘴进油阀的开启时刻和开启持续时间来控制。由于这种电控泵喷嘴系统将喷油泵柱塞和喷油器以及控制阀（由柱塞阀、挡板和电磁阀等构成）都安装在一个壳体里，又没有高压油管，所以高压系统容积很小，因此允许产生更高的喷射压力（目前已达到 200MPa 以上），同时减小了密封表面和密封接头，所以可靠性好。

当柴油机工作时，泵喷嘴柱塞在驱动凸轮和其弹簧力的作用下完成泵油过程。此时，当电磁阀断电时，电磁阀在其弹簧力的作用下落座而关闭柱塞阀。所以，当泵喷嘴柱塞泵油时在喷油器油腔内立即建立高压，推开针阀开始喷油。当接通电磁阀电源时，在磁场的作用下柱塞阀开启。此时，虽然泵喷嘴柱塞仍泵油，但高压油腔内的燃油经已开启的电磁阀回油而卸压，喷油器针阀在其弹簧的作用下迅速落座而停止喷射。电磁阀的接通和断电时刻是根据发动机的工况由 ECU 直接控制的。

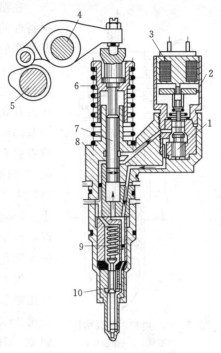

图 7-23　电控泵喷嘴结构
1—柱塞阀；2—挡板；3—电磁阀；4—摇臂轴；
5—凸轮轴；6—柱塞弹簧；7—泵喷嘴柱塞；
8—泵喷嘴体；9—喷油器弹簧；
10—喷油器针阀

在泵喷嘴系统中，把检测电磁阀的关闭时刻作为反馈信号，实现对喷射过程的反馈控制。电磁阀的关闭时刻，可通过检测电磁阀线圈的电压或电流波形来确定，不需要另设传感器。当采用电压波形作为检测信号时，对流通电磁阀线圈的电流需要用调节器调节，使得当电磁阀线圈中的电流达到某一定值后维持不变。这样，当接通电磁阀电源时铁芯开始移动，电磁阀线圈的两端电压随之升高；当铁芯移动到极限位置而停止运动时，线圈电压突然降低到仅需维持电流不变的水平。这种电压降可以很方便地测量。为了提高电磁阀的响应速度，除了采用行程短、质量小、压力平衡式阀和平面盘形铁芯以外，需要降低线圈的电感，以保证在很低的电源电压下电流能以足够快的速度达到饱和的水平。用这种方法能使检测电磁阀关闭时刻的精度达到±0.25°曲轴转角。同时，这种方法可以排除当电源电压变化时所造成的供油量和喷油定时的波动。

泵喷嘴的特点是相对高压共轨系统取消了高压油管，而将柱塞泵和喷油器合为一体，避免了高压密封问题，同时使系统简化。但是由于通过凸轮轴来驱动柱塞泵，所以专门设置凸轮轴和摇臂轴，使得驱动系统结构复杂。

3. 电控单体泵

电控单体泵是一种模块式结构的高压喷射系统，各缸柱塞泵泵体相互独立，其工作方式与泵喷嘴类似，但在结构上又有区别。如图 7-24 所示，单体泵主要由 ECU 控制的电磁阀和承担泵油并提供油压力的机械系统，如滚轮式挺柱、柱塞及其回位弹簧、泵体等组成。喷油器和喷油泵之间用一根很短的高压油管连接，当柴油机工作时直接通过凸轮轴驱动设置在发动机上的单体泵完成泵油过程，此时由 ECU 控制设在单体泵出油口端的电磁阀来精确控制泵油时刻和泵油持续时间，由此通过短的高压油管控制喷油器的喷射过程。当 ECU 控制电磁阀开启时，高压燃油经过很短的高压油管直接传送到喷油器，使喷油器立即建立高压进行喷射。当 ECU 控制电磁阀关闭时，柱塞泵泵油室内的燃油和高压短油管内的燃油经回油孔回油，喷油器内的燃油压力迅速降低，喷油器迅速停止喷油。

在喷油器弹簧等其他参数一定的条件下，影响喷油器喷射特性的单体泵主要结构参数有，高压油管的直径和长度以及柱塞的横截面积和喷油器喷孔的面积比（称为面积比）。该面积比直接影响喷射压力，即面积比越大，供油速率与喷油速率之比越大，喷射压力越高；对一定的喷射面积，喷射压力升高，喷射速率也相应地提高。高压系统的容积（包括柱塞的压油容积、高压油管容积和喷油器内部容积）直接影响喷射系统的响应特性。该容积越大喷油泵到喷油器之间的响应特性越差。在喷油泵和喷油器一定的条件下，高压系统容积主要取决于高压油管的直径和长度。但高压油管直径过小，影响单位时间的供油能力、过大则影响响应特性。所以，根据不同排量柴油机应优化选择，而高压油管长度在系统布置允许的前提下越短越好。

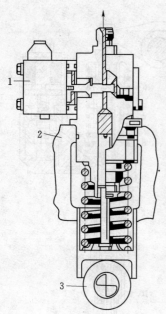

图 7 - 24 电控单体泵结构
1—电磁阀；2—柴油机；
3—挺柱滚轮

为了适应不断强化的排放法规要求，单体泵也不断进行高压喷射化，其喷射压力已达到 140～160MPa，而 Delphi 公司 2001 年推出的 EUP200 型单体泵的最高喷射压力已达到 200MPa。

电控单体泵的特点是各缸单体泵之间相互独立，控制比较灵活。但是单体泵并非直接控制喷油器，而是通过电磁阀控制喷油泵的供油过程和供油规律，间接地控制喷射规律。

4. 三种电控高压喷射系统的比较

如前所述，高压共轨喷射系统在结构上仍采用了泵—管—嘴形式，但在控制上，泵、管（共轨）和喷嘴三者互相独立。通过直接控制喷油器的方法，实现对喷油规律的直接控制。高压输油泵和共轨中轨压的控制，只为喷油器创造了喷射条件。因此，喷射压力不受柴油机转速、负荷的影响，可任意调整。这种方式在放热规律控制精度和响应特性方面具有更优越的特性。但需要在高压系统的高压密封及可靠性方面采取相应的措施。

泵喷嘴系统是在结构上取消了泵与喷嘴之间的高压油管，把泵与喷嘴集成于一体，便于高压化。但是由于每个缸泵喷嘴独立，因此需要专门的驱动凸轮轴或摇臂机构，所以驱动机构复杂。而且在控制方法上，虽然通过高频电磁阀控制喷油时刻和喷油量，但是喷油规律直接取决于柱塞泵的供油规律。也就是说，泵喷嘴系统实际上就是从结构上解决了传统的泵—管—嘴系统的供油规律和喷油规律不一致的问题。从喷油器的控制角度而言，其喷射压力受供油速率的影响，而供油速率取决于其驱动凸轮型线和柴油机转速，所以喷射压力的控制自由度受到限制。

单体泵在结构上避免了泵喷嘴系统安装在气缸盖上体积大结构复杂的缺点。但是在控制方法上采用控制单体泵的供油特性来间接地控制喷油规律的方式。由于高压油管很短，所以高压化及供油规律和喷油规律的不一致性得到改善，但是在喷油规律的控制精度，以及高速响应特性等方面，单体泵不及高压共轨和泵喷嘴系统。单体泵的喷油规律控制精度及其响应特性主要取决于高压系统的容积大小和其内部的压力波动状态。

从实际使用角度看，随着柴油机强化程度的不断提高，对轻型高速柴油机，多采用响应特性优越的高压共轨系统；而对使用转速范围较低的大中型柴油机采用泵喷嘴和单体泵的较多。从放热规律控制精度上考虑，直接控制喷油器的高压共轨系统，特别是压电式高压共轨系统的发展潜力更大。

第八章　内燃机特性与匹配

内燃机特性是指内燃机性能指标（动力性、经济性、排放及运转性能等指标）随调整情况或运转情况的变化关系。其中，性能指标随调整情况的变化关系称为调整特性（如点火提前角调整特性和喷油提前角调整特性等），性能指标随运转情况的变化关系则称为性能特性。特性是通过台架试验而得到，本章将重点介绍内燃机的性能特性，如负荷特性、速度特性、万有特性等，同时简要介绍台架实验基础知识及设备。由于内燃机是为其他工作机械提供动力的，两者之间的匹配不仅涉及工作机械的性能，而且也与内燃机本身的使用特性密切相关。为此，本章还将介绍内燃机与常用工作机械的匹配要点。

研究内燃机的使用特性及其与工作机械的匹配，不仅是为了评价内燃机的使用性能，为工作机械正确选用内燃机提供依据，同时，还可以通过对影响内燃机使用特性的各种因素的分析，提出改进内燃机的特性以适应匹配要求的技术措施，来优化整个动力装置的使用性能。

第一节　内燃机的工况

内燃机的工况就是其工作状况，通常用内燃机的负荷（功率或转矩）和转速来表示。由第一章式（1-14）和式（1-16）可知，表征内燃机运行工况的参数可表示为

$$P_e \propto T_{tq} n \propto p_{me} n \qquad (8-1)$$

在式（8-1）中只有两个独立变量，即内燃机的工况是由两个独立参数确定的，常用 T_{tq} 与 n 或 p_{me} 与 n 或 P_e 与 n 这三组参数之一来表示内燃机稳定运转时的工况。

以 P_e—n 为坐标绘制出的内燃机所能运行工况的范围，如图 8-1 所示。可见，内燃机的工作区域被限定在一定范围内，其上边界线 3 为内燃机油门全开时，不同转速下的功率（即外特性功率）；左边界线是内燃机最低转速 n_{min} 限制线，低于该转速由于飞轮等运动件储存能量小，导致转速波动大，不能稳定运行；右边界线是最高转速 n_{max} 限制线，它受转速过高导致的惯性力增大、机械效率和充气效率下降、燃烧过程恶化等因素的限制。因此，内燃机所能工作的区域就限定在上述边界线与横坐标轴所围成的范围。

内燃机的实际工况总是与它所驱动的工作机械的负荷和转速相适应，因而不同用途的内燃机，其工况变化的规律也不同。根据内燃机所驱动的工作机械和转速的变化情况，内燃机的工况大致可分为以下三类。

1. 恒转速工况

恒转速工况是指内燃机的转速保持不变，功率随工作机械负荷的大小，可以由零变到最大，如图 8-1 所示中的垂直线 1。例如，发电用的内燃机，为保证发电机工作频率稳定，要求内燃机转速基本稳定不变，而功率随用电负荷呈阶跃式突变。灌溉用的内燃机，

除了起动和过渡工况外，在内燃机的运行过程中转速与负荷均基本保持不变，如图 8-1 中的 A 点，称为点工况。

2. 线工况

线工况是指内燃机的功率与转速成一定函数关系变化的工况，发电内燃机的恒速工况也可以看成一种线工况。当内燃机作为船用主机驱动螺旋桨时，内燃机所发出的功率必须与螺旋桨所吸收的功率相等，而吸收的功率又取决于螺旋桨转速的高低，是与转速成三次幂关系，如图 8-1 中所示的曲线 2，这种工况也称为螺旋桨工况。

3. 面工况

面工况是指内燃机的功率和转速都独立地在很大范围内变化，它们之间没有特定的函数关

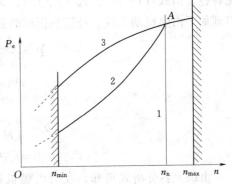

图 8-1 内燃机的工作区域和工况分类

系，内燃机所能工作的区域就是它的实际工作区域。当内燃机作为汽车、工程机械的动力时，其转速可以在最低转速和最高转速之间变化，功率也可以在零和全负荷之间变化，即属于面工况。

不同用途的内燃机经常是在变转矩或变转速，或两者都变化的情况下工作，所以实际内燃机的工况可分为稳定工况和非稳定工况。本书只是针对稳定工况进行讨论，所建立的内燃机工作中各种参量之间关系式都仅适用于稳定工况，对非稳定工况则不适用。

第二节 性能指标的分析式与台架试验

一、内燃机性能指标分析式

为了分析内燃机特性的变化规律和影响因素，需要建立起内燃机性能指标与工作过程参数之间的关系式。

根据充气效率 η_v 的定义，内燃机每循环的气缸充气量 m_1 可表示为

$$m_1 = \rho_0 V_s \eta_v$$

式中　ρ_0——大气状态下空气密度，kg/m^3；

V_s——气缸工作容积，m^3。

又根据过量空气系数 α 的定义，每循环加入气缸的燃料量 g_b 可表示为

$$g_b = m_1/(\alpha L_0) = \rho_0 V_s \eta_v/(\alpha L_0)$$

式中　L_0——1kg 燃料完全燃烧所需的理论空气量，kg/kg。

于是，循环加热量为

$$Q_1 = H_u g_b = H_u \rho_0 V_s \eta_v/(\alpha L_0) \tag{8-2}$$

式中　H_u——燃料的低热值，kJ/kg。

将式（8-2）代入平均有效压力定义式，即

$$p_{me} = p_{mi}\eta_m = (Q_1\eta_i/V_s)\eta_m = H_u\rho_0\eta_v\eta_i\eta_m/(\alpha L_0) \propto \eta_v\eta_i\eta_m/\alpha \tag{8-3}$$

式（8-3）表明，单位气缸工作容积对外输出的有效功，主要与充气效率 η_v、指示热效率 η_i、机械效率 η_m 及过量空气系数 α 有关。这些参数随工况的变化特性决定了 p_{me} 的变化特性。由式（1-15）、式（1-16）、式（1-20）和式（1-21），结合式（8-3）即可得到如下内燃机动力性、经济性指标的分析式，即

$$P_e = \frac{p_{me} V_s i n}{30\tau} \propto \eta_v \eta_i \eta_m n/\alpha \tag{8-4}$$

$$T_{tq} = \frac{iV_s p_{me}}{\pi\tau} \times 10^3 \propto \eta_v \eta_i \eta_m/\alpha \tag{8-5}$$

$$b_e = \frac{3.6}{\eta_e H_u} \times 10^6 \propto 1/(\eta_i \eta_m) \tag{8-6}$$

$$B = b_e P_e \times 10^{-3} \propto \eta_v n/\alpha \tag{8-7}$$

由以上各分析式可知，在对内燃机特性进行分析时，动力性指标应从换气过程 η_v、燃烧过程 η_i、混合气浓度 α 和机械损失 η_m 随工况的变化关系来进行分析；经济性指标则应从燃烧过程 η_i 和机械损失 η_m 随工况的变化关系来进行分析。

二、内燃机的台架试验

为了得出内燃机的特性，需要专门的试验测试条件。内燃机进行热功转换的工作过程中，在对外输出机械功的同时，也引起强烈的振动。为了能准确测量内燃机的性能参数，如图8-2所示，需要将内燃机和测功器安装固定在坚实、防振的专用基础上，基础的振幅不得大于 $0.05 \sim 0.1$mm。试验前需将内燃机和测功器在台架上通过联轴器对中连接，并安装转速传感器测量曲轴或与曲轴同轴连接的测功器轴的转速。由于试验研究内容的不同，所需要的测试设备有所区别，但是最基本的设备有测功器、油耗仪、转速表以及排放测试设备等。除此之外，还需要专门的冷却水系统以保证试验时内燃机的工作温度以及向

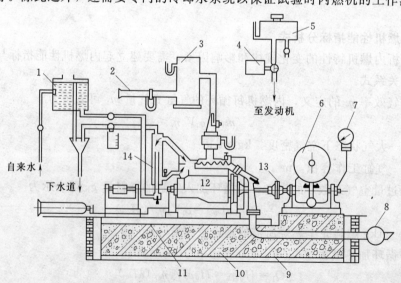

图 8-2　内燃机试验台架

1—水箱；2—空气流量计；3—稳压箱；4—油耗仪；5—燃油箱；6—测功器；7—转速表；8—消声器；
9—减震垫层；10—基础；11—地板；12—内燃机；13—联轴器；14—内燃机冷却水箱

内燃机供给所需燃料的燃料供给系统，试验室专用通风装置、消声装置等辅助系统。

1. 测功器

测功器是专门用来测量内燃机输出转矩 T_{tq} 的设备，若同时测量出内燃机的转速 n，则可利用公式 $P_e = T_{tq}n/9550$，求得输出功率。测功器能够产生阻力来平衡内燃机输出的转矩，从而吸收内燃机输出的功。利用这一特点可以任意改变内燃机的转速和负荷，由此模拟内燃机实际的使用工况。根据吸收功的原理不同，测功器分为水力测功器、电力测功器和电涡流测功器三种类型，如图 8-3 所示。

（1）水力测功器。水利测功器结构，如图 8-3(a) 所示，它的外壳浮动支撑在两端的轴承上，可以摆动；当内燃机带动测功器转子同步旋转时，由其转子和外壳构成的涡流室内水的旋转运动，使测功器外壳在水的摩擦力作用下摆动一个与输出转矩成正比的角度，由此测量内燃机的输出转矩。涡流室内旋转运动的水量越多，水层越厚，摩擦力就越大，外壳摆动角度增加，则外壳上固定的测力机构的读数随之增加，表明水吸收的机械功越多。当发动机稳定运行时，测功器的摆动角度不变，测功器读数稳定。内燃机的输出功在水力测功器内通过水的摩擦转换为热能，使水温升高。

水力测功器具有价廉、工作可靠、体积小等优点，应用较广泛。但其测量精度以及自动化程度相对较低，多用于内燃机性能试验和可靠性考核试验。

（2）电力测功器。电力测功器结构，如图 8-3(b) 所示，当内燃机带动直流电动机转子在定子外壳的磁场中转动时，切割磁力线而产生感应电流，感应电流的磁场与定子磁场相互作用产生电磁力矩。受该力矩的作用浮动支撑在轴承上的定子外壳摆动一个与该电磁力矩成正比的角度。在定子外壳上固定有测力机构，测量此时外壳摆动角度时的力矩大小，该力矩大小与发动机输出给转子的转矩相等。通过改变定子磁场的大小可任意调节测功器所吸收转矩的大小，从而与内燃机的负荷调节相适应。

电力测功器利用内燃机的输出功进行发电，从而回收电能；它能够当电动机使用反拖内燃机，测量精度高，自动化程度好，工作灵敏；但其系统较复杂，价格昂贵，主要用于内燃机研究开发中的试验工作。

（3）电涡流测功器。电涡流测功器是目前应用最多的一种测功器，如图 8-3(c) 所示。它主要利用电涡流效应将发动机输出的机械能转变为电能，再将电能转换为热能。该测功器吸收能量的主要部分是由转子和定子组成的制动器，定子包括外壳、涡流环和励磁线圈。由外壳、涡流环、空气隙和转子构成磁路，当外界电源向励磁线圈供电时，在该磁路上产生磁力线，如图 8-3(c) 中虚线所示。内燃机驱动转子旋转，此时由于在磁路中转子外缘涡流槽的存在，在空气隙处磁力线密度发生变化，因而在涡流环内产生感应电动势而形成电涡流。此电涡流与所产生的磁场相互作用形成电磁转矩，使浮动在轴承上的定子摆动一个角度。调节励磁电流，即可改变电涡流强度，从而改变测功器所能吸收的机械功和定子摆动角度。由此，既可测量转矩又可调节负荷。涡流电路设有一定的电阻，使内燃机输出的机械能转变为电能后，在涡流环内电能再损耗为热能，使涡流环发热，所以需要冷却水来强制冷却涡流环。

这种测功器自动化程度高，操作简便，结构紧凑，运转平稳，测量精度较高，不能反拖内燃机，成本不是很高。

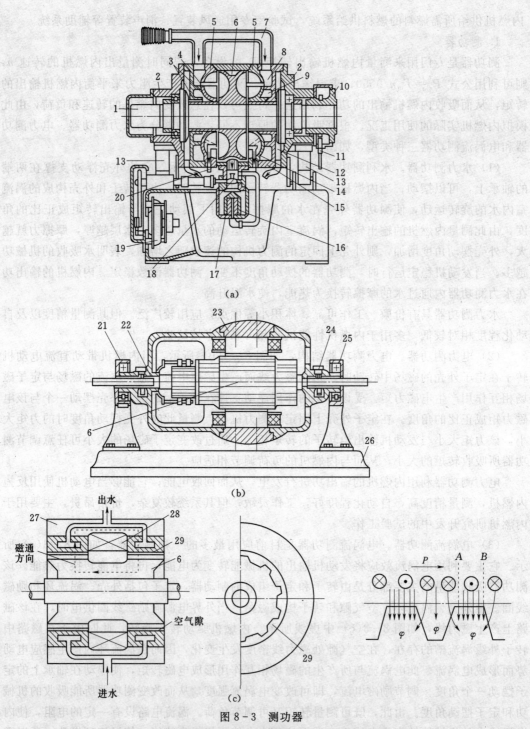

图 8-3 测功器

(a) 水力测功器；(b) 电力测功器；(c) 电涡流测功器

1—转子轴；2—外壳；3—无接触密封；4—进水孔；5—定子；6—转子；7—进水管；8—进水环室；
9—分隔室；10—联轴器；11—转速传感器；12—排水室；13—支承；14—回水孔；15—隔板；
16—浮动活塞阀；17—活塞座；18—控制阀；19—伺服电动机；20—排水孔；21、22、24、
25—轴承；23—定子外壳；26—基座；27—铁壳；28—励磁线圈；29—涡流环

2. 油耗的测量

内燃机的有效燃料消耗率指标，是通过测量其运行时对应工况所消耗的燃料量，与此同时测量内燃机的输出转矩和转速后，通过计算求得的。内燃机的输出转矩由测功器测量，转速则用专用转速表测量。每一工况所消耗的燃料量，是在稳定工况下通过测量一定时间间隔内所消耗的燃料量，由此计算出每小时耗油量。典型的燃油消耗量测量方法有容积法和质量法两种。

（1）容积法。如图 8-4（a）所示，这种方法是在内燃机工作时通过测量消耗一定容积 V_f 燃油所需要的时间 t 后，计算出每小时的燃油消耗量 B，即

$$B = 3.6 V_f \rho_f / t$$

式中　V_f——测量所消耗燃油的容积，mL；

$\quad\quad\ t$——测量的时间，s；

$\quad\quad\ B$——每小时燃油消耗量，kg/h；

$\quad\quad\ \rho_f$——燃料的密度，g/mL。

在测量油耗的同时，通过测功器和转速表测量出内燃机的输出转矩和转速，求得输出功率 P_e 以后，根据燃油消耗率的定义，由式（1-20）求出比油耗 b_e。

由于柴油的黏度较大，用容积法测量会产生较大的误差，因此容积法主要用于汽油机稳定工况油耗的测量。

（2）质量法。如图 8-4（b）所示，质量法是通过测量消耗一定质量 m_f(g) 的燃油所需要的时间 t(s) 后，计算出每小时的燃油消耗量 B(kg/h)，即 $B = 3.6 m_f / t$，再根据燃油消耗率的定义，由式（1-20）求出比油耗 b_e。所消耗的燃油质量 m_f 用天平或电子秤来计量，此方法可用于柴油机和汽油机稳定工况的油耗测量。

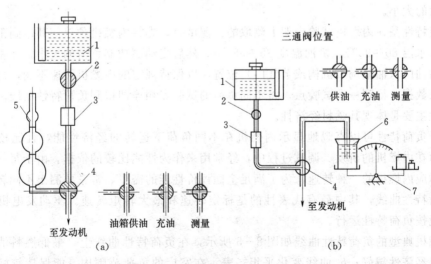

图 8-4　燃油消耗量的测量方法

(a) 容积法；(b) 质量法

1—油箱；2—开关；3—滤清器；4—三通阀；5—量瓶；6—油杯；7—天平

将以上两种油耗测量方法实现自动化测量后生产出的产品就是目前广泛使用的自动油

耗仪，其成本低廉，工作较为可靠。使用这种油耗仪测量电控喷射内燃机油耗时，一定要把油耗仪连接在发动机的燃油泵与燃油箱之间，如果发动机上有回油（燃油泵的泵油量与燃油喷射量之差）管，必须将其接到燃油泵与油耗仪之间（即接到燃油泵之后油耗仪之前）。对于普遍使用油箱内置潜液式燃油泵的电喷汽油机，在使用这种油耗仪测量油耗时，则需要另做一放置燃油泵的小油箱，将其安置在汽油机与油耗仪之间来进行测量。对于电控喷射内燃机，目前比较先进和方便的油耗测量方法是采用瞬时流量计。瞬时流量计也称为瞬态油耗仪，它既适用于稳定工况的油耗测量，也可用于非稳定工况的油耗测量，用途十分广泛；但其价格较高。

3. 试验方法

为了试验结果的可信度和可比性，台架试验方法应严格按照国家规定的有关内燃机台架试验标准进行。由于同一内燃机在相同的工况下，测量环境条件不同，所测得的结果不同。因此，为了使试验结果具有统一的比较基准，国家标准中规定了标准大气状态，并给出了对试验所测得的数据，根据当时试验环境状态，按国家有关标准规定的要求进行大气校正的计算方法。国家标准中规定的内燃机台架试验标准大气状态是：大气压力为99kPa，环境温度为25℃，相对湿度为30％。

第三节 内燃机的负荷特性

内燃机的负荷特性是指当内燃机的转速不变时，性能指标随负荷而变化的关系。这时的性能指标主要指燃料消耗率 b_e，有时也加上燃料消耗量 B 和排气温度 t_r 等。由于转速不变，内燃机的有效功率 P_e、转矩 T_{tq} 与平均有效压力 p_{me} 之间互成比例关系，均可用来表示负荷的大小。

负荷特性是在内燃机试验台架上测取的。测试时，先将内燃机预热使其达到正常的热力状态（水温 80～90℃，机油温度 85～95℃），然后变动测功器负荷的大小，并相应调整内燃机的油门（油量调节机构或节气门）位置，以保持规定的内燃机转速不变，待工况稳定后记录数据，得到一个试验点。将不同负荷的试验点相连即得到负荷特性曲线。内燃机负荷特性主要是体现其燃料经济性。

由于负荷特性可以直观地显示内燃机在不同负荷下运转的经济性能，且比较容易测定，因而在内燃机的研发、调试过程中，经常用来作为性能比较的依据。由于每一条负荷特性仅对应内燃机的一种转速，为了满足全面评价性能的需要，常常要测出不同转速下的多条负荷特性曲线，其中最有代表性的是标定转速和最大转矩转速。驱动发电机的内燃机，一般按负荷特性运行。

内燃机典型的负荷特性曲线如图 8-5 所示，在负荷特性曲线上，最低燃料消耗率越小内燃机经济性越好；b_e 曲线变化平坦，表示在宽广的负荷范围内，能保持较好的燃料经济性，这对于负荷变化较大的内燃机十分重要。此外，无论是柴油机还是汽油机，都是在中等偏大的负荷范围下 b_e 最低。全负荷时，虽然内燃机功率输出最大，但燃料经济性并不是最好。在低负荷区，b_e 显著升高。为使内燃机在实际使用时节约燃料，希望使用负荷接近经济负荷。

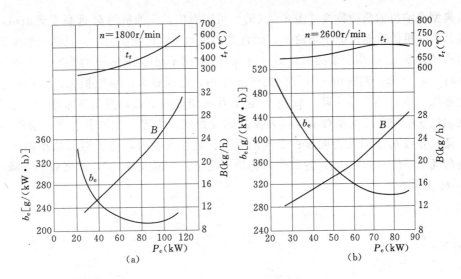

图 8-5　内燃机的负荷特性
(a) 柴油机；(b) 汽油机

应用式（8-6）来分析内燃机负荷特性上 b_e 的变化趋势。当内燃机负荷为零（不输出动力）时，平均有效压力 $p_{me}=0$（$T_{tq}=0$，$P_e=0$），机械效率 $\eta_m=0$，所以 b_e 为无穷大。小负荷时，η_m 很低，导致 b_e 很高，如图 8-5 所示。当负荷增大时，p_{me} 随负荷提高而增大，η_m 上升较快。因此按式（8-6），b_e 曲线在负荷增加时下降很快，到达某一负荷时，b_e 达到最低值。随着负荷进一步加大，b_e 又逐渐加大。

一、柴油机的负荷特性

对于自然吸气柴油机来说，当它按负荷特性运行时，由于转速不变，其循环充气量基本保持不变。当负荷变化时，通过燃料量调节机构改变循环喷油量以适应负荷的变化，负荷增大时油量增加，反之则减少。这样，柴油机可燃混合气的过量空气系数 α 将随负荷的增加而减小。当负荷较大时，α 变得较小，混合气形成和燃烧开始恶化，η_i 下降。当 η_i 的下降速率超过 η_m 上升速率时，b_e 曲线逐渐上升。柴油机 η_i 和 η_m 随负荷的变化关系，如图 8-6(a) 所示。如果继续增加负荷，部分燃料由于周围缺乏足够的空气，不能完全燃烧，生成较多的不完全燃烧产物 HC 和 CO，b_e 上升，且排气烟度急剧上升，活塞、燃烧室表面积炭，发动机过热，可靠性和耐久性受损。排气烟度达到国家标准允许值时的柴油机负荷称为冒烟界限。为了保证柴油机安全、可靠、环保地运行，一般不允许它超过冒烟界限工作。

对于废气涡轮增压柴油机来说，由于随负荷的增大，排气能量加大，涡轮增压器转速上升，从而使增压压力提高，进气密度增大，所以在大负荷时，其 α 和 η_i 的下降速率比自然吸气柴油机小，因而在大负荷一侧 b_e 曲线较为平坦。与自然吸气柴油机不同的是，增压柴油机限制负荷的因素主要是最高燃烧压力和增压器的可靠性。

二、汽油机的负荷特性

对于汽油机来说，由于对应燃烧良好的 α 值在很小的范围内变化，负荷变化是通过改变进气系统中的节气门开度，从而改变进入气缸的可燃混合气数量来实现的。

从典型汽油机的负荷特性〔图 8-5(b)〕可以看出，汽油机的 b_e 远高于柴油机，其主要原因是汽油机的压缩比低于柴油机，而且汽油机的 α 值比柴油机小。虽然一般来说，汽油机的机械效率 η_m 略高于柴油机，但这种 η_m 的差别不足以弥补 η_i 的影响。当汽油机负荷减小时，η_m 下降，同时由于节气门的节流作用，造成较大的泵气损失，缸内残余废气相对量增加，使 η_i 也有所下降，致使 b_e 的上升比柴油机更快；当负荷很小时，η_m 更小，汽油机燃烧室中残余废气相对增多，为保证燃烧稳定，不得不加浓混合气，使得 η_i 也进一步下降，导致 b_e 上升尤为明显；当汽油机在接近全负荷时，为了增加功率输出，采取加浓混合气的措施（$\alpha=0.9$），导致燃料燃烧不完全，生成大量 CO，燃烧效率下降（即 η_i 下降），b_e 上升。

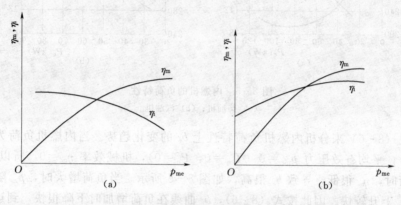

图 8-6 η_i 和 η_m 随负荷的变化关系
(a) 柴油机；(b) 汽油机

汽油机 η_i 和 η_m 随负荷的变化关系如图 8-6(b) 所示。由该图可见，由于汽油机和柴油机的负荷调节方式不同，造成两者的指示热效率 η_i 随负荷的变化规律相反，这导致汽油机的 b_e 随负荷变化曲线比柴油机要陡；而柴油机热效率高，b_e 低，同时 b_e 随负荷变化平坦，表明柴油机在部分负荷（p_{me} 较小）时更比汽油机节能，而汽油机经济性指标对负荷的适应性较差。

如图 8-5 所示，负荷特性中的燃料消耗量 B 曲线，一般作为特性测试的原始数据。B 随着 P_e 的增加而增加，但不完全呈线性变化，B 线对线性的偏离决定于 η_v/α 的变化。

负荷特性中经常表示出排气温度 t_r 随负荷的变化。从图 8-5（a）与图 8-5（b）的对比可以看出，汽油机的 t_r 要比柴油机高得多，主要原因有：一是汽油机的 α 值较小，混合气热值 Q_{mix} 较大；二是汽油机压缩比低，导致膨胀比小。由图 8-5 还可以看出，柴油机的 t_r 随负荷的减小而迅速降低，这是因为 α 值随负荷减小而增大；而汽油机的 t_r 虽然也随着负荷的减小而下降，但下降幅度较小，这是因为汽油机的 α 值并不随负荷减小而增大，在很小负荷时反而减小（在很宽广的中等负荷范围 α 基本不变）。汽油机在接近全负荷时 t_r 上升势头被抑制，主要原因是混合气加浓到 $\alpha=0.9$，燃烧速率增大，有效膨胀比增加。

第四节 内燃机的速度特性

内燃机的速度特性，是指在油门（油量调节拉杆或节气门）位置保持不变的情况下，内燃机的性能指标（转矩、功率、油耗、排气温度、烟度等）随转速的变化关系。

速度特性也是在内燃机试验台架上测得的。测量时，让内燃机预热使其达到正常的热力状态（水温 80～90℃，机油温度 85～95℃），将油量调节机构位置固定不动，调整测功器的负荷，内燃机的转速相应发生变化，然后记录有关数据并整理绘出曲线。当油门位置固定在标定工况位置时，测得的特性为全负荷速度特性（简称外特性）；油量低于标定位置油量时，测得的特性称为部分特性。由于外特性反映了内燃机所能达到的最高动力性能，确定了最大功率、最大转矩以及对应的转速，因此在速度特性中最为重要。内燃机在出厂时必须提供此特性。

一、柴油机的速度特性

柴油机的速度特性如图 8-7(a) 所示。由式（8-5）可知，转矩 T_{tq} 的变化规律取决于 η_v、α、η_i 和 η_m 随转速的变化情况。柴油机的负荷调节采用质调节方式，因此每循环充气量的大小，仅提供了产生多大转矩的可能性，究竟能发出多大的转矩则决定于每循环喷油量 Δg 随转速的变化。η_v 随转速的升高略有下降，但变化不大，因此，式（8-5）中 η_v/α 的变化取决于 Δg 的变化情况。由此分析，可将式（8-5）改写成 $T_{tq} \propto \eta_i \eta_m \Delta g$，即柴油机转矩 T_{tq} 随转速变化的情况由 η_i、η_m 和 Δg 所决定。Δg、η_i、η_m 和 η_v 随转速的变化趋势阐述如下。

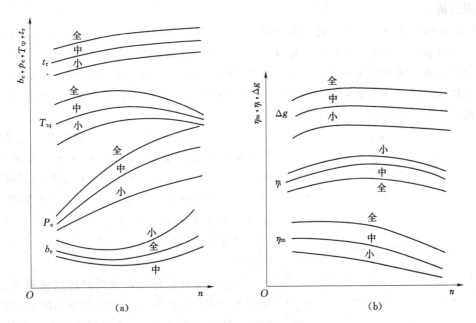

图 8-7 柴油机的速度特性

(a) 动力性、经济性；(b) η_i、η_m、Δg

小—小负荷；中—中等负荷；全—外特性

（1）Δg 历程分析。对于传统的柱塞式喷油泵，当油量调节机构位置固定且无油量校正时，随柴油机转速 n 的增加，通过柱塞与柱塞套间的燃油泄漏减少，且柱塞有效行程由于泄油孔节流作用的增强而增加，导致循环供油量 Δg 有所增大，如图 8-8 所示中的曲线 1。采用油量校正后喷油泵的循环供油量 Δg 随转速的变化如图中曲线 2，即在转速增加时可以保持供油量的基本不变或略有下降。校正后曲线的具体形状取决于校正方法。由于传统柱塞泵的这种速度特性，其最大供油量一般是根据标定点允许的烟度排放限值或所应达到的标定功率来确定。

对于实现了数字控制的电控高压喷射柴油机，油门位置仅是一传感器，提供给电控单元一个对负荷大小需求的信号。电控高压喷射柴油机循环喷油量的设定相对独立，不受机械式喷油泵供油速度特性的影响。电控单元根据油门位置和转速等信号，从存储器（ROM）中的喷油量脉谱读取相应工况的喷油脉宽，以此来控制喷油器的开启时间实现对循环喷油量的控制。喷油量脉谱是通过标定试验，以充气效率曲线为依据得到的。电控高压喷射柴油机基本上都采用废气涡轮增压技术，由于废气涡轮增压在低速时增压程度不够，而在高速区则容易实现增压，所以高速时气缸做功能力提高。为了提高低速转矩就需要加大喷油量，因此在循环喷油量速度特性上 Δg 的变化特性，如图 8-7(b) 所示，Δg 在低速区随转速增加，当转速升高到增压器正常工作区以后，Δg 则有下降的趋势。

电控高压喷射柴油机外特性各转速下最大喷油量的确定，是根据各转速下所能承受的最大爆发压力所对应的最大喷油量和所允许烟度排放限定值确定的最大喷油量，选择两者之间较小值设定为该转速下的最大喷油量。这里的烟度限定值为当前实行的排放法规中规定的限制值。

（2）η_i 历程分析。在某一适当的中间转速，充气效率较佳，缸内空气涡流比较强，使混合气形成较好，燃烧过程较为完善，η_i 达到最高，这就如图 8-7(b) 所示中 η_i 曲线稍有凸起的位置。随着转速 n 上升使燃烧过程的时间缩短，混合气形成的条件逐渐恶化，不完全燃烧现象增加，致使 η_i 有所下降。当转速过低时，也会由于空气涡流减弱，燃烧不良及传热、漏气损失增加，使 η_i 降低。

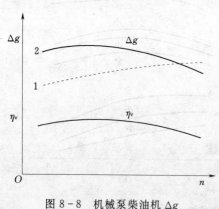

图 8-8　机械泵柴油机 Δg
和 η_v 随 n 的变化

（3）η_m 及 η_v 历程分析。机械损失功总是随着转速 n 的增加而增加，故 η_m 随 n 的上升而下降，如图 8-7（b）所示。在转速从标定转速逐渐降低时，由于气流速度的下降、节流损失的降低而使充气效率 η_v 提高；当转速过低时，由于不能利用气流惯性进行过后充气，造成 η_v 的下降，如图 8-8 所示。

根据以上分析可知，在低速区机械效率 η_m 变化不大，而指示热效率 η_i 和循环喷油量 Δg 随转速增加，所以转矩 T_{tq} 迅速增加到最大值。随后 Δg、η_i 和 η_m 三者均变化不大，使得转矩 T_{tq} 曲线较为平坦。增压柴油机受缸内最高爆发压力的限制，使得最大转矩所对应的转速范围较宽，即外特性转矩曲线存在平顶区。然后随 n 的进一步增加，Δg 基本保持不变或有所减小（传统柱塞泵无油量校正时 Δg 增加），而 η_i 和 η_m 降低明显，所以转矩 T_{tq} 也随之降低，如图 8-7(a) 所示。

根据功率 P_e 与 $T_{tq}n$ 的正比关系，由于 T_{tq} 变化平坦，所以在一定转速范围内 P_e 几乎

随 n 成线性增加，很难确定峰值功率点，如图 8-7(a) 所示。即功率为零的最大转速 n_{max} 非常高，若不加以控制将会发生飞车的危险。因此，电控高压喷射柴油机在设定喷油脉谱时，专门设定了限制最高转速的喷油量脉谱图，以防超速飞车。而传统机械泵柴油机则需装置调速器。

由图 8-7 (b) 可知，在某一中间转速乘积 $\eta_i\eta_m$ 最大，根据式 (8-6)，此时比油耗 b_e 最低。当转速高于此转速时，因 η_i 和 η_m 同时下降使 b_e 开始升高；当转速低于此转速时虽然 η_m 略有升高。但因 η_i 下降较多而使 b_e 增加。

由于 b_e 随 n 的增加而增加，并且单位时间的循环次数也随 n 的增加而增加，故小时耗油量 B 随 n 的上升而增加较快。

排气温度 T_r 也随转速升高、后燃量的增加而上升，如图 8-7(a) 所示。

二、汽油机的速度特性

汽油机的速度特性如图 8-9 所示。由式 (8-5) 可知，汽油机转矩 T_{tq} 的变化规律取决于 η_v、α、η_i 和 η_m 随转速的变化。但因为汽油机的负荷调节采用的是"量调节"，过量空气系数 α 随转速的变化不大，所以汽油机转矩 T_{tq} 的大小主要取决于乘积 $\eta_v\eta_i\eta_m$ 随转速 n 的变化规律。η_v、η_i 和 η_m 随汽油机转速的变化趋势，如图 8-10 所示。

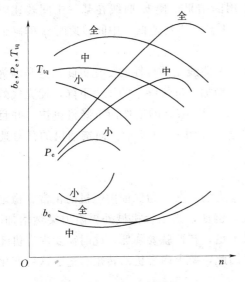

图 8-9 汽油机的速度特性
小一小负荷；中一中等负荷；全一外特性

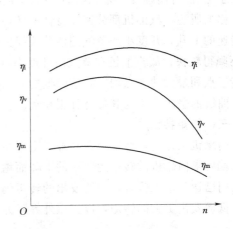

图 8-10 汽油机各参数随 n 的变化

η_v 的变化直接影响进入气缸混合气量的多少，因而成为决定转矩 T_{tq} 大小的主要因素。η_v 在某一中间转速时最大，低于这个转速时，由于不能在确定的配气正时下很好地利用气流的惯性进气，总的进气量减少，η_v 下降。转速过低时，甚至会产生混合气倒流现象，η_v 进一步降低。高于这个中间转速时，混合气通过各节流处（主要为进气门和节气门）的平均气流速度过高，气流阻力明显增大而使 η_v 亦降低；而且随着节气门开度的减小，节气门处的节流作用增强，节流损失增加，η_v 下降更多。节气门开度越小，随着 n 的增加，节流损失越大，η_v 降低的速度越快。

指示热效率 η_i 的变化也是在某一中间转速略微凸起。在低转速下，因缸内气流扰动减弱，燃料与空气的混合变差，火焰传播速度降低，散热及漏气损失增加使 η_i 降低。转速高时，燃烧所占的曲轴转角增大，燃烧及时性变差，燃烧效率下降，使 η_i 降低。随着节气门开度的减小，气缸内残余废气系数增加，使得 η_i 随 n 变化的曲线变陡。不过 η_i 的变化相对于 η_v 来说还比较平坦，对 T_{tq} 的影响较小。

机械损失功率总是随 n 的上升而增大，使得 η_m 随转速升高而下降。

综合上述各参数随转速的变化关系，当转速由低速开始上升时，虽然 η_m 有所下降，但由于 η_v 和 η_i 上升的程度大，T_{tq} 有所增加；对应于某一中间转速，T_{tq} 达最大值；当转速再提高时，由于 η_v、η_i 和 η_m 三者同时下降，致使 T_{tq} 下降较快，即转矩 T_{tq} 曲线变化较陡。而且，节气门开度越小，T_{tq} 曲线变化越陡。

由于 P_e 与 $T_{tq}n$ 成正比，因此当转速从较低值增加时，T_{tq} 增加，因而 P_e 迅速增大，直至 T_{tq} 达到最大值时；随后转速继续升高，T_{tq} 开始下降，但转速 n 的上升程度大于 T_{tq} 的下降程度，即乘积 $T_{tq}n$ 仍是增加的，故 P_e 随 n 继续增大，但增加的没有前一段快；当转速增至某一数值时 P_e 达最大值；此后，T_{tq} 下降较快并超过 n 上升的程度，P_e 反而下降。节气门开度越小，P_e 下降的转速越低。

比油耗 b_e 与 $\eta_i\eta_m$ 成反比，η_i 和 η_m 综合作用的结果，使 b_e 曲线在某一中间转速时最低；当转速继续上升时，η_i 和 η_m 都降低而使 b_e 上升；当转速低于中间转速时 η_i 的降低程度大于 η_m 的升高程度，b_e 也随转速下降而上升。

综上所述，汽油机部分速度特性的转矩和功率曲线比外特性的变化更陡，这是因为随着转速的上升，开度小的节气门使节流损失迅速增加，进气终了的压力下降，使充气效率 η_v 下降得较快，故汽油机在节气门开度小时，T_{tq}、P_e 随 n 的增加而下降得更快。并且最大转矩点和最大功率点均向转速较低的方向移动，如图 8-9 所示。而柴油机的部分速度特性曲线的平坦程度与其外特性很相近。

三、转矩特性

内燃机工作时，经常会遇到外界阻力突然增大的情况。为保证内燃机的正常、稳定工作，就要求内燃机的转矩随转速的下降而增加。例如，当工程机械外界阻力突然增加时，若油门已达到最大位置，但所发出的转矩仍感不足，转速就要降低，此时需要内燃机随转速降低而发出更大的转矩，以克服外界阻力。因此，要求内燃机的转矩有适应这种变化的能力。

1. 转矩储备系数 Φ_{tq}

要充分表明内燃机的动力性能，除了给出标定的功率及其相应的转速外，还要同时考虑内燃机的转矩储备。转矩储备系数 Φ_{tq} 是用来评价车辆在不换挡条件下爬坡能力的指标，其定义为

$$\Phi_{tq} = \frac{T_{tqmax} - T_{tqb}}{T_{tqb}} \times 100\%$$

式中　T_{tqmax}——外特性曲线上最大转矩，$N \cdot m$；

　　　T_{tqb}——标定工况时的转矩，$N \cdot m$。

Φ_{tq} 值大，表明随着转速的降低，转矩 T_{tq} 增加较快，从而车辆在不换挡的情况下，克

服短期超负荷能力强。

汽油机的外特性转矩曲线随转速的增加而较快下降，其转矩储备系数 Φ_{tq} 值范围在 $20\% \sim 30\%$，能够较好满足车辆的使用要求。柴油机充气效率变化小，转矩曲线平坦，传统柱塞泵如不校正，其转矩储备系数 Φ_{tq} 仅在 $5\% \sim 10\%$，难以满足工程机械及车辆的要求；若采取有效的油量校正或实现电控后，Φ_{tq} 值可达 $15\% \sim 25\%$，有了明显提高，可适应车辆和工程机械的要求。

2. 转速适应性系数 Φ_n

标定工况时的转速 n_b 与最大转矩时的转速 n_{tq} 之比称为转速适应性系数 Φ_n，即 $\Phi_n = n_b / n_{tq}$。

Φ_n 的大小影响到内燃机克服阻力的潜力。例如：有 A、B 两台内燃机，如图 8-11 所示，它们的转矩储备系数 Φ_{tq} 和标定转速 n_b 相同，但最大转矩时的转速 n_{tq} 不同（分别为 n_{2A} 和 n_{2B}），当外部阻力矩由 T_{R1} 曲线增加到 T_{R2} 曲线时，内燃机的转速由于外界阻力的增加而下降，这时内燃机 B 可以在转速 n_{2B} 下稳定的工作，内燃机 A 则在转速 n_A 下稳定工作。当外界阻力再增至 T_{R3} 曲线时，内燃机 B 就不能适应而需换挡，而内燃机 A 还可稳定在 n_{2A} 下工作，并且转速从 n_b 下降到 n_{2A} 还可更多的利用内部运动零件的动能来克服短期

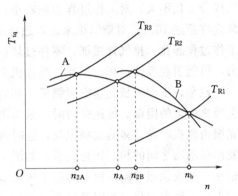

图 8-11 转速储备系数对克服阻力的影响

超负荷，所以内燃机 A 比内燃机 B 克服障碍的潜力大。因此，最大转矩 T_{tqmax} 相对应的转速 n_{tq} 越低，即转速适应性系数 Φ_n 越大，在不换挡的情况下，内燃机克服阻力的潜力愈强。汽油机标定转速高，使用转速范围宽，转速适应性系数 Φ_n 为 $1.5 \sim 2.5$；柴油机标定转速不高，使用转速范围较窄，转速适应性系数 Φ_n 范围在 $1.4 \sim 2.0$ 内。

第五节 柴油机的调速特性

一、柴油机调速的必要性

内燃机稳定工作的条件是其发出的转矩与外界阻力矩相等，如图 8-12 所示的 A 点。如果内燃机转矩曲线能随转速增加而迅速下降，则当外界阻力矩变化时，这种曲线便具有自动保持稳定工作的能力，如图 8-12（a）所示。如果转矩曲线变化平缓，甚至微微上倾，则在阻力变化急剧时，理论上虽可恢复稳定工作，实际上转速变化很大，恢复稳定也慢，难以满足正常工作的需要，这样的曲线实际上不具备自动保持稳定工作的能力，如图 8-12（b）所示。由速度特性曲线可知，汽油机工作稳定性好，而柴油机则较差。

汽车、工程机械用内燃机还经常遇到负荷突变的情况，例如装载机所带载荷突然卸去负荷，就可能引起内燃机转速很快上升，甚至超过允许的限度，即所谓飞车。对于汽油机，转速升高时，因充气效率急剧下降，转矩迅速降低，超速不会过高；而且超速时混合

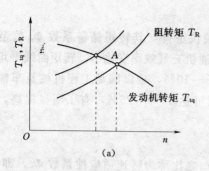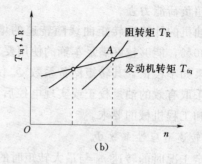

图 8-12 内燃机稳定工作条件

气成分变化不大,对工作过程影响较小;运动零件也轻巧,所以短时间超速的危害不大,常允许超速 10%。对柴油机来说,超速就很危险,因转矩曲线平坦,使转速大幅度上升,工作过程恶化,排气冒黑烟,零件过热;同时由于运动机件较重,超速时产生很大的惯性力,可能引起零件损坏。因此,柴油机上必须有防止超速的装置或程序。

汽车、工程机械低速空转频繁,如启动、暖车等。如果内燃机经常熄火,将会给驾驶员带来极大的困难。低速空转时,只需供给内燃机很少的燃油,这些燃油发出的能量只能克服内燃机本身运转的机械损失,这时内燃机运转的稳定性主要取决于机械损失与气缸内发出指示功之间的相互配合关系,如图 8-13 所示。汽油机怠速工作时,由于节气门开度很小,造成强烈节流,使平均指示压力 p_{mi} 随转速升高而迅速下降。这时,如果平均机械损失压力稍有变化(如因温度改变而使润滑油黏度变化),引起转速变化不大,可以认为是稳定运转,如图 8-13 (a) 所示。但传统柱塞泵的柴油机情况不同,如图 8-13 (b) 所示,由于每循环供油量不随转速增加而改变甚至略有增加,因而 p_{mi} 也保持不变或稍有增加。不难看出,如果 p_{mm} 稍有变化,会引起转速很大的波动,柴油机极易熄火或过速,因此必须有保证怠速稳定运转的装置或程序。

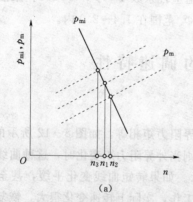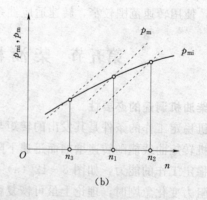

图 8-13 怠速运转时平均指示压力随转速的变化
(a) 汽油机;(b) 柱塞泵柴油机

总之,为了怠速稳定和高速不飞车,在电控高压喷射柴油机上需要设置相应的程序软件;而在传统柱塞泵的柴油机上则必须装置调速器。程序软件和调速器可以根据外界负荷的变化,通过转速传感器,自动调整循环喷油量,使柴油机转速保持在极小的变化范围内稳定工作。

汽车、工程机械柴油机上所用调速器，可分为两极式和全程式两类，目前多为电控调速器。只在最低转速和最高转速时起调速作用的调速器称为两极式调速器，多为车用。从最低转速到最高转速的宽广范围都起调速作用的调速器称为全程调速器，主要用于工程机械柴油机和拖拉机等。

所谓调速特性，就是在调速器或调速程序起作用时，柴油机的性能指标随转速或负荷变化的关系。柴油机的调速特性有速度特性形式和负荷特性形式两种表现形式。

二、柴油机的调速特性

1. 速度特性形式的调速特性

如图 8-14 所示，为带有全程调速器的柴油机特性。它以转速为横坐标，图中曲线 1 表示全负荷的速度特性，这时调速器不起作用。曲线 2～5 代表调速器操纵手柄在不同位置时，柴油机转矩和燃油消耗率随转速的变化规律，即调速特性。这样的竖线有无穷多，每一条竖线都对应一定的转速范围。在这个转速范围内，柴油机的负荷可以由零变化到最大，燃油消耗率可以由最低增至最高，而转速变化范围不大，转矩曲线几乎变成竖线，使柴油机保持在该转速范围内稳定的工作。

如图 8-14 所示，由于调速器的作用，柴油机的转矩曲线得到了改造，它随转速而急剧变化，可以由标定值变化到零或由零变化到标定值，转速却变化很少，从而保证了柴油机的工作稳定。

全程调速器主要用于拖拉机和工程机械柴油机，其工作原理如图 8-15 所示，各组件的作用可概括如下几点。

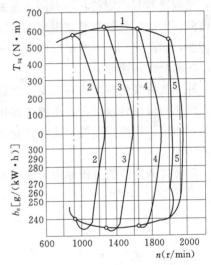

图 8-14 带有全程调速器的柴油机特性

1—外特性；2、3、4、5—调速特性

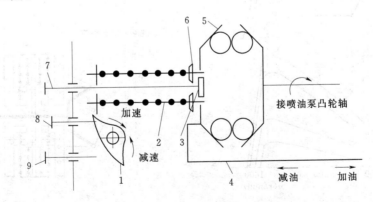

图 8-15 全程调速器工作原理

1—调速手柄；2—调速弹簧；3—固定螺母；4—油量调节杆；5—推力盘；
6—托板；7—油量调节螺钉；8—怠速螺钉；9—限速螺钉

（1）转速给定元件。使用者根据所需转速，通过转动调速手柄（即油门）可将调速弹簧压缩到不同位置，以调整弹簧预紧力；在弹簧弹力的作用下，托板向右移动，固定螺母用来限位。

（2）转速变化的感受元件。根据转速的变化，由喷油泵凸轮轴带动的旋转飞球就产生不同的离心力，离心力轴向分力抵抗弹簧弹力而作用于推力盘上。

（3）执行机构。它是用来执行感受元件所发生的变化，从而加油或减油。如图 8-15 所示，推力盘在离心力的作用下，要向左移动，而其移动又受到弹簧预紧力的抵制，因此推力盘的位置决定于弹簧弹力与离心力的平衡。推力盘与油量调节拉杆连在一起，故推力盘的位置也决定了油量调节拉杆的位置，从而控制油量。

驾驶员通过调速手柄可改变弹簧预紧力，对于不同的预紧力，与之平衡的离心力也不同，则调速器起作用的转速不同。预紧力小，克服弹簧力所需离心力小，调速器起作用的转速低。因此，驾驶员只要根据工作需要改变调速手柄的位置，就可得到不同转速下的调速特性，如图 8-14 中所示的曲线 2～5。由于调速器从怠速直到最大工作转速都能起作用，故称全程调速器。

外界负荷变化较为均匀且要求良好加速性能的车用柴油机一般装有两极式调速器，只有在怠速和最高转速时，调速器才起作用以防止飞车和保证怠速稳定。在中间转速时调速器不起作用，特性指标按速度特性变化。如图 8-16 所示为带有两极式调速器的柴油机的调速特性。

两极式调速器的工作原理，如图 8-17 所示。

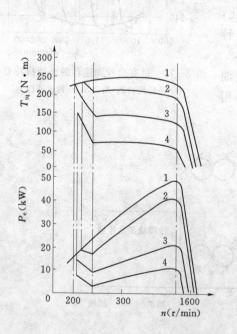

图 8-16　带有两极式调速器的柴油机特性

1—全负荷；2、3、4—部分负荷

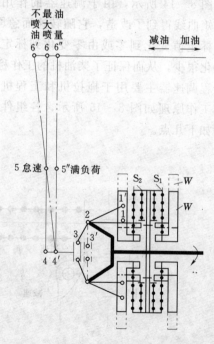

图 8-17　两极式调速器工作原理

1-2-3—弯臂杠杆；4-5-6—油量调节杆的杠杆

飞锤的径向移动通过弯臂杠杆 1-2-3 传递到驱动油量调节拉杆的杠杆 4-5-6 上，油门的位置随驾驶控制踏板位置 5 而变。调速器工作时，飞锤的离心力可分别与两组预压弹簧 S_1、S_2 的作用力相平衡。低速工作时，飞锤顶住软的外弹簧 S_1，调速器起作用，控制最低转速；在最低转速和最高转速之间，由于硬弹簧 S_2 的阻止作用，飞锤进一步移动受到限制，这时柴油机转速由驾驶员直接控制；只有转速达到最大工作转速时，飞锤才产生足够的离心力开始压缩内弹簧 S_2，带动油量调节拉杆，减小供油量，调速器再次起作用，控制最高转速。可见，两极式调速器与全程调速器的根本区别在于：全程式调速器弹簧的弹力可以连续调节，而两极式调速器的弹簧弹力不能连续调节。

对于车辆来说，行驶阻力变化幅度较小而且缓慢，但车速却需不断变化，加上车身的振动，油门踏板不可能稳定在一个确定的位置上，同时车辆惯性又大，所以驾驶员不断的调节油门踏板压下的程度直接操纵油量调节机构，可以保持车辆稳定的行驶。另外，当车速变化时，两极式和全程式调速器的响应方式不同，其工作情况如图 8-18 所示。对于全程式调速器，踩下油门相当于加大了调速器弹簧的预紧力，调速器起作用，很快加大供油量，转矩迅速上升，然后再下降达到新的平衡点。这

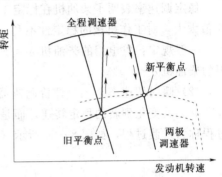

图 8-18　两极调速和全程调速的比较

样，油门稍有变化，车辆便以很大的加速度移向新的平衡点，这往往使交通工具上的乘客感到不适，加速时也易冒黑烟。此外，感应不直接，弹簧力直接由油门操纵，油门踏板较重，会产生操作不快感。对于两极式调速器，驾驶员直接操纵油门拉杆，达到新平衡点的加速度小、反应快、加速性能好，所以除重型汽车外，一般车辆上常用两极式调速器。

2. 负荷特性形式的调速特性

如图 8-19 所示为标定工况下各性能指标随负荷变化的关系，它以功率为横坐标，相当于负荷特性的形式。测取时柴油机调速器的操纵手柄应固定在标定工况位置，如图 8-19 中从点 2 到点 4 的曲线为 n、T_{tq}、b_e 和 B 随负荷变化的调速特性。从点 1 至点 2 的曲线为外特性，此时调速器不起作用。

三、调速器的工作指标

调速器工作的好坏，通常用调速率和不灵敏度来表示。

1. 调速率

调速率可通过柴油机突变负荷试验测定。试验时先让柴油机在标定工况下运转，然后突卸全部载荷，测定突变前后的转速

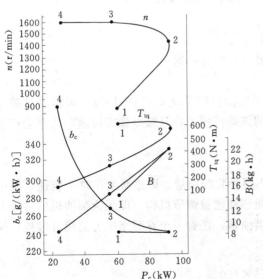

图 8-19　负荷特性形式的柴油机调速特性

而得。根据测定条件的不同，调速率可分稳定调速率和瞬时调速率两种。

（1）稳定调速率 δ_2。是当柴油机在标定工况下工作时，突然卸去全部负荷，测出突变前后的转速，即

$$\delta_2 = \left| \frac{n_3 - n_1}{n_b} \right| \times 100\%$$

式中　n_1——突变负荷前柴油机的稳定转速；

n_3——突变负荷后柴油机的稳定转速；

n_b——柴油机的标定转速。

稳定调速率表明了柴油机在标定工况下最高空载转速相对于全负荷转速的波动。如果 δ_2 值太大，对工作机械的稳定性不利。

一般规定：发电用的柴油机 $\delta_2 < 5\%$；工程机械用的柴油机 $\delta_2 < 8\%$；汽车、拖拉机用的柴油机 $\delta_2 < 10\%$。

（2）瞬时调速率 δ_1。是评价调速器过渡过程的指标。柴油机在负荷变化时，其转速并非立刻就变化到新的稳定转速，而是经过无数次的波动后才稳定到新的稳定转速，这个过程称为过渡过程，如图 8 – 20 所示（图中 t_n 为过渡过程的稳定时间）。即

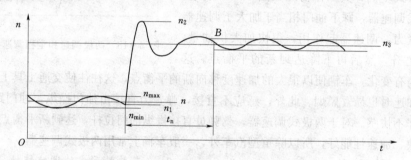

图 8 – 20　突卸负荷调速过程的转速变化

$$\delta_1 = \left| \frac{n_2 - n_1}{n_b} \right| \times 100\%$$

式中　n_2——突变负荷时柴油机的最大（或最小）瞬时转速；

n_1——突变负荷前柴油机的转速。

一般柴油机要求 $\delta_1 \leqslant 10\% \sim 12\%$，发电用柴油机要求 $\delta_1 \leqslant 7\% \sim 10\%$。调速器过渡过程不好时，在增减柴油机转速的过程中转速的波动范围大，且难以稳定转速，甚至会产生"游车"的现象。

2. 不灵敏度 ε

不灵敏度 ε 反映了调速器内部摩擦力的作用和装配质量。调速器工作时，调速系统中有摩擦存在，需要一定的力来克服摩擦后才能移动油量调节机构。即无论柴油机的转速上升或下降调速器都不会立刻产生反应以改变供油量，还有一个克服摩擦力的瞬时过程，这个过程反映调速器对负荷变化的不灵敏度。即

$$\varepsilon = \frac{n'_{x2} - n'_2}{n_m} \times 100\%$$

式中　n'_{x2}——柴油机负荷减小时，调速器开始起作用的曲轴转速；

n_2'——柴油机负荷增大时，调速器开始起作用的曲轴转速；

n_m——柴油机的平均转速，$n_m = (n_{x2}' + n_2')/2$。

当柴油机在 n_{x2}' 至 n_2' 范围内变化时，调速器不起作用。不灵敏度过大会引起柴油机转速不稳且调速率也相应的增大；严重时，调速器卡住，使柴油机难以控制和产生飞车的危险。在低速时由于调速器的推动力小，相比之下油量调节机构移动时的摩擦力显得较大，使 ε 显著增加。

一般规定：标定转速下，$\varepsilon \leqslant 1.2\% \sim 2\%$；最低转速下，$\varepsilon \leqslant 10\% \sim 13\%$。

第六节　内燃机的万有特性及功率标定

负荷特性和速度特性只能用来表示某一转速或某一油门位置（或节气门开度）时，内燃机各参数随负荷或转速的变化规律。然而内燃机特别是车用内燃机工况变化范围很广，要清楚它们在各种不同使用工况下的性能，就需要有对应不同转速的多张负荷特性曲线图或对应不同油门位置的多张速度特性曲线图，这样既不方便，也不直观。为了能在一张图上较全面地表示内燃机各种性能参数的变化，经常应用多参数的特性曲线，称为万有特性。

万有特性一般是在以转速 n 为横坐标，负荷（p_{me} 或 T_{tq}）为纵坐标的坐标平面内同时绘出等比油耗曲线、等功率曲线、等排放曲线等一些重要特性参数的等值线曲线族。应该注意，万有特性图上的等功率曲线族可根据纵横坐标按 $P_e = T_{tq} n/9550 \propto p_{me} n$ 公式生成。这样，如图 8-21（a）所示，在 p_{me}—n 或 T_{tq}—n 坐标中，等功率曲线是一族双曲线。

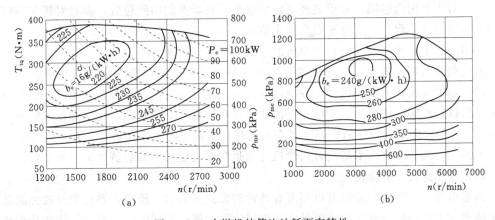

图 8-21　内燃机的等比油耗万有特性

(a) 柴油机；(b) 汽油机

一、等比油耗万有特性

图 8-21 所示为典型的内燃机关于比油耗 b_e 的万有特性，也称为等比油耗万有特性。为了绘制内燃机的等比油耗万有特性，可以先制取不同转速下的多条负荷特性曲线或不同油门位置下的多条速度特性曲线，然后把不同特性曲线上的各等值 b_e 点连接起来即可，如图 8-22 所示。现在自动控制工况的内燃机试验台已经广泛应用，可以很方便地测得在全工况范围内足够多工况的 b_e 等参数，然后用计算机软件对数据进行插值处理，很容易

得出其等值线族。

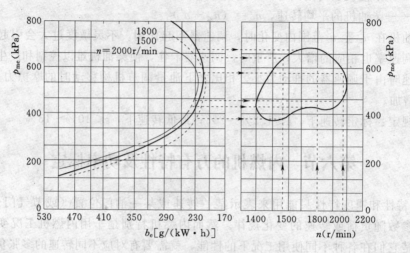

图 8-22 万有特性的负荷特性作图法

在内燃机的等比油耗万有特性上，如图 8-21 所示，等 b_e 曲线族由封闭的回线和半封闭甚至不封闭的曲线组成，最内层 b_e 最低的等比油耗回线对应内燃机的最经济运行工况区，等值线越向外，燃油经济性越差。等 b_e 曲线的形状与它们在 $p_{me}-n$ 或 $T_{tq}-n$ 工况图上的位置对内燃机在实际使用中的燃油经济性有重要影响。如果等 b_e 回线横向较长，说明内燃机在负荷变化不大而转速变化较大的工况下工作时，比油耗变化较小；如果等 b_e 回线纵向较长，则表示内燃机在转速变化不大而负荷变化很大的工况下工作时，比油耗变化较小。对于车用内燃机，希望最经济区域落在万有特性的中间位置，而且对轿车和轻型车偏低速小负荷，货车和重型车偏高速大负荷。

如图 8-21 所示，汽油机和柴油机的等比油耗万有特性有明显差异。首先，汽油机的 b_e 普遍比柴油机高；其次，汽油机的最经济区域处于偏向高负荷的区域，且随负荷的降低，油耗增加较快，而柴油机的最经济区则比较靠近中等负荷，且负荷改变时，油耗增加较慢。所以，在实际使用时，柴油车与汽油车在燃油消耗上的差距，比它们在最低燃油消耗率 b_{emin} 上的差距更大。如何提高车辆在实际使用条件下的燃油经济性，对于汽车的节能有重要意义，而提高负荷率是改善内燃机特别是汽油机使用燃油经济性的有效措施。

二、等比排放万有特性

内燃机排放特性的变化也可以用万有特性的形式来表示。虽然内燃机的排放性能是按规定的测试工况加权计算的比排放量或按规定的行驶循环累计的整车单位里程的排放量进行评估；此外，用户在使用中也不会刻意寻求排放最低的工况。但是，对于内燃机的研发和调试来讲，测定等比排放万有特性对于拟定改善排放指标的途径是有帮助的。

1. 汽油机的等比排放万有特性

如图 8-23 所示，为一台具有代表性的进气道喷射汽油机 CO 等比排放万有特性，现代车用汽油机在常用的部分负荷区，为了满足三效催化转化器高效工作的要求，将过量空气系数 α 控制在 1.0 左右，所以 CO 排放较低。在负荷很小时，为保证燃烧稳定，混合气被适当加浓，导致 CO 排放略有上升。当负荷接近全负荷时，为使发动机能发出较大的功率和转矩，混合气被显著加浓，CO 的比排放量开始急剧上升。

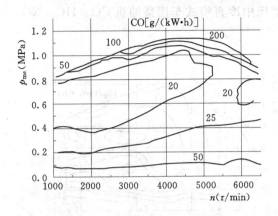

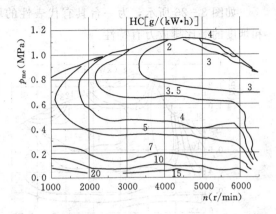

图 8-23 汽油机 CO 比排放万有特性　　　　图 8-24 汽油机 HC 比排放万有特性

如图 8-24 所示，为该汽油机未燃 HC 等比排放量的万有特性，可见 HC 的变化趋势与 CO 有些类似，都是中等负荷比排放量较小，大负荷和小负荷时相对增加。不同之处有两点：一是全负荷时 HC 排放没有 CO 严重；二是小负荷时 HC 比排放随负荷的减小增加得比 CO 更快。排放规律不同的原因可用 CO 和 HC 生成机理不同来解释。大负荷时混合气过浓，主要生成 CO，碳氢燃料完全不氧化是不可能的。HC 排放主要来自淬熄等多相因素，每循环绝对排放量变化不大，它的比排放在负荷增大时应下降。在达到全负荷时 HC 比排放增大，可能是因为排气中严重缺氧，使未燃 HC 的后期氧化受阻所致；在负荷很小时 HC 比排放急剧增加。除了因输出功率减小外，还在于排气温度过低，未燃 HC 后期氧化减弱。

汽油机 NO_x 等比排放万有特性，如图 8-25 所示，其规律与 CO、HC 截然不同。当转速一定时，NO_x 比排放随负荷增大而下降，而且当接近全负荷时下降更快。实际上，在中等负荷区域，随着负荷增大，由于燃烧温度提高，NO_x 的绝对排放量增加，但 NO_x 的增加与负荷不成正比，所以 NO_x 比排放逐渐下降。在大负荷时，由于混合气加浓，氧气不足，不利于 NO_x 的生成，使 NO_x 绝对排放量下降，比排放量下降更快。此外，当负荷一定时，NO_x 的比

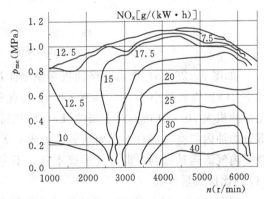

图 8-25 汽油机 NO_x 比排放万有特性

排放随转速升高而增大，当然绝对排放量增加更快，这是由于转速上升造成了燃烧温度的提高，促进 NO_x 生成，这一影响超过了反应时间下降对 NO_x 生成的影响。

从汽油机的等比排放万有特性可知，为减少车用汽油机的有害污染物排放，应尽可能使其在中等负荷下运行，但汽油机的经济运行区和低排放运行区一般不一致。因此，研究开发节能又同时降低污染物排放的技术措施具有重要意义。

2. 柴油机的等比排放万有特性

如图 8-26 所示，为一台具有代表性的增压中冷直喷式车用柴油机 CO、HC、NO_x 和烟度的等比排放万有特性。

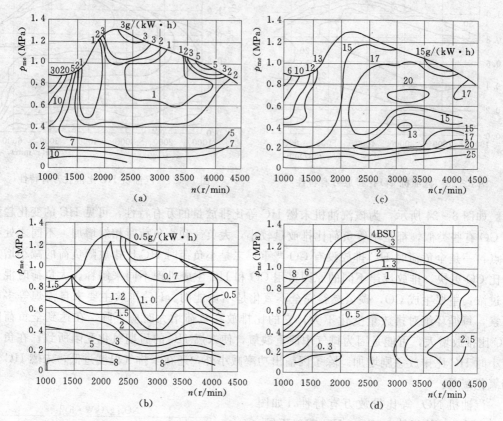

图 8-26 车用柴油机的排放特性
(a) CO 排放特性；(b) HC 排放特性；(c) NO_x 排放特性；(d) 烟度排放特性

如图 8-26 (a) 所示，柴油机在整个工况范围内的 CO 排放均很少，在绝大多数工况下 CO 比排放量小于 5g/(kW·h)。与此相对照，汽油机一般为 20~100g/(kW·h)，比柴油机大 10~20 倍。对于柴油机，CO 比排放也是中速负荷工况最少。接近全负荷时，部分燃油因与空气混合不足而缺氧，造成 CO 排放急剧增大。当柴油机转速很低，由于燃烧室内气流运动过弱，混合气形成不良，不完全燃烧产物 CO 较多。柴油机负荷很小时，CO 的比排放量增大。

如图 8-26 (b) 所示，柴油机的 HC 排放也比汽油机低得多。柴油机的 HC 比排放基本上随负荷的增大而下降，而绝对排放量大致不变。当负荷不变而转速变化时，HC 比排放变化也不大。

柴油机的 NO_x 排放特性，如图 8-26 (c) 所示。可以看出，柴油机在中小负荷和高速工况时 NO_x 排放量较大。这是因为中小负荷时，着火延迟期较长，预混合燃烧量较多、温度高，而且燃气中含氧很多、功率不大，使得比排放量增加。负荷再加大，则含氧相对减少，NO_x 排放量不再增加而功率增加，因而 NO_x 比排放不高甚至有所减少。在中等负荷区，当负荷不变而转速提高时，气缸内的涡流较强，使高温燃气与氧分子接触的机会增大，燃烧速度加快，温度上升，使 NO_x 比排放不断增大。在小负荷区域，NO_x 比排放大致不随转速变化，绝对排放量基本上与转速成正比。

柴油机排气烟度的变化比较有规律，如图 8-26（d）所示。当转速不变时，排气烟度随负荷提高而增大，这主要由于平均过量空气系数的下降。当负荷不变时，烟度在某一转速达到最小值，这时对应燃烧过程的最优化，而偏离这一转速均使烟度上升。在低速大负荷工况，由于空气相对不足（这对涡轮增压柴油机尤其明显），气流运动减弱，常导致烟度急剧上升。

三、内燃机的功率标定

内燃机的功率标定，是指制造企业根据内燃机的设计用途、寿命、可靠性、维修与使用条件等要求，人为规定该产品在标准试验条件下所输出的有效功率以及所对应的转速，即标定功率与标定转速。世界各国对标定方法的规定有所不同，我国内燃机的功率标定按照国家标准 GB 1105—87《内燃机台架性能试验方法》规定分为四级，分别如下：

（1）15min 功率。为内燃机允许连续运转 15min 所发出的最大有效功率，适用于需要较大功率储备或瞬时需要发出最大功率的轿车、中小型载货汽车、快艇等用途的内燃机。

（2）1h 功率。该功率为内燃机允许连续运转 1h 所发出的最大有效功率，适用于需要一定功率储备以克服突增负荷的工程机械、船舶主机、大型载货汽车和机车等用途的内燃机。

（3）12h 功率。为内燃机允许连续运转 12h 的最大有效功率，适用于需要在 12h 内连续运转而又需要充分发挥功率的拖拉机、移动式发电机组、铁道牵引等用途的内燃机。

（4）持续功率。为内燃机允许长期连续运转的最大有效功率，适用于需要长期连续运转的固定动力、排灌、电站、船舶等用途的内燃机。

根据内燃机产品的使用特点，在内燃机的铭牌上一般应标明上述四种功率的一种或两种功率及其对应的转速。对于同一种发动机，用于不同场合时，可以有不同的标定功率值，其中，15min 功率最高，持续功率最低。

除持续功率外，其他几种功率均具有间歇性工作的特点，故常被称为间歇功率。当内燃机的实际运转时间超出了间歇功率所限定的时间时，并不意味着内燃机将被损坏，但无疑将使内燃机的寿命与可靠性受到影响。

第七节　内燃机与工作机械的匹配

由于实际工作机械的种类繁多，内燃机与之匹配的要点也各不相同。其中，汽车的运行工况比较复杂，内燃机与汽车底盘的匹配具有一定的代表性，本节将着重介绍车用内燃机的匹配。此外，还将介绍船舶动力和发电机组等的匹配要点。

一、车用内燃机的匹配

1. 动力性匹配

汽车的动力性通常是由以下三个方面的指标进行评价。

（1）最高车速（km/h），是指在水平良好路面上汽车所能达到的最高行驶速度。

（2）加速时间（s），用原地起步加速时间和超车加速时间表示。

（3）最大爬坡能力，用满载时汽车在良好路面上的最大爬坡度（坡度角的正切函数值）表示。

汽车的驱动力 F_t 来源于内燃机的输出转矩 T_{tq}，通过变速箱等传动机构，作用在汽车驱动轮上的驱动力按下式计算

$$F_t = \frac{T_{tq} i_k i_0 \eta_{mt}}{r} \quad (N)$$

式中 i_k、i_0——汽车变速箱的减速比和主传动比；

η_{mt}——传动系的机械效率；

r——驱动轮的工作半径，m；

F_t——汽车的驱动力，N；

T_{tq}——内燃机的输出转矩，N·m。

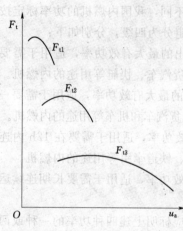

图 8-27 汽车的驱动特性图

汽车行驶的速度 u_a（km/h）与内燃机转速 n（r/min）的关系为 $u_a = 0.377nr / (i_k i_0)$，于是可根据内燃机外特性转矩曲线 T_{tq}—n 得出变速器不同挡位（i_k 不同）时，汽车的驱动特性 F_t—u_a 曲线族，如图 8-27 所示。图中给出的是一个具有三挡变速器的汽车驱动特性，其中曲线 F_{t1}、F_{t2} 及 F_{t3} 分别表示在一挡、二挡和三挡时的汽车驱动力。

汽车在路面上行驶时，必须克服来自道路的滚动阻力 F_f 和空气阻力 F_w；如果汽车在上坡，则需要克服汽车重力沿坡道的分力，称为坡道阻力 F_i；若汽车在加速，还必须克服惯性力，称为加速阻力 F_j。因此，汽车的总行驶阻力 F_r 为 $F_r = F_f + F_w + F_i + F_j$。

1）滚动阻力。

$$F_f = fmg$$

式中 m——汽车总质量；

g——重力加速度；

f——轮胎的滚动阻力系数。

2）空气阻力 F_w。它与汽车迎风投影面积和汽车对空气相对速度的动压 $\rho_a u_r^2 / 2$ 成正比，即

$$F_w = \frac{1}{2} C_D A \rho_a u_r^2$$

式中 C_D——汽车的空气阻力系数，轿车取 0.4～0.6，客车取 0.6～0.7，货车取 0.8～1.0；

ρ_a——空气密度；

u_r——汽车对空气的相对速度，在无风时即为汽车行驶速度 u_a；

A——空气阻力与汽车迎风投影面积，m^2。

3）坡道阻力 F_i。对于坡度为 β 的坡道，$F_i = mg\sin\beta$。

4）加速阻力 F_j。汽车在行驶中无论是加速或减速都要承受惯性阻力，统称为加速阻力。汽车加速惯性力是由平动质量和旋转质量两部分引起的，但旋转质量难以计算，为简

化起见引入旋转部分等效质量换算系数 δ（$\delta > 1$），以便将旋转质量转化为平动质量。这样，加速阻力 F_j 便等于汽车质量与加速度的乘积，即

$$F_j = \delta m \, \mathrm{d}u_a / \mathrm{d}t$$

根据驱动力 F_t 与行驶阻力 F_r 的平衡关系可得汽车的行驶方程，即

$$F_t = F_r = F_f + F_w + F_i + F_j$$

$$\frac{T_{tq} i_k i_o \eta_{mt}}{r} = f\, mg + \frac{1}{2} C_D A \rho_a u_a^2 + \delta m \frac{\mathrm{d}u_a}{\mathrm{d}t}$$

由以上行驶方程可画出汽车行驶性能的曲线图。图 8-28 所示是一辆汽油机轿车的行驶性能曲线，横坐标为汽车的行驶速度 u_a，纵坐标为驱动力 F_t 和行驶阻力 F_r 以及发动机转速 n。图中的三族曲线分别是随变速器挡位变化的驱动力线（类似于内燃机速度特性转矩曲线的三条线）、随道路坡度变化的行驶阻力线（随车速增加而增大的一族曲线）以及不同挡位下发动机转速与车速关系线（呈放射状的三条线）。

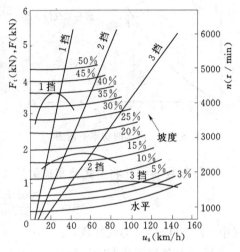

图 8-28 汽车的行驶性能曲线

如图 8-28 所示，最高挡驱动力曲线（3挡）与水平路面行驶阻力曲线的交点，即表示汽车所能达到的最高速度（如图 8-28 所示 142km/h 左右）；而与最低挡驱动力曲线（1挡）上最大驱动力点相切的行驶阻力曲线所对应的道路坡度，就是该汽车的最大爬坡极限，为 40%。还可看出，该汽车发动机的最高使用转速将达到 6000r/min 左右（3挡最高车速时）。

在给定的行驶速度和变速器挡位下，最大驱动力与行驶阻力差，称为后备驱动力，可用于加速。利用汽车的行驶方程和如图 8-28 所示的汽车行驶性能曲线图可以分析不同匹配情况下的汽车行驶性能。

汽车的行驶性能也可以用功率平衡关系来分析。将不同挡位下的内燃机输出功率 P_e、汽车行驶经常遇到的阻力功率 $(F_f + F_w) u_a / \eta_{mt}$ 与车速 u_a 绘在一张图上，即可得到如图 8-29 所示的汽车功率平衡图。其中，内燃机输出功率与车速的关系曲线，是根据内燃机外特性以及车速与内燃机转速的转换关系得到的。可见，在不同挡位时，内燃机输出的最大功率不变，只是各挡内燃机功率曲线所对应的车速不同。低速挡（曲线 P_{e1}）车速低，对应的速度变化区域窄；高速挡（曲线 P_{e3}）车速高，对应的速度变化区域宽。阻力功率 $(F_f + F_w) u_a / \eta_{mt}$ 的变化是一条斜率越来越大的曲线，这是因为低速时的功率消耗主要来自滚动阻力，而高速时则主要来自空气阻力，且空气阻力与车速的平方成正比。

由图 8-29 可知，最高速挡内燃机外特性功率曲线与阻力功率曲线交点所对应的车速即为最高车速。当汽车在良好水平路面以车速 u_a' 等速行驶时，阻力功率大小为 bc，如图 8-29 所示。此时，仅需将节气门部分开，使发动机的功率曲线如图 8-29 所示中虚线。

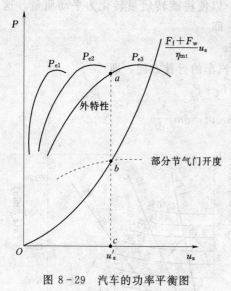

图 8-29 汽车的功率平衡图

内燃机在此车速下所能发出的最大功率为 ac，两者之差为 ab，称为后备功率。显然，后备功率越大汽车的动力性能越好，加速能力越强。

2. 燃油经济性匹配

汽车的经济性通常是以每行驶百公里所消耗的燃油量表示，它与内燃机小时耗油量的关系为

$$g_{100} = 100B/(\rho_f u_a) \qquad (8-8)$$

式中 ρ_f——燃油的密度，kg/L；

g_{100}——每行驶百公里所消耗的燃油量，L/100km；

B——内燃机小时耗油量，kg/h；

u_a——车速，km/h。

根据内燃机性能参数的定义，有

$$B = \frac{P_e b_e}{1000} = \frac{p_{me} V_s ni}{1000 \times 30\tau} b_e$$

令行程数 $\tau = 4$，将上式及车速关系式 $u_a = 0.377nr/(i_k i_0)$ 代入式（8-8），得

$$g_{100} = \frac{100 i_k i_0 B}{0.377 nr\rho_f} = \frac{iV_s i_0}{452.4 r\rho_f} i_k p_{me} b_e \qquad (8-9)$$

式中 i——内燃机的气缸数；

V_s——气缸工作容积，L；

P_e——内燃机的有效功率，kW；

p_{me}——内燃机的平均有效压力，MPa；

b_e——内燃机的燃油消耗率，g/（kW·h）；

i_k、i_0——变速器和主传动器的传动比；

r——驱动轮的工作半径，m。

从汽车使用油耗的式（8-9）可知，在汽车的结构参数（如气缸数 i、气缸工作容积 V_s、驱动轮的工作半径 r、主传动比 i_0 等）不变的条件下，汽车的使用油耗 g_{100} 仅与乘积 $i_k p_{me} b_e$ 成正比，只有当这个乘积为最小时，g_{100} 才达到最小，汽车才有最佳的经济性。这三者取决于当时的行驶阻力、内燃机的油门位置（负荷）和转速、变速器挡位。即内燃机在比油耗最低时，汽车的 g_{100} 不一定最低，只是在车速与内燃机功率都不变时，汽车的 g_{100} 才与内燃机的 b_e 变化趋势相同。所以，单纯改变传动比，使发动机在 p_{me} 较高而 b_e 较低的工况运行，并不一定能降低汽车的 g_{100}。应设法使内燃机万有特性的低油耗区移至的汽车的常用挡位、常用车速区。这就要求在选择内燃机时，对其特性提出具体的要求，或者设法改变内燃机的特性，以适应汽车的配套要求。

汽车用不同的变速器挡位行驶时，g_{100} 差异较大。在同一道路条件与车速下，虽然内燃机发出的功率不变，但挡位越低（传动比 i_k 越大），后备驱动力越大，内燃机的负荷率越低，b_e 越高，g_{100} 也越大；使用高挡位的情况则与此相反。因此，通过选用合适挡位，加大使内燃机处于经济工况的概率，有利于汽车的节油。近年来，汽车变速器挡位有逐渐

增加的趋势，轿车变速器已有 5 挡，重型货车甚至达 10 挡以上；自动控制的无级变速在这方面可达到最优化。

汽车在中低速行驶时，g_{100} 较低。高速行驶时虽然发动机负荷率较高，但汽车行驶阻力由于空气阻力与车速成正比而急剧增大，导致 g_{100} 上升。但低速行车造成生产率下降，所以真正的经济车速应使 g_{100}/u_a 为最小。

二、船用柴油机的匹配

运输船用主机绝大部分时间在稳定工况下运转，负荷率较高，一般标定为 12h 功率或持续功率。拖轮和渡轮由于间歇运转为主，一般标定为 1h 功率。船用柴油机功率范围很宽，可从几十到几万千瓦，转速范围可在 56～2000r/min 范围。因为一般船用螺旋桨的转速不超过 300r/min，所以低速船用主机直接驱动螺旋桨；而中、高速柴油机都通过减速器驱动，减速器应有倒车挡。

进行船机匹配时，首先应根据船舶类型、吨位、航速等，加上必要的储备功率，确定船舶要求的最大连续输出功率及其相应转速。从柴油机的负荷特性中可知，最低燃油消耗率往往位于标定功率的 85% 左右。因此，从船舶长期使用的经济性角度考虑，在选择主机时都尽量采用"减额输出"匹配方法，即经初步确定所得到的连续输出功率不是最终主机的标定功率，而是标定功率的 85% 左右，并以此作为向柴油机生产厂订货的依据。主机减额输出使用的实质是配置较大功率的柴油机而仅产生较小的输出功率，这样尽管主机造价和船舶机舱容积有所增加，但是从节省燃油消耗、提高可靠性和降低船舶运营成本的角度出发，其优越性是可观的。

主机选定后，下一个问题就是柴油机与螺旋桨的合理匹配。船用柴油机与螺旋桨的匹配过程，是通过柴油机的推进特性曲线反映出来的。所谓柴油机的推进特性，是在将柴油机的工况人为地调节在螺旋桨所对应的各个工况点上运行时，柴油机的性能参数随转速改变而变化的关系。用以描述这些变化关系的曲线，称为推进特性曲线（也称螺旋桨特性）。这也是柴油机直接驱动螺旋桨时（或通过变速器、液力耦合器驱动螺旋桨）的主要特性。

一般而言，船舶螺旋桨所吸收的功率 P_{en} 与其转速 n_n 之间有如下关系

$$P_{en} = K_n n_n^m \qquad (8-10)$$

式中　K_n——功率系数，主要与螺旋桨的结构尺寸和水的密度有关；

　　　m——指数，与船舶的类型有关，其值范围在 1.6～3.2。船舶航行速度越快，该值就越大，在一般航速条件下可近似取为 3.0。

在实测柴油机的推进特性时，工况按照一定要求选定，方法是：首先选择运行功率，然后根据式（8-10）算出相应的运行转速。如图 8-30 所示，给出了一个工况选择示例，图中 B 点为标定工况点，依次选定运行功率点与标定功率的百分比（即 P_e/P_{eb}）为 110%、100%、75%、50%、25% 等代入式（8-10），可算出

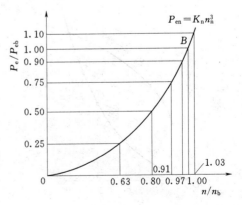

图 8-30　推进特性工况点的划分

相应的运行转速与标定转速比（n/n_b）为 103％、100％、91％、80％、63％。根据这些数值，即可在试验台上测得如图 8-31 所示的螺旋桨推进特性。

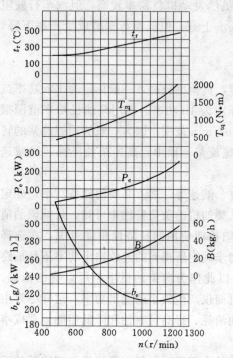

图 8-31 船用柴油机的推进特性

从以上分析可以看出，柴油机按推进特性运转时的功率变化曲线与按其本身的速度特性运转时的功率变化曲线不一致。如图 8-32 所示，只有在两条曲线的交点 A 处，柴油机输出功率与螺旋桨消耗功率相等，达到稳定转速。在所有低于标定转速的情况下运行时，必须减小柴油机的循环喷油量，也即柴油机是在一系列部分负荷速度特性与推进特性曲线的交点（图中 B 与 C）上运转。只要在低于标定转速运转时，柴油机的能力就没有充分发挥，尚有一定的功率储备；而且柴油机在部分负荷下运行经济性变差。

柴油机与螺旋桨的合理匹配，对于充分发挥柴油机的性能是十分重要的。如图 8-33 所示是三个不同螺旋桨与柴油机的匹配示意图，其推进特性曲线分别如图 8-33 所示中的 1、2、3。如果螺旋桨选配正确（曲线 1），则推进特性曲线与外特性曲线的交点，正好是在柴油机的标定功率位置（图中 A 点），此时，柴油机以标定转速 n_b 运转，其标定功率能够被充分利用。假如螺旋桨

的选配不合适，如曲线 2，则在运转时柴油机达不到标定转速（B 点），功率也低于标定值，如要达到标定转速，必须要在超负荷的情况下工作（图中 C 点），这是不允许的。反之，若选配特性曲线 3，匹配点在 D，则在标定转速时，柴油机发出的功率低于标定功率，此时柴油机在部分负荷速度下运转（E 点）。若要使柴油机达到标定功率值，就必须使其在超速状态下工作，这同样也是不允许的。

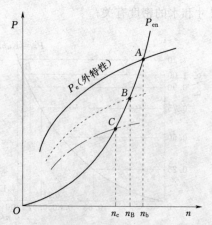

图 8-32 速度特性与推进特性的平衡关系

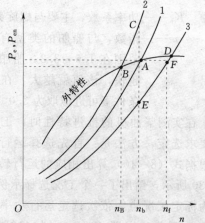

图 8-33 柴油机与螺旋桨的配合特性

为了合理匹配螺旋桨，并充分利用船舶主机在低速运转时的储备功率，往往采用可调螺距型螺旋桨（调距桨）。它是一种桨叶螺旋面与桨叶轴线可作相对转动的特殊螺旋桨，借助一套转叶机构实现改变螺旋桨螺距的目的。这样，就可以根据船舶航行情况随时调整螺距，如图8-34所示，重载时把螺距减小，以增大功率输出；轻载时增大螺距，以防止超速，可使柴油机始终在标定功率点附近工作，达到较佳的经济性能。调距桨首先应用在具有多种作业工况的船舶（如拖轮、拖网渔船、破冰船和扫雷舰等）上。

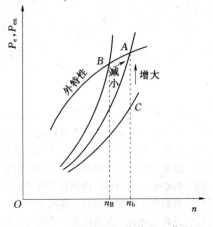

图8-34 可调螺距螺旋桨的工作原理

三、发电用内燃机的匹配

当内燃机用于发电时，内燃机一般与发电机直接相连，不需中间传动装置。这时，发电机输出频率 f（Hz）与内燃机转速 n（r/min）之间有关系式 $n=60f/q$，其中 q 为发电机磁极对数。

由于我国的电网频率 $f=50\mathrm{Hz}$，即 q 只能取整数，因此发电用内燃机的转速只能是3000r/min、1500r/min、1000r/min、750r/min、500r/min 等有限几种，对应发电机的 $q=1$，2，3，4，6 等。

内燃机类型的选择要根据发电设备的动力要求而定。10kW 以下的应急发电机组多为便携式，为求结构轻巧，主要以小型汽油机（四行程或二行程）为动力。20～1500kW 移动式发电站多以四行程中、高速柴油机为动力，作为备用、应急或基本电源。固定式基本电源或船用常备电源以四行程中速柴油机或二行程中、低速柴油机为动力，最大功率可达数万千瓦。

发电用内燃机一般在稳定工况下运转，负荷率较高。因此，应急和备用电源一般标定为12h功率，基本电源应标定为持续功率。为了克服发电机的励磁损失以及适应短期超负荷的需要，内燃机功率要大于发电机功率，两者之比就是电站的匹配比。对于小型移动式柴油发电机组，功率匹配比在 1.18～1.32 之间；大型固定式电站匹配比在 1.03～1.18 之间。发电柴油机应尽量在最低比油耗的经济点附近运转，以节省能源。

为了保持发电机电流频率的稳定性，内燃机要有高性能的调速装置，电控调速系统已广泛采用。

参 考 文 献

[1] 周龙保，刘巽俊，高宗英. 内燃机学 [M]. 北京：机械工业出版社，1999.

[2] 何学良，李疏松. 内燃机燃烧学 [M]. 北京：机械工业出版社，1990.

[3] 黎苏，黎晓鹰，黎志勤. 汽车发动机动态过程及其控制 [M]. 北京：化学工业出版社，2001.

[4] 董敬，庄志，常思勤. 汽车拖拉机发动机 [M]. 北京：机械工业出版社，2003.

[5] 崔心存，金国栋. 内燃机排气净化 [M]. 武汉：华中理工大学生出版社，1991.

[6] 蒋德明. 内燃机燃烧与排放学 [M]. 西安：西安交通大学出版社，2001.

[7] 吴森，等译. 汽油机管理系统 [M]. 北京：北京理工大学出版社，2002.

[8] 林学东. 发动机原理 [M]. 北京：机械工业出版社，2008.

[9] 许维达. 柴油机动力装置匹配 [M]. 北京：机械工业出版社，2000.

[10] 武汉水运工程学院内燃机教研室. 船舶柴油机 [M]. 北京：人民交通出版社，1990.

[11] 余志生. 汽车理论. 2 版 [M]. 北京：机械工业出版社，1990.

[12] 黎苏，邢继学，何若天. 新型轿车电喷系统结构原理与维修技术 [M]. 北京：化学工业出版社，2004.

[13] 吴义虎，侯志祥，黎苏. 电喷汽油机过渡工况废气排放特性研究 [J]. 长沙理工大学学报，2005 (01).

[14] 黎苏，李西秦. 燃气汽车闭环控制系统的开发及整车匹配研究 [J]. 天然气工业，2005 (03).

[15] 李晶华，黎苏，高俊华. 轻型汽车排放实验室比对试验结果的分析 [J]. 拖拉机与农用运输车，2009 (01).

[16] 李西秦，黎苏，刘冰. 电控发动机控制系统及优化匹配研究 [J]. 车用发动机，2006 (01).

[17] 许锋，乔寿成，魏丽云. 柴油机采用分段调节实现预喷油的研究 [J]. 大连理工大学学报，1999 (05).

[18] 李西秦，黎苏，刘冰. 多点喷射发动机电控系统开发及优化匹配研究 [J]. 内燃机，2008 (04).

[19] 刘忠长，赵佳佳. 车用柴油机电控高压喷油系统与欧Ⅲ排放标准 [J]. 车用发动机，2004 (04).

[20] 李西秦，黎苏，黎晓鹰. CNG 汽车发动机电控系统开发及匹配研究 [J]. 车用发动机，2005 (02).

[21] 黎苏，王芝秋，李德桃. 船用中小缸径直喷式柴油机燃烧室中油线网分布的计算 [J]. 船舶工程，1998 (05).

[22] 黎苏. 汽油机高压缩比快速稀燃系统及其爆震控制 [J]. 内燃机学报，1995 (04).

[23] 黎苏. 内燃机过渡过程动态数据采集分析系统 [J]. 哈尔滨工程大学学报，1998 (03).

[24] Alain Maiboom, Xavier Tauzia. Influence of EGR unequal distribution from cylinder to cylinder on NO_x - PM trade-off of a HSDI automotive Diesel engine. Applied Thermal Engineering, Volume 29, Issue 10, July 2009, 2043 - 2050.

[25] N. F. Benninger & G. Plapp, Requirements and Performance of Engine Management Systems under Transient Conditions , SAE 910083.

[26] Magnus Sjoberg, Lars-Olof Edling, Torbjorn Eliassen et al. GDI HCCI: Effects of Injection Timing and Air Swirl on Fuel Stratification, Combustion and Emissions Formation. SAE paper 2002 - 01 - 0106.

[27] Allen J. Production Electro-Hydraulic Variable Valve-Train for a New Generation of I. C. Engines. SAE paper 2002 - 01 - 1109.

[28] Bradford A. Bruno, Domenic A. Santavicca, James V. Zello, Fuel injection pressure effects on the cold-start performance of a GDI engines. SAE paper 2003 - 01 - 3163.